세포유전학

Cytogenetics

감 수

의학박사 기광수

공 저

주경웅 · 김윤식

고려의학

http://www.komb.co.kr

머리말

세포유전학(cytogenetics)은 생물의 유전학적인 부분을 세포학적 입장에서 밝히려는 학문으로 정의되며, 임상에는 세포의 핵내 유전자(gene)가 들어 있다고 알려져 있는 염색체(chromosome)의 숫자적, 구조적 이상 등의 검사를 통해 질환의 진단 및 치료, 예후, 유전상담 등에 이용되고 있다. 염색체에 대한 관심은 1800년대 중반부터 시작되었으나 염색체 연구의 어려움으로 저조하였다가 1930년대부터 새로운 염색체를 분석하기 위한 기법들이 개발되어지고, 1956년에 Tjio와 Levan이 인간 염색체 수를 정확히 밝힘에 따라 연구가 활발하게 진행되었다. 또한 염색체 검사기법의 문제점인 염색체의 미세결손(microdeletion) 등의 진단 문제도 1986년부터 연구되어 온 형광동소보합기법(fluorescent in situ hybridization; FISH)에 의해 해결되었으며, 1990년도에 들어와서는 보조생식술(assisted reproductive technologies; ART)의 발달에 힘입어 착상전유전진단(preimplantation genetic diagnosis; PGD)까지 활발히 진행 되고 있어 앞으로 유전학의 한 분야인 세포유전학은 염색체상 위치하는 유전자의 확인을 통한 게놈분석 및 유전자지도의 작성 등 생명공학의 시대로 열린 21세기의 생명과학을 선도하여 나갈 분야라고 하여도 과언이 아니다.

이러한 세포유전학검사는 단순한 검사만으로 종결되는 문제가 아니고, 환자의 진단, 검사, 치료 방향, 예후 결정 및 가계 구성원에 대한 유전상담 등 일련의 복합적인 의료 행위를 포함하게 되므로 임상유전학 전문인력이 중심이 되어 기초 연구 인력 및 임상유전학 검사 기관과 하나의 팀으로 접근해야만 양질의 서비스를 제공할 수 있음은 자명한 사실이다. 또한 임상 세포 유전학 검사는 다른 임상 검사와 달리 그 검사 과정이 자동화되어 있지 못하며, 전 과정을 검사자가 직접 수기로 시행하여야 한다. 따라서 검사의 능력은 전적으로 검사자의 기술적, 경험적 능력과 비례하게 된다. 그러나 현재 우리나라의 실정은 검사 기관마다 상당한 다양성과 변형이 가해져 있는 것으로 알려져 있다. 뿐만 아니라 세포유전학 검사 종사자의 교육기관도 없어서, 체계적인 교육이 이루어지지 못함은 물론이고, 새로운 지식을 습득할 수 있는 기회도 전무하다고 할 수 있다. 그 동안 일부 대학에서 전공과목으로 개설되어 수강되어 왔으나 세포유전학이 생물학의 한분야로서 자리매김하고 있는 현실에서 체계적인 기초이론과 실습을 할 수 있는 참고서적이 부족한 것이 사실이다.

이에 저자는 참고문헌과 그 동안 각각의 병원 실험실에서 이뤄져 오던 실험기법들을 통합하여 기술하여 초보자들에게도 세포유전학의 이해와 이론, 실습 등을 보다 쉽게 습득할 수 있도록 정리하였다. 그러나 지금까지 확립된 기초 자료들이 많지 않아 책을 발행하기 까지는 많은 어려움을 겪어야 만 했다.

이러한 열악한 과정에도 올바른 책의 구성과 내용을 위해 기꺼이 감수를 승낙해 주신 기광수 박사께 깊은 감사를 드림과 더불어 참고자료로 인용된 많은 선배연구자들과 많은 가르침을 주신 분들께 심심한 감사의 말씀을 올린다.

아직은 미흡한 점이 많으나 세포유전학에 처음 입문하는 학도나 관심자들에게 조금이나마 도움이 되었으면 하는 간절한 바램으로 출간하게 됨을 이해하여 주시길 바란다.

앞으로 남은 많은 부족한 점은 선배들의 아낌없는 충고와 질책이 있으시길 바라며, 후학들에 의해 교정되고 새로운 내용으로 기술되기를 기원한다.

끝으로 어려운 여건 속에서도 흔쾌히 출판을 해주신 고려의학 최병진 사장님과 편집의 난제들을 말끔히 정돈해주신 편집부원들께도 진심으로 감사드린다.

주위의 모든 격려와 도우심에 진심으로 감사드리며 · · · · · ·

2006년 3월

저자 씀

차 례

I 세포유전학

세포유전학(cytogenetics)은 생물의 유전학적인 부분을 세포학적 입장에서 밝히려는 학문이다. 즉 유전자(gene)가 들어 있다고 알려져 있는 염색체(chromosome)를 연구하는 한 분야로서 염색체의 구조, 수, 형태 등을 다루는 학문으로, 임상에서 세포유전학검사는 혈액(peripheral blood), 융모막융모(chorionic villi), 양수(amniotic fluid), 제대혈액(cord blood), 인체조직(human tissue), 골수(bone marrow) 등의 샘플을 이용하는 검사이다. 성인의 경우는 불임, 무정자증, 이차성징발현부전, 습관성유산 및 무월경 등에서, 소아의 경우는 발육부전, 지능박약, 성기발육이상 및 성별확인 등에 이용된다. 그리고 임산부 경우는 태아 염색체이상 유무, 유산태아 병인확인 등 임상진단에 유용하게 이용되고 있다. 또한 각종 혈액종양 및 고형종양의 진단, 예후 추정, 치료제 선택, 치료효과 판정에서도 필수적인 검사이다.

1. 세포유전학의 역사

1800년대 중반부터 현미경을 통해 염색체를 볼 수 있었지만 각각의 염색체는 구별할 수는 없었으며, 1930년대부터 다시 활발하게 연구되어져 왔으나 염색체 분석의 어려움 때문에 연구가 저조하다가 1950년대에 들어 염색체 분석의 여러 가지 새로운 기법들이 개발되었다.

첫째로 콜히친(colchicine)이라는 물질을 들 수 있다. 콜히친을 이용하므로써 유사분열

(mitosis)을 중기상(metaphase)에서 고정시킬 수 있었다. 이는 염색질이 최대로 압축된 상태인 세포주기 중기상을 고정시킴으로써 현미경상을 통해 농축된 염색질(염색체) 관찰을 용의 하도록 하였으며, 둘째로 저장액을 사용함에 따라 세포를 부풀려 세포수집과정에서 세포가 터지기 쉽도록 하여 각각의 염색체가 잘 펴지도록 하였다. 셋째로 염색체 특정 부위를 선택적으로 염색이 가능한 염색 물질을 이용하여 각 염색체를 구분 짓는 특징적인 염색체 밴드를 얻을 수 있었다. 이와 함께 1956년에 Tjio와 Levan이 인간 염색체 수(46개)를 밝혀내었고, 1959년에는 Lejeune에 의해 다운 증후군(Down's syndrome)이 삼염색체(trisomy) G로 밝혀지는 등 활발한 연구가 계속되었으며, 1970년에는 Giemsa 박사가 GTG-분염법을 고안해 냄으로서 분염법에 의한 염색체의 구조적 이상까지 검사가 가능하게 되었다. 특히 인간의 염색체에 대한 명명법은 여러 번의 국제적인 회의를 걸쳐(Denver 1960, London 1963, Chicago 1966, Paris 1971, Paris 1975, Stockholm 1977, Paris 1980, Memphis 1994) 진행한 결과 1995, 2005년에 International System for Human Cytogenetic Nomenclature(ISCN)가 확립되어 오늘에 이르고 있다. 이후 20세기 후반 분자생물학이 접목되면서 세포유전학은 다시 활발해졌다. 특히 1990년도에 들어와서는 보조생식술(assisted reproductive technologies; ART)의 발달에 힘입어 착상전유전진단(preimplantation genetic diagnosis; PGD)이 활발히 진행 중에 있으며, 향후 이러한 방면으로의 연구가 계속 진전되리라 생각된다. 또한 세포유전학적 염색체 검사법의 문제점인 염색체 미세결손(microdeletion)의 진단 문제도 1986년부터 연구되어 온 형광동소보합기법(fluorescent in situ hybridization; FISH)에 의해 해결되었다. 이러한 유전학의 한 분야인 세포유전학 발달은 염색체상 위치하는 유전자의 확인을 통한 게놈분석 및 유전자지도의 작성 등 생명공학 시대로 열린 21세기의 생명과학을 선도하여 나갈 분야라고 하여도 과언이 아니다.

세포유전학 발달사

1665년: Leeuwenhoek가 현미경의 발명

1665년: Robert Hooke가 세포의 발견

1842년: Nageli가 최초로 염색체 그림을 발표

1865년: Johann Mende이 유전학에 관한 연구 시작

1888년: Waldeyer가 “chromosome”이라는 용어를 쓸 것을 제안

1894년: 일본의 石川千代松이 chromosome을 “염색체”로 번역

1902년: Sutton은 염색체가 유전형질의 물리적인 전달 물질이라고 제시

1903년: 로젠베르크에 잡종에 있어서 염색체의 분석하는 연구 시작
1907년: Harrison은 최초 동물세포배양 - 올챙이의 축색에서 취한 신경섬유세포배양
1917년: Weinman은 남성에게는 Y염색체가 존재함을 밝힘
1922년: Painter는 인간이 48개의 염색체가 존재한다고 발표함
1937년: Blakeslee 등은 콜히친이 방추사 붕괴시켜 세포분열을 방해함을 밝혀냄
1952년: Hsu 등은 저장액을 이용 명확한 염색체 중기상을 얻음
1953년: James Watson과 Francis Crick이 DNA가 이중나선구조임을 제시
1956년: Tjio와 Levan이 인간염색체 수(46개)를 밝힘
1959년: Lejeune은 다운 증후군이 삼염색체 G임을 보고함
1959년: Ford 등은 터너 증후군이 45,X임을 보고함
1959년: Jacob 등은 클라인펠터 증후군이 47,XXY임을 보고함
1960년: Moorhead 등은 세포분열촉진제(mitogen)로 phytohemagglutinin을 이용함
1960년: Patau는 파타우 증후군이 삼염색체 13임을 보고 함
1960년: J. Edward는 에드워드 증후군이 삼염색체 18임을 보고 함
1960년: Nowell 등이 만성골수성백혈병이 Philadelphia염색체와 관련성 있음을 보고함
1960년: 염색체관한 첫 국제학회(Denver)에서 상염색체의 순서(1~22)를 결정함
1963년: 국제학회(London)에서 상이한 염색체끼리 문자로 염색체군(A~G)을 결정
1963년: J. Lejeune은 묘성 증후군이 5p 결손임을 보고함
1966년: Breg와 Steel이 양수를 이용한 산전염색체 검사 실시함
1966년: 국제학회(Chicago)에서 염색체의 수적, 구조적 이상과 p, q완 등의 기호 결정
1968년: Caspersson 등이 처음으로 quinacrine mustard를 이용한 Q-분염법 고안
1970년: Giemsa박사가 GTG-분염법 고안
1971년: 국제학회(Paris)에서 각 염색체의 밴드, region 등을 결정
1971년: Arrighi와 Hsu 등이 C-분염법 고안
1975년: 산전 임산부를 대상으로 융모막융모검사 실시함
1976년: Yunis 등이 고해상분염법 고안
1978년: 국제학회(Paris)에서 염색체를 규명하기 위해 용어들을 자세히 정의함
1982-3년: Kazy 등이 산전진단에 융모막융모검사의 유용성 보고함
1986년: 형광동소보합기법(FISH) 연구 시작
1988년: 산모 혈액내 태아의 세포를 분리함으로써 해서 태아의 유전자 상태를 확인

1988년: 휴먼게놈프로젝트 시작

1995년: International System for Human Cytogenetic Nomenclature(ISCN) (1978, 1985, 1995, 2005)의 명명규약 확립

2003년: 휴먼게놈프로젝트 완성

2005년: 생명윤리 및 안전에 관한 법률시행(보건복지부)

2006년: 한국유전자 평가원 설립

2007년: 보사부 등록 유전자검사기관 175개(의료기관 92, 벤처 51, 대학 및 연구소 등 32)

2. 인간 염색체

인간의 몸은 약 60조개의 세포라는 작은 단위를 기본으로 이뤄져 있으며 모든 세포의 내부에는 핵이 존재하고 이 안에는 우리 몸을 이루는데 필요한 모든 유전 정보가 들어 있는 DNA가 존재한다. 그런데 이 DNA는 평상시에 염색질이라는 형태로 있다가 세포분열 중기에 염색체라는 형태를 갖게 된다. 즉 DNA의 이중나선구조가 스프링처럼 여러 번 꼬여 세포분열 중기에 염색체를 형성하여야만 비로소 현미경으로 관찰할 수 있는 것이다. 그러므로 염색체는 우리 몸에 필요한 모든 유전정보가 담겨 있는 보물창고 같은 것이다. 인간의 유전체를 구성하고 있는 23개의 염색체 안에는 대략 30억 염기쌍의 DNA가 들어 있다. 한 개의 체세포 안에 존재하는 전체 염색체는 이배체(diploid)이므로 세포 하나 안에는 46개의 염색체가 있으며, 이속에는 60억 염기쌍의 DNA가 들어 있게 된다. 인간의 염색체는 모두 46개로 이루어져 있다. 인간은 46개의 염색체(46,XY; 그림 1-1, 46,XX; 그림 1-2)를 갖게 되는 것은 여성과 남성이 만들어 내는 난자와 정자로부터 1개씩의 성염색체를 비롯하여 22종류의 상동염색체를 받기 때문이다. 그러나 난자와 정자가 만들어지는 과정에서 정상적인 난자와 정자만 만들어진다면 아무런 문제가 없겠지만, 염색체에 이상이 있는 난자와 정자들도 상당수 만들어지거나 이상이 있는 보인자 부모의 염색체가 유전되기 때문에 염색체이상이라는 문제가 발생하게 된다. 이처럼 이상이 발생되면 염색체의 숫자적인 증감이나 또는 구조적 이상이 발생하게 되어 인간에게 기형이라는 문제가 야기되는 것이다.

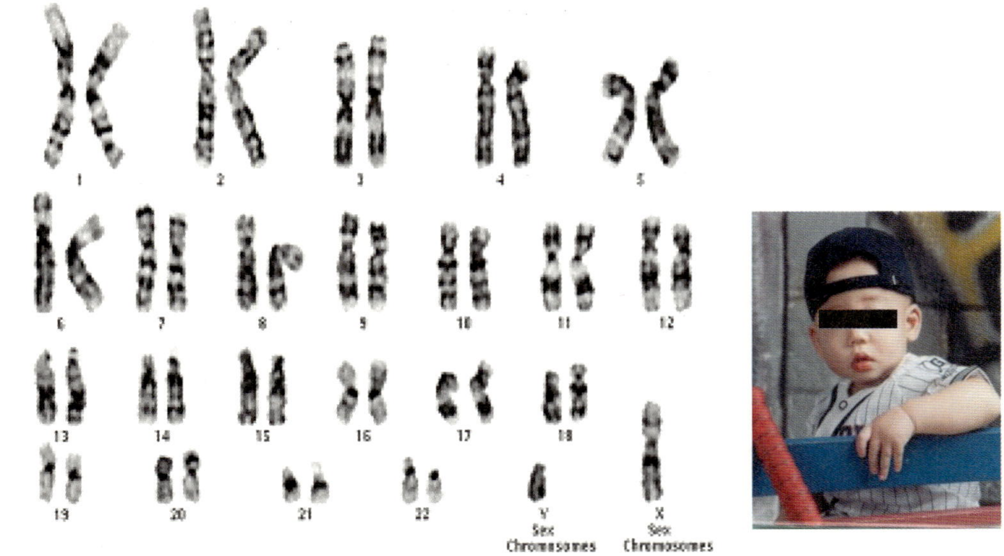

그림 1-1. 정상남성 염색체 핵형(46,XY)

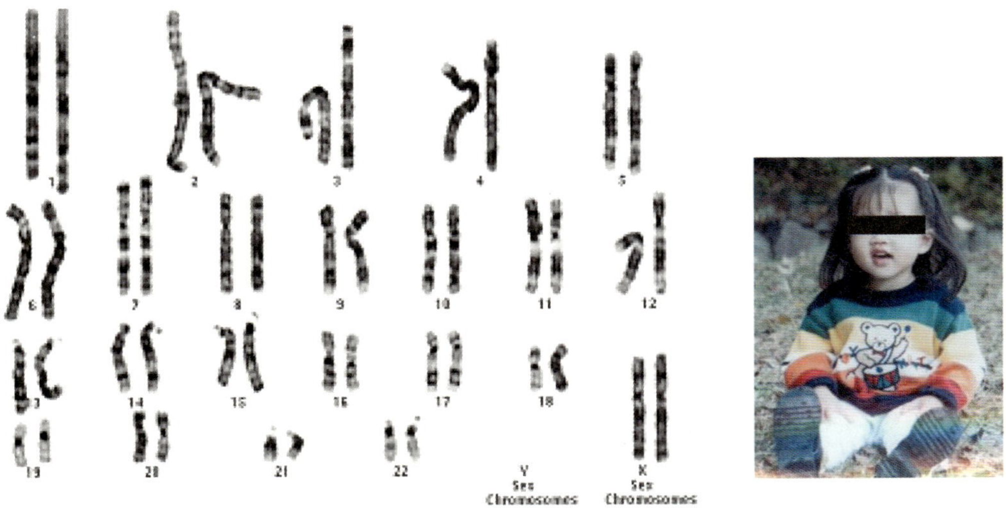

그림 1-2. 정상여성 염색체 핵형(46,XX)

3. 염색체 구조

현재의 염색체는 세포분열 중 중기(metaphase)에 볼 수 있는 염색체에 한정하지 않고 간기나 분화한 핵내의 염색질을 포함하여 염색체라고 광범위하게 불리고 있다. 염색질(chromatin)은 아주 긴 두 가닥으로 이루어진 DNA와 RNA, 히스톤(histones 1, 2, 3)과 여러 가지 단백질, DNA 복제효소(replication enzymes), 전사인자(transcription factors)의 집합체로 구성되어 있다(그림 1-3). 이러한 염색질이 세포분열기에 응축됨으로써 염색체 형태를 이루게 된다. 염색질이 응축되어 형성된 염색체에는 이중나선구조의 DNA가 존재하며, 염색체의 크기에 따라 염기서열의 수가 좌우되는데 염기서열 크기가 가장 작은 염색체인 21번 염색체에는 50×10^6 염기쌍(base pairs), 가장 큰 1번 염색체에는 250×10^6염기쌍이 존재한다. 이러한 인간의 유전자는 핵내에 존재하고 있지만 아주 작은 부분은 세포질내 미토콘드리아 내에도 존재한다. 세포질내 미토콘드리아 내에 존재하는 미토콘드리아 유전자는 오직 모계유전만 나타낸다. 크기는 16kb 정도이다. 핵내 존재하는 염색질은 세포주기(cell cycle) 중 염색체는 아주 규칙적인 응축과 비응축과정을 걸친다. 살아있는 세포 핵내 존재하는 염색질은 액체 상태로 동적인 구조(dynamic structure)를 구성하고 있다. 세포주기 과정에서 응축된 염색질(metaphase에서 최대 응축은 1/10,000까지)은 염색체구조를 이루며 더욱 큰 형태를 이루게 된다. 이렇게 형성된 염색체의 덩어리는 전기(prophase) 혹은 중기(metaphase)의 염색체를 염색(G-분염)하여 관찰하면 염색체 밴드를 형성하게 된다. 이러한 밴드는 세포분열주기 전기(prophase)에서는 고해상분염법(high resolution banding)을 실시한 경우 1,000개 이상의 밴드를 관찰할 수 있으며, 중기상(metaphase)에서는 400~600밴드 정도를 관찰할 수 있게 되는 것이다. 염색체 염색에 의하여 관찰되는 한 개의 밴드당 보통 50~100개의 유전자가 존재하는 것으로 알려져 있다. 또한 중기상 염색체 1개의 밴드 내에 들어있는 염기쌍은 평균적으로 $10\sim20\times10^6$개가 존재하는 것으로 알려져 있다. 세포주기에 따라서 나타나는 각 염색체의 일사불란한 규칙적인 행동은 염색체의 유전자 발현(gene expression), 복제(duplication), 분리(segregation)에 중요한 수많은 기능적인 단위에 의해서 결정된다.

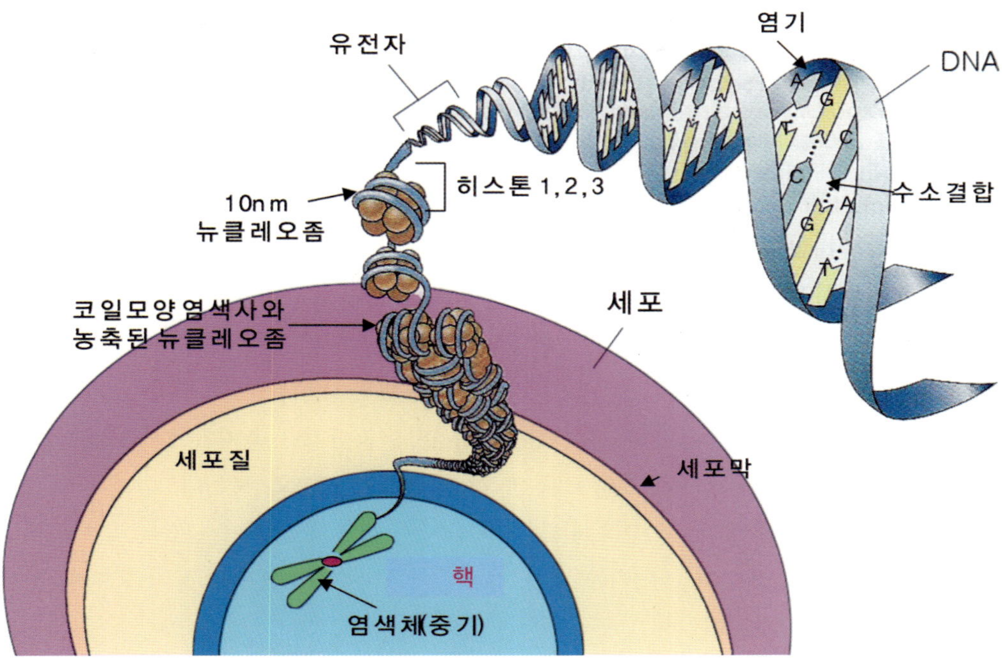

그림 1-3. 염색체 구조 형태. 염색체는 염색사의 뭉치로 구성되어 있으며, 이는 DNA가 히스톤 단백질에 엉켜있는 형태인 뉴클레오좀으로 구성되어 있음을 알 수 있다.

4. 세포분열

1) 세포분열 과정

생명체의 세포분열은 죽은 세포를 새로운 세포로 대치시키고, 손상 입은 조직을 수선하여 살아있는 생명체들이 생명을 유지하는 하나의 과정이다. 예를 들어 인간은 정자와 난자가 결합하여 이루어진 단세포로부터 시작되는 것이다. 단세포에서 일어나는 첫 번째 일 중의 하나는 세포분열이다. 세포분열과정이 계속됨에 따라 인간 몸의 세포 수는 증가를 하고, 성체로서의 인간 몸은 몇 조개의 세포로 이루어지게 된다. 두 번째 기능은 인간 몸을 유지시키는 것이다. 적혈구, 소화기관의 내벽, 피부 등의 세포는 소멸되면서 새로운 세포로 대치된다. 인간 몸의 세포는 1초에 백만 개가 소실되고 이는 세포분열이 동시에 백만 번 시작된다는 것을 의미한다. 세 번째 기능은 수선이다. 뼈가 부러졌을 때는 세포가 분열하여 세포 수가 증가함에 따라서 부러진 조각이 서로 연결되어 상처가 치유된다.

세포분열 기간 동안 두 가지 사건이 일어난다. 그 중 하나는 유사분열과정으로 이를 통하여 복제된 유전정보가 두 딸세포에 균일하게 나누어진다. 다른 하나는 핵분열을 따라 세포질이 두 개의 새로운 세포로 나뉘는 과정이 있는데 이를 세포질분열(cytokinesis)이라 부른다. 각각의 새로운 세포는 두 낭핵 중의 하나를 갖게 되므로 완전한 주형의 복사본의 유전정보를 갖게 된다. 인간의 세포 수는 몇 개나 되는가는 세포설이 1838년 발표됐지만 인간의 세포 수는 아직 정확히 밝혀지지는 않았다. 지금까지의 연구에 따르면 태아는 정자와 난자가 수정, 자궁에서 280여일 머문 뒤 약 2조개의 세포를 가지고 태어나는 것으로 알려져 있다. 이러한 세포는 성인이 되면 세포는 70조개로 늘어나고, 죽고 새로 생성되기를 반복한다. 80일이 지나면 내 몸의 반은 새 세포로 대체된다. 그러나 모든 세포가 대체되는 것은 아니다. 신경세포와 근육세포는 한 번 만들어지면 죽기만 할 뿐 재생이 되지 않는다. 뇌의 경우 40세가 넘으면 하루에 약 10만개의 세포가 죽는다. 따라서 늙으면 치매도 생긴다. 또 운동을 하면 근육세포 수는 같지만 세포가 굵어져 근육이 두꺼워지고 알통이 생기게 된다. 체중이 늘어나는 것도 대부분의 경우 지방세포에 물이나 지방이 많이 들어가 부풀기 때문이다.

2) 세포분열 종류

효모에서부터 인간까지 모든 진핵생물(eukaryote)은 유사한 체세포 세포분열과 증식을 하는 과정을 유사분열(mitosis)이라 하고, 생식자형성시 염색체 수가 반으로 줄어드는 세포분열을 하는데 이를 감수분열(meiosis)이라 한다(표 1-1).

표 1-1. 유사분열과 감수분열의 비교

	유사분열	감수분열
분열 장소	체세포	생식세포
분열 횟수	1회	연속 2회(이형 분열 → 동형분열)
염색체 수	2n → 2n	2n → n
분열 결과	발생과 생장	생식
딸세포 수	2개	4개
분열 시기	생장할 때	생식 세포를 만들 때

3) 세포주기

(1) 유사분열

유사분열이란 하나의 세포가 유전적으로 동일한 두 개의 낭세포로 분할되는 것을 말한다. 이를 통해 정상적인 성장에는 모든 유전정보는 모든 세포에서 완벽하게 재생되고 있다. 유사분열은 일련의 연속적인 과정이나 임의상 DNA복제기를 포함 5단계(stage)로 나눈다. 즉 분열 준비기인 간기(interphase)와 분열기인 전기(prophase), 중기(metaphase), 후기(anaphase), 말기(telophase)로 진행 되어진다. 인간이 수명을 다할 때까지 수정란에서 평균 10^{15} 정도 DNA가 복제 된다고 한다. 분열 조직을 이루는 세포에서 실제로 세포가 분열하는 시기를 분열기(mitosis)로 분열기 사이의 시기를 간기로 나누는데, 간기는 다시 DNA의 합성을 준비하는 G1기(성장기: growth phase), DNA를 합성하는 S기(합성기: synthesis phase), 세포 분열을 준비하는 G2기(성장기: growth phase)로 구분된다. 한편 분열 조직의 세포들은 분열기와 간기가 되풀이하면서 분열하는데, 간기의 시작에서 분열기의 끝까지를 세포주기라고 한다. 세포주기는 개체에 따라 또는 세포의 종류에 따라 다양하나 인간의 경우 일반적으로 유사분열 주기는 간기가 약 23시간으로 G1 9시간, S 10시간, G2 4시간이 소요되며 분열기는 1시간으로 세포분열의 1세포주기는 약 24시간이 소요된다(그림 1-4).

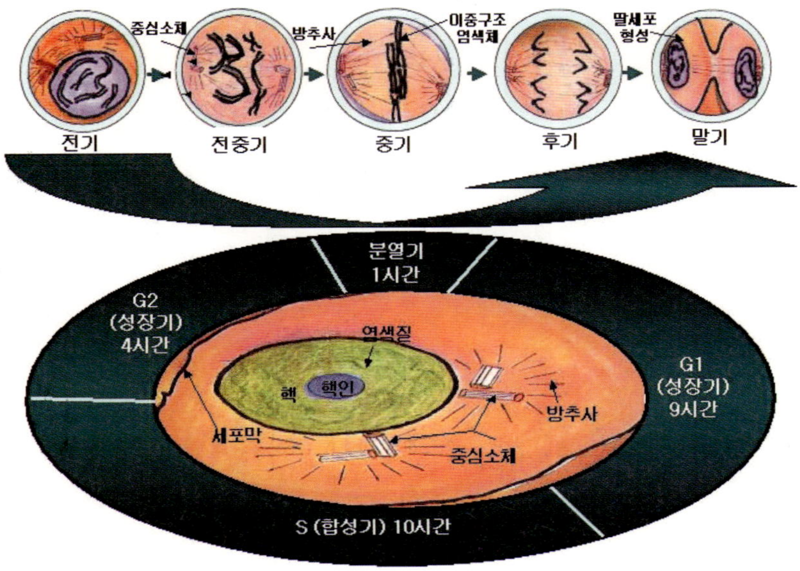

그림 1-4. 인간세포의 유사분열주기. 세포주기 단계별 분류는 편의상 분류에 불과하며, 실제로는 연속되어지는 일련의 과정이다.

유사분열 의의

유사분열에 의해 생겨난 두 딸세포의 핵에는 간기에 복제된 DNA가 각각 한 벌씩의 염색체로 분리되어 나누어져 있으므로 두 딸세포는 똑 같은 수의 염색체를 가지며 유전적 조성도 똑 같다. 따라서 유사분열의 가장 큰 의의는 유전물질의 균등분배이다.

(2) 감수분열

감수분열은 이전의 체세포가 갖고 있는 염색체의 1/2에 해당되는 염색체를 가진 배우자 세포들이 형성되는 세포분열 양식이다. 감수분열의 목적은 첫째, 염색체의 수를 반으로 줄이는 것과 둘째, 유전자 정보의 재배합이다. 감수분열은 크게 두 단계로 나뉘는데 일차 감수분열은 상동염색체가 쌍을 이루고 나서 분리되는 과정이며, 이차 감수분열은 유사분열과 흡사하게 기존의 분리된 염색체가 새로운 딸세포로 다시 분리되는 것이다. 이차 감수분열의 특이한 점은 일차 감수분열 후 DNA복제 없이 발생한다는 점이다. 난자의 경우는 이차 감수분열은 수정 후 완성된다. 결과적으로 2번의 분열에서 4개의 딸세포가 형성된다.

감수분열 의의

감수분열의 중요한 점은 2배체생물에서 염색체수가 n인 배우자 세포를 형성하여 그 생물의 염색체 수를 일정하게 유지하는 것이며, 또 다른 중요한 점은 감수 제1분열의 전기에 상동염색체(homologous chromosome)가 짝을 지을 때 비 자매 염색분체 사이에 염색체 교차로 인하여 염색체의 부분교환이 일어나고 이로 말미암아 염색체 내 유전자의 재조합이 이루어져 생물의 다양성을 확보할 수 있다는 것이다. 즉 인간의 경우 감수분열을 통해 생식세포를 형성할 때 반수체의 염색체 수가 n이므로 생식세포가 가질 수 있는 염색체 조합의 수는 2n이 된다. 즉 2^{23} 이므로 약 800만 가지의 염색체 조합이 가능하다. 따라서 한 인간을 만들어 내는 각 생식세포는 800만 가지의 염색체 조합 중 한 가지가 되는 것이다.

교차

감수분열의 특징은 모든 쌍을 이루는 상동염색체들이 접합(synapsis)을 이루어 제1분열 전기의 복사기에서 부터 중기를 거치면서 염색분체끼리는 여러 부위에서 교차하는데, 이 교차점을 키아스마(chiasma)라고 하며, 두 염색분체 간에 교환이 일어난다. 이를 교차(crossing over)라고 하며 유전자 재조합이 일어난다(그림 1-5).

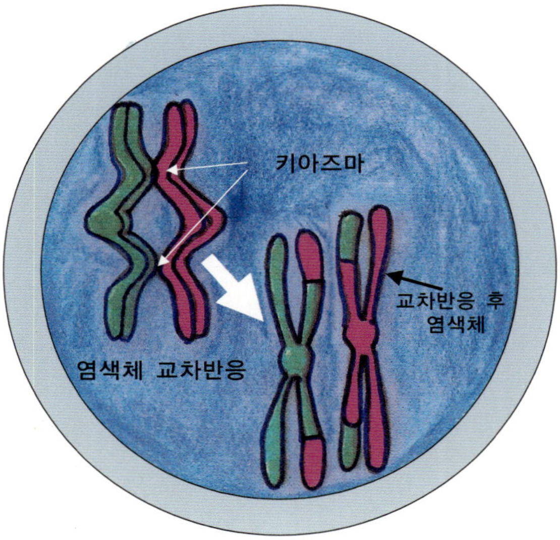

그림 1-5. 감수분열 교차반응. 감수분열은 교차로 인해 유전자 재조합이 일어난다.

5. 염색체이상 발생기전

염색체이상을 유발하는 원인은 유전적원인과 비분리현상(nondisjunction)에 의한 것이라 할 수 있다. 현재 비분리현상이 일어나는 가장 중요한 원인으로는 산모의 나이로 보고 있다. 즉 산모 나이가 증가할수록 비분리현상이 증가한다는 것이다. 이외 방사선 등도 비분리 현상을 유발할 수 있는 것으로 알려져 있다. 특히 문제가 되는 삼염색체(trisomy)의 발생은 여러 원인에 의해 기인하나 난자나 정자가 만들어지는 생식세포 분열 과정 중 염색체의 비분리현상으로 인해 한쪽 생식세포에서 삼염색체가 발생하면 다른 한 쪽에서는 단염색체(monosomy)가 생기게 된다(그림 1-6). 그러나 아직까지는 왜 이런 현상이 일어나는지 생물학적으로 정확하게 규명되지 않았다. 일반적으로 염색체이상 태아는 생존 출생아 160명당 1명꼴인 약 0.6%의 빈도로 보고되고 있다.

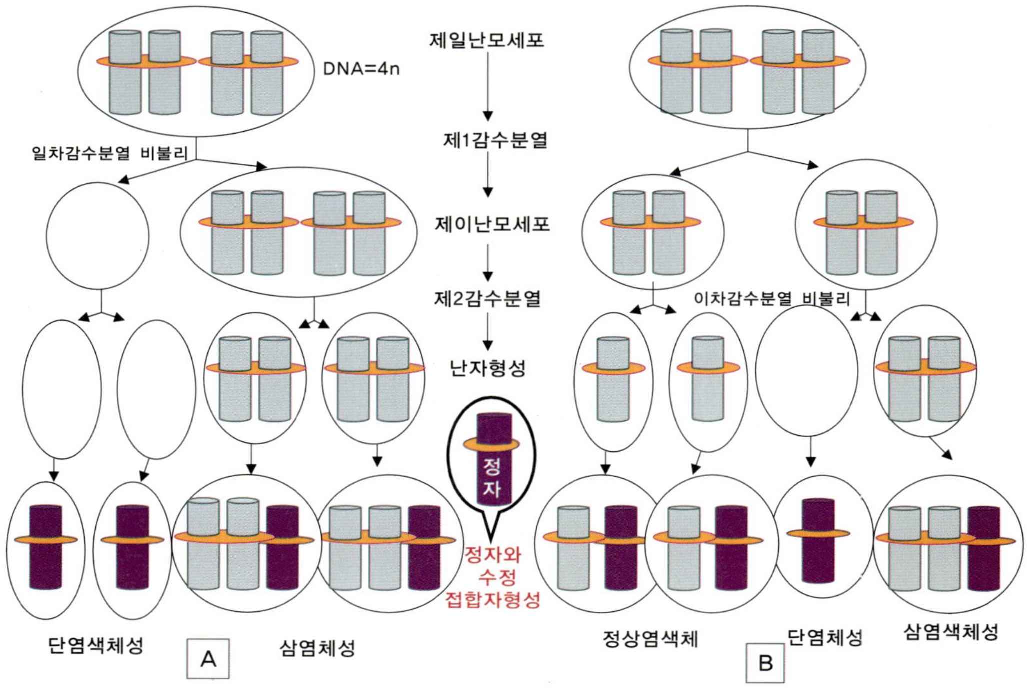

그림 1-6. 이수성(aneuploidy) 염색체이상 발생기전. 난자의 발생과정 중 일차성감수분열 비분리(A) 또는 이차성감수분열 비분리(B)로 인해 형성된 난자는 정상핵형을 가진 정자와 접합자를 이루게 되면 정상염색체에서부터 단염색체나 삼염색체가 발생하게 된다. 실제 난자는 이차감수분열 중기에 정자와 수정이 이뤄지고 이후 과정이 완성되게 된다.

1) 제1감수분열에서의 비분리현상

상동 염색체가 제1감수분열 단계에서 정상적으로 나누어지지 않는다면 비록 이후의 감수분열 과정이 정상적으로 진행된다 하더라도 그 결과 생겨나는 생식세포는 모두 비정상적인 숫자의 염색체를 갖게 된다.

2) 제2감수분열에서의 비분리현상

제1감수분열은 정상적으로 진행되었으나 제2감수분열 과정 중 한 세포에서 자매염색분체 쌍이 분리되지 않는다면 이 경우 만들어진 생식세포 중 둘을 정상적인 염색체를 가지나 나머지 둘은 비정상적인 염색체 수를 가진다.

6. 염색체 검사의 적용 대상

1) 선천성 기형

우리나라 출생아의 선천성 기형의 빈도는 약 2%이며, 이중 염색체 이상 질환은 0.5~1.0% 정도로 보고되고 있다. 따라서 선천성 기형의 원인이나 세포유전학적 질환의 여부를 규명하기 위해서는 염색체 분석이 필수적인 검사이다. 다음과 같은 임상 소견에서도 염색체 결함이 자주 발견되어 검사의 적응증이 되고 있다. 저 체중, 소두증(microcephaly), 경사각이 큰 눈, 사시(strabismus), 안구돌출증(exophthalmos), 무홍체증(aniridia), 양안격리증(hypertelorism), 소안구증(microphthalmia), 소안검열(small palpebral fissures), 납작코와 넓은 비교, 구개열(cleft palate), 구순(cleft upper lip), 턱이 유난히 작은 소하악증(micrognathia), 귀가 아래쪽으로 처져 있음, 목이 유난히 짧음, 근긴장저하아(floppy baby), 손발가락 기형(clinodactyly, camptodactyly, polydactyly, syndactyly), 원선(simian line), 불명료한 생식기, 잠복고환, 고환정체(cryptorchidism), 무월경(amenorrhea), 무정자증(azoospermia), 거대고환증(macroorchidism), 행동장애(behaviour problems), 묘안 증후군(Cat-Eye 증후군), 선천성 심장병(congenital heart disease), 다발성 내분비계 종양(multiple endocrine neoplasia), 막망모세포종(retinoblastoma), Wilms' tumor, 심한 지능저하, 성장 발육 지체, 유전적 소인과 무관하게 키가 너무 작거나 클 경우 등이 염색체 검사를 하게된다.

2) 산부인과적 적용 대상

(1) 염색체이상의 보인자로 의심되는 증례

① 염색체이상아 출산의 기왕력이 있는 양친 가계

② 불임증, 습관성유산 부부

(2) 유산태아, 태내 사망아

(3) 기형아 출산 위험도가 높은 그룹

① 산전 혈청선별검사에 의해 고위험군으로 분류된 경우

② 산모의 나이가 35세 이상인 경우, 남편의 나이가 45세 이상의 경우

③ 두 번 이상 연속 혹은 총 3회 이상 원인 모르게 자연 유산된 경우
④ 원인 모르게 사산아를 분만한 경우
⑤ 임산부 및 배우자 또는 근친에서 염색체이상이 있는 경우
⑥ 선천성 기형이 있는 아기를 분만한 경우
⑦ 염색체이상이 있는 아기를 분만한 경우
⑧ 장기간 약물(당뇨, 갑상선, 항암제 등)를 받았거나 받고 있는 환자나 임신 사실을 모르고 약물(임신 중 투여 금지 약물)를 받은 경우
⑨ 기형아 출산 염려로 불안한 산모
⑩ 초음파검사상 태아기형이 의심되는 경우

3) 혈액종양

백혈병과 림프종의 진단을 위해서는 골수를 이용한 형태학적 검사뿐만 아니라 오늘날에는 세포표지검사와 염색체검사가 필수적이다. 염색체이상 소견을 통해서 환자의 질병 진단, 예후 추정, 치료 방향 설정, 치료 효과 판정에 도움을 받고 병인추구 목적으로도 활용되고 있다. 고형종양에 대해 외국에서는 염색체검사가 보편화되는 추세이다.

7. 산전 기형아 검사법

1) 산전 기형아 발생 원인과 검사법

인간기형의 10%가 환경적요인, 10%가 유전적요인과 염색체이상으로 알려져 있다. 나머지 80%는 몇몇 유전적요인과 환경적 요인이 서로 얽힌 상호작용에 의해 일어나는 것으로 알려져 있다. 특히 염색체질환은 단일유전자가 아닌 염색체 수준에서의 변화로 그 내부에 포함되는 수많은 유전자의 과잉 혹은 소실로 인해 발생하는 질환이다. 그러므로 염색체이상 질환의 경우는 태아에게나 사회적으로 많은 부담을 주게 된다. 이러한 염색체이상 질환을 검출하기 위한 유전학적 염색체질환에 대한 산전검사가 시행되고 있으며, 현재 많은 효과를 거두고 있다. 산전기형아검사법과 시기 및 정확도를 보면 표 1-2와 같이 정리해 볼 수 있다. 그러나 검사법에 따라서는 높은 위양성율과 경제적 비용의 증가, 침습적 방법에 의한 유산 위험, 기형아 판정시 임신 종결에 따른 윤리적, 종교적 문제 등이 앞으로 해결해야 할 문제점으로 대두되고 있다.

2) 태아 염색체이상과 관련된 초음파소견

산전초음파에서 구조적인기형을 보이는 태아의 경우에 신생아에서 구조적 기형을 보이는 경우보다 염색체이상이 있을 가능성이 높은 것으로 일관되게 보고되고 있다. 또한 산전 초음파에서 구조적인 이상을 보이는 경우에는 진행된 임신주수에 발견되더라도 태아 염색체이상의 빈도가 감소되지 않는 것으로 알려지고 있어 임신 제 2 삼분기(임신 3~6개월)나 제 3 삼분기(임신 7~9개월) 초음파에서 구조적 이상 소견을 찾는 노력은 매우 중요

표 1-2. 초음파상 태아이상소견에 따른 일반적 염색체 이상

기타		삼염색체21	삼염색체18	삼염색체13	이수성	터너 증후군
두개골/뇌	소두증	-	-	-	+(20%)	+
	맥락총낭종 (임신 16~21주 검사)	+(1%)	+	-	-	-
	뇌량 발육부전 (다른 이상과 동반 때 의의)	-	+	+	+	-
	후두와 낭종	+	+	+	-	-
얼굴/목	안열	-	+	+	-	-
	소하악증	-	+	-	+	-
	목덜미주름 두께 증가	+(3%)	+	+	-	-
	수활액낭종	-	-	-	+	+
가슴	횡경막 탈장	-	+	+	+	-
	심장이상	+	+	+ (99%)	+	+
복부	태아제류	-	+	+	+	-
	신장 이상	+	+	+	+	+
기타	수종	+	-	-	-	+
	신체성장 지연	-	+	+	+	-
	짧은 대퇴골	+	+	-	+	+
	손가락 겹침	-	+	-	-	-
	다지증	-	-	+	-	-
	합지증	-	-	-	+	-

하며, 이상이 발견된 경우에는 세포유전학적검사를 비롯한 산전유전상담을 시행하여야 한다. 특히 초음파상 태아이상소견 발견시 임신주수에 상관없이 세포유전학적검사를 고려해보야 한다(표 1-2).

3) 트리플선별검사

임신 중 태아와 태반에서 분비되는 단백질들은 태반을 통해서 모체의 혈액으로 넘어가므로 임신부 혈액 속에서 단백물질을 검출하는 것으로 임신 중인 태아가 정신박약아를 초래하는 다운 증후군 등과 같은 질환 여부를 임산부의 혈액(임신 16~20주 사이에 3~5㎖ 정도를 채취)을 채취하여 αFP, uE_3, hCG 등을 검사하는 트리플선별검사(triple screening test, 최근에는 inhibin-A를 포함하여 Quad test실시하기도 함)를 실시한다. 트리플선별검사의 측정치에 대한 중앙값 배수(multiples of the median; MoM)을 정하여 중앙값 배수보다 증가하거나 감소한 경우를 대상으로 하여 판정해보면, 다운 증후군(삼염색체 21) 태아를 임신한 경우의 모체혈청에서 αFP와 uE_3는 정상아를 임신했을 때 보다 감소된 수치를 보이고, hCG는 오히려 증가된 양상을 보인다. 그리고 에드워드 증후군의 경우는 αFP, uE_3, hCG가 모두 낮게 나타내는 경향을 보인다(표 1-3). 이러한 트리플선별검사 측정값의 범위(cutoff)를 적용하여 다운 증후군 위험군으로 분류되어 양수검사나 융모막융모검사를 실시해 보면 염색체이상 발견율 60%와 2~5% 양성검출률을 나타내는데, 발견율 60%의 의미는 다운 증후군 환자가 100명이 발생했을 경우 60명은 트리플선별검사에서 양성을 나타내지만 40명은 위음성으로 나타난다는 것이다. 그리고 양성검출률 2~3%는 고위험 소견을 보이는 임신부 100명 중 실제 다운 증후군 태아로 확인되는 경우는 약 2~3명이고 나머지 98~97명은 정상태아로 판명됨을 의미한다(표 1-4, 그림 1-7).

표 1-3. 염색체이상에 따른 모체혈청 생화학 지표 변화

염색체이상	αFP	hCG	uE_3
신경관 결손	↑	-	-
삼염색체 21	↓	↑	↓
삼염색체 18	↓	↓	↓

표 1-4. 산별검사에 이용되는 산전 기형아 검사법과 시기 및 정확도.

검사법	시기	목적	정확도
모체혈청(αFP)	10~13주	다운 증후군 등	60% (양성 검출률 2~3%)
목덜미두께초음파검사(NT)	11~12주	다운 증후군 등	65% (양성 검출률 3~5%)
융모막검사	9~12주	염색체이상	99.5~99.8%
모체혈청(Triple test)	15~20주	염색체이상	60% (양성 검출률 2~3%)
		신경관결손, 복벽 결손	90% (양성 검출률 3~4%)
양수검사	16~20주	염색체이상	99.5~99.8%
정밀 초음파검사	20주 전후	각종 신체적 기형	80%
제대혈검사	18주 이후	염색체이상	99.5~99.8%

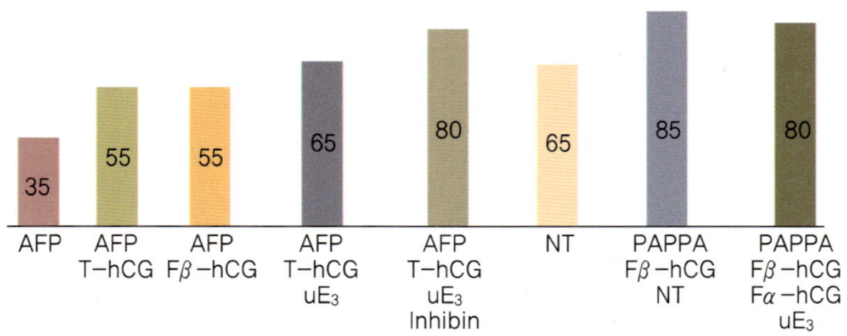

그림 1-7. 다운 증후군 발견 예측률. 발견 예측률은 약 60~80%를 보이나 실제 양성 검출률(삼염색체 21)은 2~3%로 나타나고 있다.

alpha Fetoprotein(α FP)

1984년 처음으로 다운 증후군 임신에서 αFP가 감소되었다고 보고한 이래 여러 연구에서 재확인되어 검진에 사용될 수 있게 되었다. 다운 증후군에서의 αFP 감소는 발육지연으로 인한 αFP 생산의 저하 때문이라는 견해가 가장 유력하다.

human chorionic gonadotropin(hCG)

다운 증후군 임신에서 태반 호르몬인 hCG의 모체혈청 농도가 정상군에 비해 약 2배 정도 증가되고, 태반에서 분비되는 여러 호르몬들이 모두 정상군에 비해 높은 것이기 때문에 다운 증후군에서의 hCG증가는 '과분비성 태반(hypersecretory placenta)'에 기인한다고 생각하고 있다.

unconjugated estriol(uE3)

다운 증후군 임신의 경우 태반에서 분비되는 모체혈청 uE3가 25～30% 정도 감소된다. 이는 다운 증후군 태아의 미성숙으로 말미암아 uE3의 생산이 저하되기 때문이라고 생각하고 있다.

기타

free β-hCG, pregnancy associated plasma protein A(PAPPA), inhibin-A(Quad test) 등이 이용되거나 현재 태아 기형과의 관련 유무를 연구하는 중에 있다(그림 1-8).

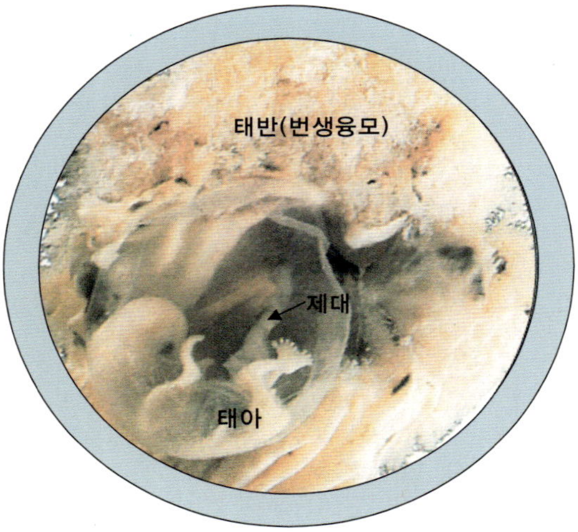

그림 1-8. 태아와 태반에서 분비되는 호르몬. 임신중기에 검출되는 태아 호르몬은 태반(placenta)에서 hCG, inhibin-A, PAPP-A가 분비되고, 태아(fetal body)에서는 α FP, uE3가 분비되는 것으로 알려져 있다

4) 분자유전학 검사

최근 분자 유전학의 발달로 인간의 많은 유전질환에 있어 원인이 되는 유전자의 이상이 밝혀지고 있다. 이러한 점은 특히 분자생물학적 방법들의 발달이 기여한 바 크며, 현재 많은 유전질환들에 있어 임신 8~10주의 초기부터 산전진단이 가능하게 되었다. 가족성 정신지체, 진행성근육위축증, 유전적 뇌성마비, 선천성 고환 이상, 신경 이상, 페닐케톤뇨증 등과 같은 대사 질환과 취약 X 증후군 등 80여 가지를 양수와 융모를 통해 진단 가능하며, 직접법과 분자유전학적 방법을 이용하여 산전진단이 가능한 질환은 유전자 분석에 의하여 진단될 수 있는 질병들이 모두 포함될 수 있다. 그러나 특정 유전질환을 제외한 모든 유전질환을 모든 환자에게 적용하기에는 제한점이 많다.

실 습

염색체구조와 유사분열

학년반: 학번: 성명:

* 괄호 안에 구성물질이나 단계별 명칭 등을 채워 넣으세요.

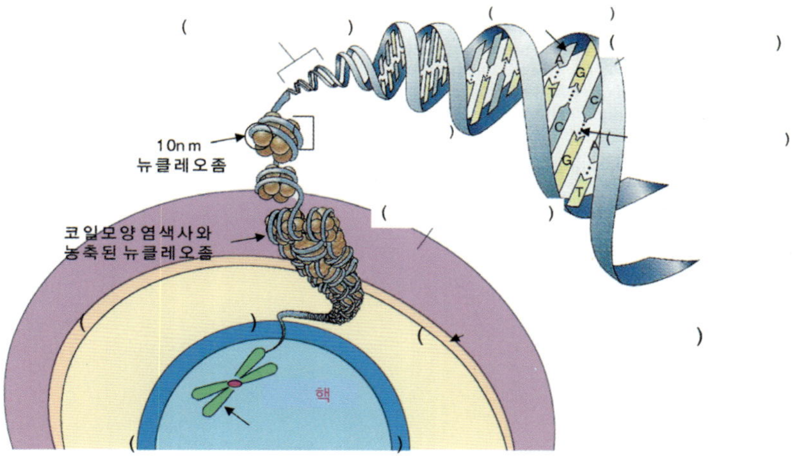

염색체구성의 형태

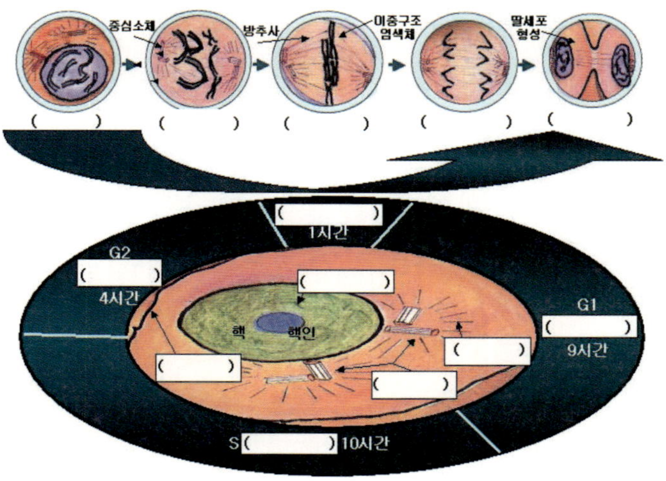

인간세포의 유사분열주기

설명:

실습일자: 월 일 **지도교수 확인:**

II 염색체 명명법

1. 명명법의 요약

염색체 명명법은 International System for Human Cytogenetic Nomenclature; ISCN 1995, 2005 표기법에 의한 규칙을 따른다.

1) 일반원칙

(1) 정상핵형(normal karyotype) 표기

① 우선 총 염색체 수를 기록하고 comma(,)를 찍고, 성염색체를 기록한다.

② 성염색체 영문 대문자, 이외는 모두 소문자로 표기한다.
여성(female): 46,XX Normal female   남성(male): 46,XY Normal male

(2) 비정상염색체(chromosome abnormality) 표기

① 만일 재배열된 염색체 중 하나가 성염색체인 경우 성염색체 비정상을 먼저 표기한다. 단 예외는 3개의 결단점(breakpoint)이 있고 염색체 일부가 다른 결단점 내로 삽입되는 경우로 이러한 경우에는 수용염색체(receptor chromosome)를 먼저 기록한다.
47,X,t(X;13)(q27;q12),+21

② 상염색체(autosomes)의 비정상은 이상유형에 관계없이 염색체 번호에 따라 표기한다.

48,X,t(Y;12)(q11;p12),del(6)(q11),+8,t(9;22)(q34;q11),+17,-21,+22

③ 각 염색체에서는 수적 이상을 구조적 이상보다 먼저 기록한다.

49,X,inv(p21q26),+3,inv(3)(q21q26),+7,+10,-20,del(20)(q11),+21

④ 상동염색체(homologous chromosome)의 다양한 구조적 이상은 알파벳순으로 표기한다.

50,XX,+1,+del(1)(p13),+dup(1)(q21q32),+inv(1)(p31q41),+8,r(10)(p12q25),+21

⑤ 기원(origin)을 알 수 없는 환염색체(ring chromosome; r), 표지염색체(marker chromosome; mar)은 마지막에 기입한다.

52,XX,.........,+r,+mar

⑥ 파생염색체(derivative chromosome)인 경우 원래의 동원체(동원체가 존재하는)를 가진 염색체를 ( )안에 표기하고 생성에 관여된 모든 것을 기록한다.

46,XX,der(1)t(1;3)(p22;q13)

⑦ 정상적인 염색체가 구조적으로 이상이 있는 염색체로 대체되는 경우는 정상 염색체가 결손된 것으로 표기하지 않는다.

46,XX,inv(3)(q21q26)　　즉 46,XX,-3,inv(3)이라고 표기하지 않음

⑧ 비정상 기원을 알 수 있을 때는 기원을 기록한다. 만약 모계로부터 유래하면 mat, 부계로부터 유래하면 pat를 표시한다.

48,XY,i(Xq),+14,+der(13)t(7;13)(q21;q31)mat,

⑨ 필요한 경우 사용된 염색기법을 기록한다.

48,XY,i(Xq),+14,+der(13)t(7;13)(q21;q31)mat,GTG

(3) 클론(clones) 표기(/): 핵형 표기에 있어서 다른 세포군이 존재할 경우(mosaic)

① 정상적인 배수클론(diploid clone)이 있으면 맨 끝에 기록한다.

47,XY,+21/46,XY

② 여러 비정상클론(abnormal clones)이 있으면 크기(size)에 따라 기록한다.

45,X[15]/47,XXX[10]/46,XX[23]

③ 키메라(chimera)에서는 큰 클론을 먼저 기록한다.

46,XX[25]/46,XY[10]

2) 구조적 이상의 단축형과 서술형 표기법

(1) 단축형

; 두 번째 괄호 속에 결단점을 표시해 주며 semicolon(;)으로 분리한다. 그러나 단일염색체(single chromosome)에서는 ; 을 사용하지 않는다.

46,XX,inv(2)(p21q31) // 46,XY,t(12;16)(q13;p11)

한 염색체의 결단(break)된 부분(part)이 다른 결단점에 삽입(insert)된 경우는 성염색 또는 상염색 번호에 관계없이 먼저 기록한다.

46,XY,ins(5;2)(p14;q22q32)

46,XX,ins(2)(q13p13p23) ; direct insertion

46,XX,ins(2)(q13p23p13) ; inverted insertion

(2) 서술형

; 단완(short arm)의 말단부(terminal)로부터 시작하여 장완(long arm)의 말단부로표시, 만약 재배열(rearrangement)후 양쪽 완의 말단부에서 단완(short arm)이 보이지 않으면 낮은 번호의 장완절편말단부를 먼저 기록한다.

46,XY,t(2;5)(q21;q31)

46,XX,der(1)(1qter → 1p22::3q13-→3qter)

46,XY,t(2;5)(2pter → 2q21::5q31→>5qter)

2. 염색체 밴드 명명법

염색체 밴드는 주위와 흑백의 염색 차이에 의해 분명히 구분되는 염색체의 부분을 명명하는 것으로 염색체의 밴드는 특정 경계(landmark)에 의해 영역(region)으로 구분된다. 그리고 번호는 밴드와 영역은 동원체로부터 바깥으로 가면서 번호가 할당된다. 영역은 두 개의 인접한 경계사이에 놓인 염색체의 영역으로 정의된다. 밴드 명명은 ISCN1995, 2005에 의해 규정되어졌다(그림 2-1). 염색체 밴드의 경계와 영역을 구분하는 숫자를 읽을 경우는 숫자를 하나하나 분리해서 읽는다, 예를 들어 24.2는 이십삼점이가 아닌 이삼점이로 읽는다. 염색체 세포주기별 단계는 prophase-late prophase (LP: 850밴드), prometaphase(PM: 550밴드) metaphase(M: 400밴드), late metaphase(LM: 340밴드)로 분류한다. 보통 일반적인 G-분염법 핵형분석(karyotyping)시 400~550밴드 정도가 관찰되며, 고해상분염법에서는 550~600밴드가 보이는 이 있다.

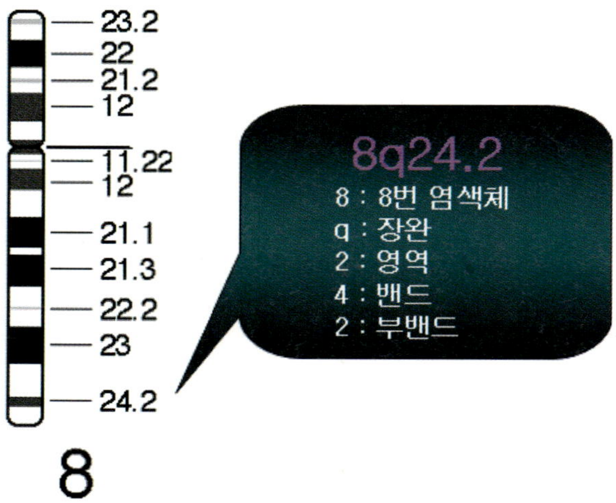

그림 2-1. 염색체 밴드 명명법

표 2-1. 염색체 밴드의 해상도 추정(10번 염색체 기준)

10번 염색체	평균 밴드 수	추정되는 전체 밴드 수	평균 밴드 수	추정되는 전체 밴드 수
	12	375	31	625
	13~14	400	32	650
	15~16	425	33	675
	17~18	450	34	700
	19~21	475	35	725
 10	22~23	500	36	750
	24~25	525	37	775
	26~28	550	38	800
	29	575	39	825
	30	600	40~41	850

III 염색체 형태

1. 염색체 구성

염색체는 염색질로 구성되어 있는데, 염색질은 DNA, 염기성 단백질(histone) 복합체를 주성분으로 비히스톤 단백질 및 소량의 RNA를 포함하는 집합체이다. 이 염색질은 세포주기의 각 기와 유전적 활성 또는 불활성의 상태에 따라서 그 구조가 현저히 다르다. 즉 분열 중기에는 고차구조체로서의 염색체가 되고, 간기에는 다시 분산된다. 특히 고차구조형태의 염색체는 동원체(centromere), 말단부(telomere), 이질염색질(heterochromatin), 진정염색질(euchromatin) 등으로 구성되어 있다(그림 3-1).

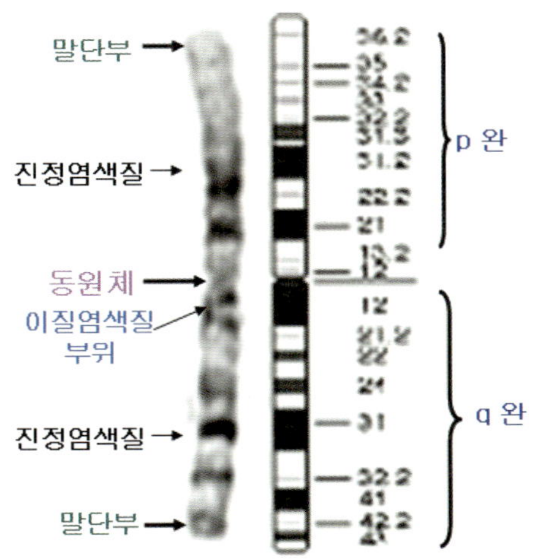

그림 3-1. 염색체 형태

1) 동원체

정상적인 염색체는 각기 하나의 동원체를 가지며, 이 부분은 심하게 수축되어 있어 이를 1차 수축(primary constriction)이라고 한다. 동원체에 두 개의 딸 염색분체가 서로 붙어 있고 체세포 분열이나 감수분열 후기에 방추사가 이 부위에 부착하여 염색체를 양쪽 방향으로 끌어당긴다. 같은 염색체에서 다른 수축들은 2차적인 것으로 정의하며 따라서 이를 2차 수축(secondary constriction)이라 한다. 그 예로서 인 형성부위는 드물게 염색체 끝에 돌출되어 있는 문의 손잡이 모양을 하고 있는데 이를 부수체(satellite)라 하며 2차 수축으로 식별된다. 동원체는 여러 종류의 위성 DNA로 구성되어 있다. 인간의 염색체 동원체를 이루는 반복서열 DNA는 5bp에서 170bp정도의 알파형 반복서열 DNA로 이루어져 있다. 흥미로운 사실은 이러한 동원체의 반복서열 DNA가 여러 종의 염색체들에서 공통적으로 존재하며, 염기배열이 상당히 보존적이라는 사실이다. 동원체를 이루는 반복 DNA들의 염기서열은 대개 'GGAAT'의 반복을 갖고 있으며, AT 염기가 많이 존재한다. 동원체는 세포분열 중기에 방추사의 미세섬유(spindle microfilament)가 부착되는 키네토코어(kinetochore)를 포함한다. 동원체는 고밀도의 바깥 판과 투명하고 섬유상인 중간층, 염색질과 접하는 안쪽의 거친 과립층으로 구성되며, 각 염색체의 동원체에 두 개씩 판 모양으로 존재한다. 동원체의 외판에 미세섬유가 다발로 부착하는데 이를 방추사(spindle fiber)라 한다. 동원체는 방추사를 구성하는 미세소관(microtubules)의 끝이 부착하여 세포분열 때 염색체들을 끌어간다. 두 개의 동원체가 하나씩 각각 염색체의 양쪽으로 부착하여 세포의 극을 향하여 배열을 한다. 동원체는 분열 후기에 염색체가 세포의 극으로 이동하는데 필수적이므로 동원체가 없는 염색체는 방추사가 부착하지 못하여 극 방향으로 이동할 수 없다. 따라서 세포분열이 계속되는 동안 결국 소실되고 만다. 만약에 동원체가 정상적인 위치에 정열하지 못하면 세포분열도 정상적으로 이루어지지 못한다. 만약 이런 일이 생식기관의 감수분열 때 일어난다면 염색체수가 많거나 적어져서 다운 증후군 같은 기형을 유발한다.

2) 말단부

말단부는 선형 염색체의 말단에 있는 DNA 부위로서 염색체의 복제와 안정성에 중요한 역할을 수행하다. 젊은 인간의 세포는 분열횟수가 많고, 나이가 많을수록 분열횟수가 줄어든다. 이러한 분열횟수를 결정하는 것이 염색체의 말단부라고 생각하고 있다. 말단부위는 작게는 수백 염기쌍에 이르는 특정 DNA 염기서열과 분자구조를 가지고 있으며, 관련 단백질과 함께 각 염색체 말단에 위치한다. 염색체 말단에는 2가지 종류의 DNA 염기서열이 존재한다. 그들은 아주 짧은 나란히 반복된 DNA 염기서열로 구성된 단순한 말단부 염기서열과, 염색체의 양 말단 부분에 앞뒤로 연결되어 말단부에 연관된 염기서열로서 수천 개의 염기쌍을 포함한다. 단순 말단부의 염기서열은 염색체 말단의 안정성과 완전복제를 보장하는데 매우 중요한 기능을 담당하는 구조이다. 포유동물에서 말단부의 염기서열은 규칙적인 단순 반복적 구조인 'TTAGGG' 염기배열(T2AG3)이 250~2,000번 계속해서 직렬로 반복되어 있다. 세포는 한 번 분열할 때마다 50~200개의 말단부의 뉴클레오타이드의 배열을 잃는 것으로 알려져 있다. 그러므로 길이가 짧아지는 것은 세포가 앞으로 얼마나 더 분열할 수 있는가 말해주는 '세포분열 시계'라고 할 수 있다. 그리고 충분히 짧아진 말단부는 정상세포가 분열을 더 이상 못하게 하는 어떤 신호를 한다고 추측하고 있다. 이와 같이 염색체 말단부가 정상포유류 세포에서 점진적으로 단축되는데 반하여 암세포에서는 그 길이가 잘 유지되는 역할을 하는 것으로 보아 세포의 노화와 암발생 과정에도 중요한 것으로 생각되고 있다. 또한 생식자 세포에서도 말단부 길이는 짧아지지 않아 생식자 생성에 중요한 요인으로 작용하고 있다.

3) 이질염색질

이질염색질 부위는 가장 고도로 응집된 DNA로 전사 측면에서 불활성화 되고 한편으로는 이상응축을 나타낸다. 또한 이질염색질은 퇴색반응으로 각 염색체에 특유한 줄무늬를 나타낸다. 그리고 유전자는 없거나 있어도 적게 존재한다. 지속적 이질염색질(constitutive heterochromatin)은 모든 염색체의 동원체 근처에서 발견되고, 결코 응집이 풀리지 않으며, 활성을 지닌 유전자를 갖지 않는다. 또한 선택적 이질염색질(facultative heterochromatin)은 응집 상태가 변할 수 있으므로 유전자를 가지고 있다. 특히 이러한 이질염색질이 특징적으로 나타나는 염색체는 1, 9, 16, 19, Y염색체 등이다. 인간의 경우 이질염색질의 부위의 크기는 다양하게 나타날 수 있다. 이질염색질은 보다 치밀하여 세포학적 조작으로도 진정염색질보다 더 진하게 염색된다.

4) 진정염색질

진정염색질 부위는 전사 가능한 유전자를 포함하며, 30㎚이하로 응집되며, 이상응축을 일으키지 않고 저온에 의한 퇴색반응도 나타내지 않지만 유전자를 함유하고 있다. 조절단백질과 RNA 중합효소가 프로모터(promoter)와 결합하여 전사를 개시하기 전에 반드시 풀려야 한다.

2. 염색체 분류

유사분열에 나타나는 염색체에는 일차협착(primary constriction)이 나타나는데, 이곳에 동원체(centromere)가 있어서 동원체를 중심으로 하여 양측을 완(arm)이라 하는데 긴 쪽이 장완(long arm), 짧은 쪽은 단완(short arm)이다. 인간의 염색체 완에는 86개 영역과 320개의 밴드로 구분된다. 염색방법에 따라서 400~850밴드의 부밴드(subband)를 볼 수 있다. 1밴드는 약 6Mb의 DNA를 가지며, 1밴드 당 약 100여개의 유전자가 존재하는 것으로 알려져 있다.

1) 동원체 위치에 따른 분류

염색체는 동원체의 위치에 따라서 중부(metacentric), 차중부(submetacentric), 차단부(acrocentric), 그리고 인간에게는 나타나지 않는 단부(telocentric) 등으로 분류되고 있다(그림 3-2).

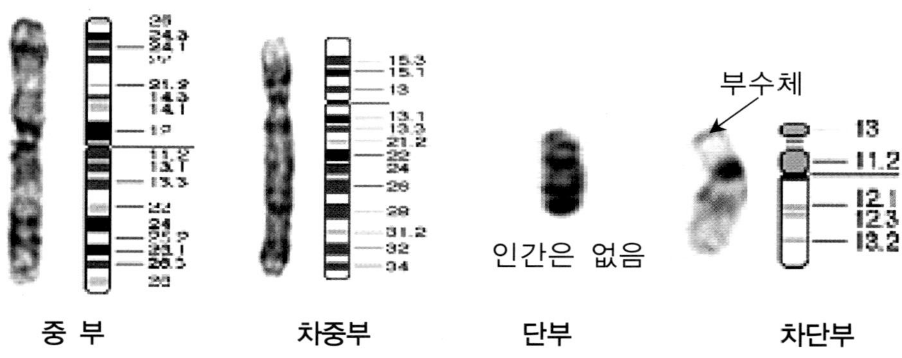

그림 3-2. 동원체 위치에 따른 염색체 분류

(1) 중부염색체(metacentric chromosome)는 동원체의 위치가 염색체 중간부위에 위치하는 경우이다.

(2) 차중부염색체(submetacentric chromosome)는 동원체가 염색체의 중간말단부위 사이에 위치하는 경우이다.

(3) 차단부염색체(acrocentric chromosome)는 동원체가 염색체의 말단부 근처에 있는 경우 위치하는 경우이다.

2) 염색체 크기와 동원체 위치에 따른 군별 분류

염색체를 일반 염색을 실시하는 경우, 핵형을 작성하는데 있어서 염색체의 크기와 동원체의 위치에 따라 8개 군으로 구분한다(표 3-1).

(1) Group A(1~3); 중부염색체로 가장 큰 염색체 군이다.

(2) Group B(4~5); 차중부염색체중에서 가장 큰 군이다.

(3) Group C(6~12); 중간 정도 크기의 중부와 차중부염색체 군이다.

(4) Group D(13~15); 중간 정도 크기의 차단부염색체로 부수체(satellite)가 존재하는 군이다.

(5) Group E(16~18); 약간 작은 중부 또는 차중부 염색체 군이다.

(6) Group F(19~20); 중부염색체중 가장 작은 크기를 나타나는 군이다.

(7) Group G(21~22); 짧은 차단부염색체로 부수체가 있는 군이다.

(8) Group XY; XY성염색체(sex chromosome)로 X는 차중부로서 C군과 비슷하고 Y 염색체는 차단부염색체로 부수체가 없다.

표 3-1. 염색체 형태 분류

군	번호	염색체	형태
A	1	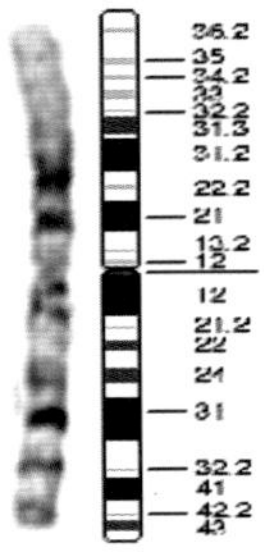	① 동원체: 인간 염색체 중 가장 큰 중부염색체이다. ② p 완: 중앙에 p31의 넓고 진한 밴드를 기준으로 동원체 부위에는 p21 밴드가 있으며, 말단부로 갈수록 엷어지는 특징이 있다. ③ q 완: 동원체 부위 q12는 진하게 염색되는데 이 부위는 이질염색질로 구성되어 있어 개인마다 넓이가 다르게 나타난다. q31을 중심으로 동원체부위에 q24, 말단부위로는 q41, q43 밴드가 특징적으로 나타난다.
A	2	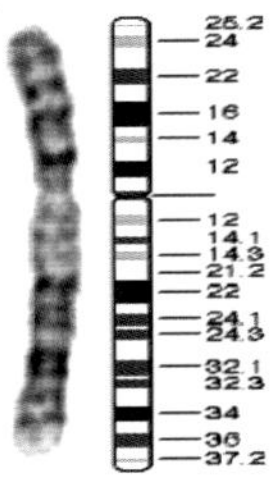	① 동원체: 차중부염색체 중 가장 크다. ② p 완: 비슷한 강도의 진한 p12, p16, p22, p24 밴드 4개가 균등하게 분포되어 있다. ③ q 완: q22, q24, 밴드가 중앙으로 하여, q32 밴드에서 말단부로 가면서 2개의 q34, q36 밴드가 보이며 동원부로는 흐린 여러 개의 밴드가 나타나고 있다.
A	3	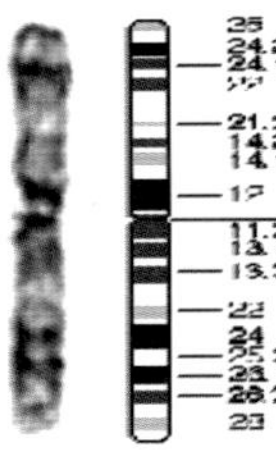	① 동원체: 두 번째로 큰 중부염색체로 장완과 단완의 밴드 분포가 거의 대칭적이다 . ② p 완: 가운데 부위인 p21 밴드는 넓고 밝게 나타나고 양쪽으로 P12, p14 밴드와 p24 밴드가 대칭적으로 존재한다. ③ q 완: 가운데 밝은 q21 밴드부위를 중심으로 q11-13밴드와 대칭 q24-26 밴드까지 연결되어 나타나는 것이 특징적이다.
B	4	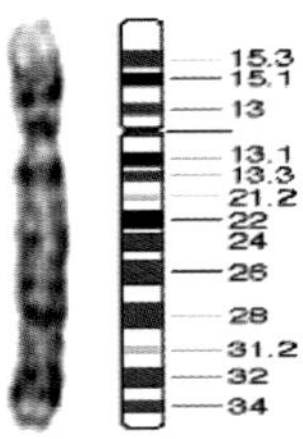	① 동원체: 차중부염색체이다. ② p 완: 말단은 비교적 크고 밝으며, 중간부위에 두개의 진한 p13, p15 밴드가 있다. ③ q 완: 4번과 5번 염색체의 가장 특징적 구별점이 되는 q13 밴드가 있으며, q22, q26, q28 밴드가 연속적으로 나타난다. 말단부에 q32 q34 밴드가 하나의 밴드처럼 보인다.
B	5	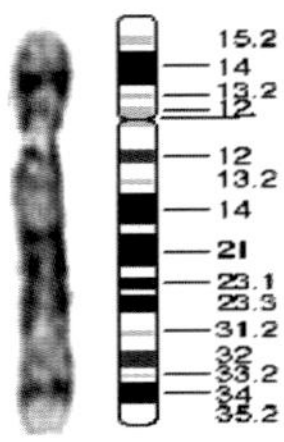	① 동원체: 차중부염색체이다. ② p 완: p14 밴드가 진하게 염색되어 나타난다. ③ q 완: q14, q21, q23 밴드 연속 이어져 하나의 넓은 밴드처럼 보이는 것이 4번 염색체와 구별되는 특징이 되며, q31 밴드부위의 넓고 밝은 점 그리고 진한 q34 밴드도 특징적이다.

C	6	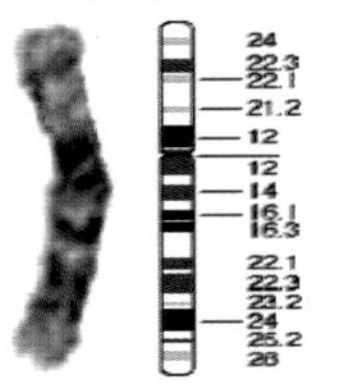	① 동원체: 차중부염색체이다. ② p 완: 특징적인 중간부위에 밝은 p21과 양쪽으로 p12, 22 밴드가 존재한다. ③ q 완: 동원체에서부터 q12, q14, q16, q22, q24 밴드가 연속되거나 분리되어 보인다.
	7	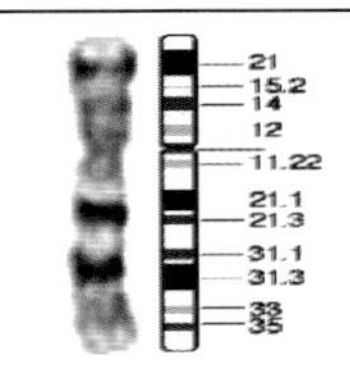	① 동원체: 차중부염색체이다. ② p 완: p21, p14 밴드가 일정한 간격으로 나타난다. ③ q 완: q21, q31 밴드가 뚜렷하게 구분되는 것이 특징적으로 q21, q31 밴드로 인해 C군 염색체 중 가장 구별하기 쉽다.
	8	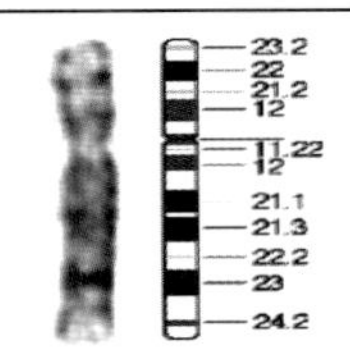	① 동원체: 차중부염색체이다. ② p 완: 진한 p22, 12 밴드가 균등하게 분포되어 있다. ③ q 완: q12, q21.1-3 밴드가 연속되고 q23 밴드가 나타나는 것이 9번 염색체와 구별되는 특징들이다.
	9	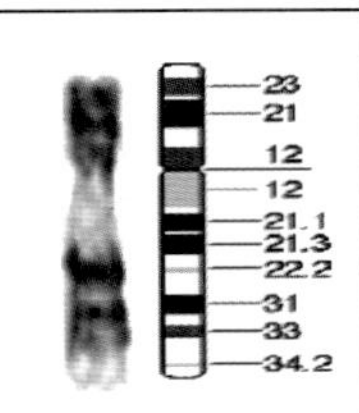	① 동원체: 차중부염색체이다. ② p 완: 밝고 큰 밴드 p13을 기준으로 위쪽으로 진한 p21, p23 밴드가 특징적이다. ③ q 완: 밝은 q12가 8번과 구별점이 되며 진한 q21과 q31 밴드가 나타난다. 경우에 따라서는 밝은 q12 밴드는 이질염색질부위로 다양한 크기로 나타날 수 있다.
	10	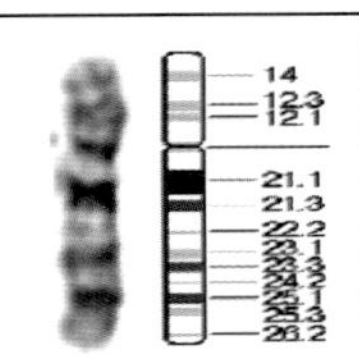	① 동원체: 차중부염색체이다. ② p 완: 가운데 부분에 진한 밴드 p12가 있고, 말단부위에 다소 덜 진한 밴드 p14가 있다. ③ q 완: 세 개의 진한 q21(가장진함), q23, q25 밴드가 균등한 간격으로 분포되어 있는 것이 특징적이다.
	11	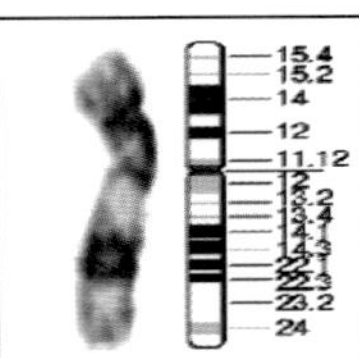	① 동원체: 차중부염색체이다. ② p 완: 12번 염색체와 유사하나 p12, p14 밴드가 특징이다. ③ q 완: 밝은 q13, q23 밴드가 특징적이고, 밝은 q23 밴드부위가 12번 염색체 보다 넓지 않는 것이 구별점이 된다.
	12	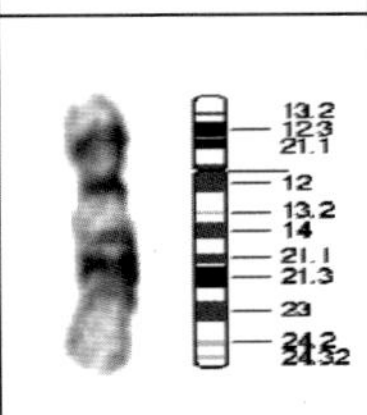	① 동원체: 차중부염색체이다. ② p 완: 중앙에 진한 p12 밴드하나 가 있는 것이 11번 염색체와 구별된다. ③ q 완: 장완의 밝은 q13 밴드가 뚜렷하나 11번 염색체에서 보다 작고, 가운데 부위는 진한 밴드군(q14-23)으로 이루어져 있으며, 말단부에는 밝은 밴드가 넓게 나타나는 것이 특징적이다.

D	13	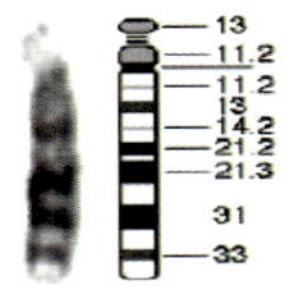	① 동원체: 차단부 염색체이다. ② p 완: 부수체가 있다. ③ q 완: 중앙부에 가장 진한 q21 밴드가 존재하고, 양쪽으로 q13, q31, q33 밴드가 다음으로 진하게 나타난다.
	14	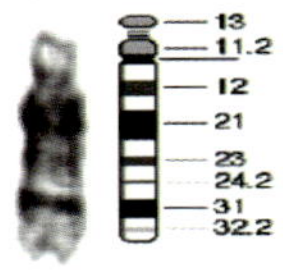	① 동원체: 차단부 염색체이다. ② p 완: 부수체가 있다. ③ q 완: 넓고 가장 진한 q21 밴드와 넓고 밝은 q22-24 밴드가 관찰되며 말단부에 진한 q31 밴드가 특징적이다.
	15	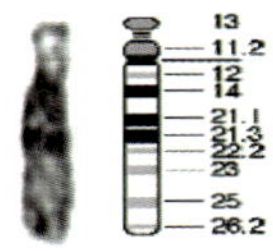	① 동원체: 차단부 염색체이다. ② p 완: 부수체가 있다. ③ q 완: 진한 q21 밴드를 기준으로 말단부까지 밝은 밴드가 계속됨이 특징이다.

E	16	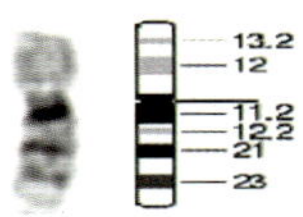	① 동원체: 중부염색체이다. ② p 완: 불분명한 p12 밴드가 나타난다. ③ q 완: q21, q23은 중간 정도 진한 밴드, 동원체 바로 밑에 q11 밴드는 이질염색질에 해당하므로 다양한 개인차를 보인다.
	17	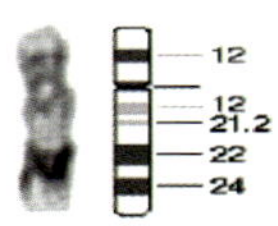	① 동원체: 차중부염색체이다. ② p 완: 불분명한 p12 밴드가 있다. ③ q 완: q22-24가 진하고 넓은 밴드와 중앙부에 q12-21부위가 밝게 염색되며, q12 밴드가 가늘고 불분명한 것이 18번 염색체와 구분이 되는 특징이다.
	18	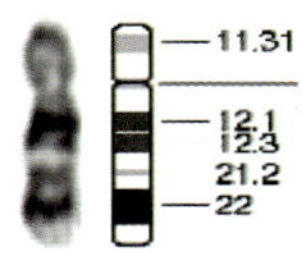	① 동원체: 차중부염색체이다. ② p 완: 불분명한 p11 밴드가 있다. ③ q 완: 중앙에 뚜렷한 밝은 q21 밴드가 있으며, 진한 q12 밴드가 17번 염색체와 구분점이 되며 q22 밴드도 특징적이다.

군	번호	그림	특징
F	19	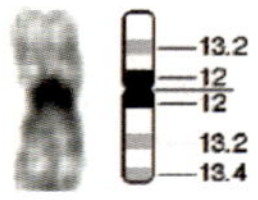	① 동원체: 중부염색체이며 중심절 부위가 진하다. ② p 완: 밝게 염색되는 것이 20번 염색체와 구분되는 특징이다. ③ q 완: 밝게 염색되며, 특히 단완은 전체 염색체 중 가장 밝은 염색체 중 하나이다. 동원체 아래 부분에 진한 q12 밴드가 있는데 이 부위는 이질염색질 부위로 개인차가 있다.
	20	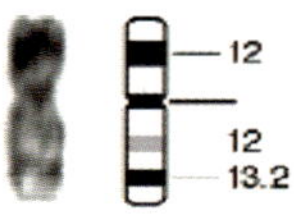	① 동원체: 중부염색체이다. ② p 완: 19번 염색체와 구별점이 되는 진한 p12 밴드가 있다. ③ q 완: 조금은 불분명한 두 개의 q12, q13.2 밴드가 있다.
G	21	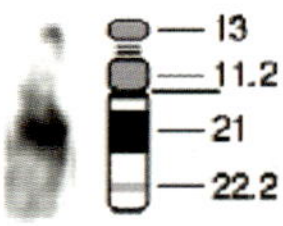	① 동원체: 차단부 염색체로 가장 작은 염색체이다. ② p 완: 부수체가 있다. ③ q 완: 동원체 바로 밑에 q21 밴드가 진하게 나타난다.
	22	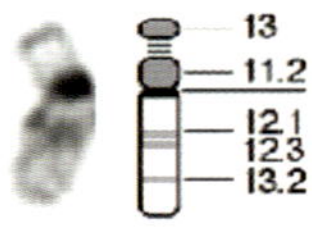	① 동원체: 차단부 염색체이다. ② p 완: 부수체가 있다. ③ q 완: 중심체 부위가 진하게 염색되고, 중간부위에 진하고 q12 밴드가 있다.

군	번호	그림	특징
X Y	X	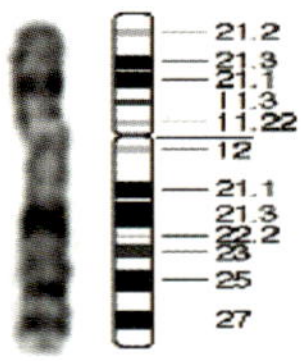	① 동원체: 차중부염색체이다. ② p 완: 비교적 긴 편이며, 중앙에 넓고 진한 q21 밴드가 있다. ③ q 완: 10번 염색체와 유사하며, q21 밴드가 크고 진한 것이 특징적이며, 말단부로 진한 세개의 q23, q25, q27 밴드가 있다.
	Y	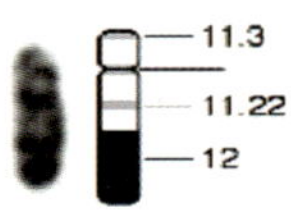	① 동원체: 차단부 염색체이다. ② p 완: 부수체가 없는 것이 특징이다. ③ q 완: 진하게 염색된다. q12 밴드가 넓고 진하게 염색되나 이 부위는 이형염색질로 크기에 개인차가 있다. ※ Y염색체 크기 = Y/F 그룹 비율 : 0.8~1.2(정상치)

실 습

염색체 유형과 분류

학년반: 학번: 성명:

* 염색체 각각의 명칭을 적어 넣으세요.

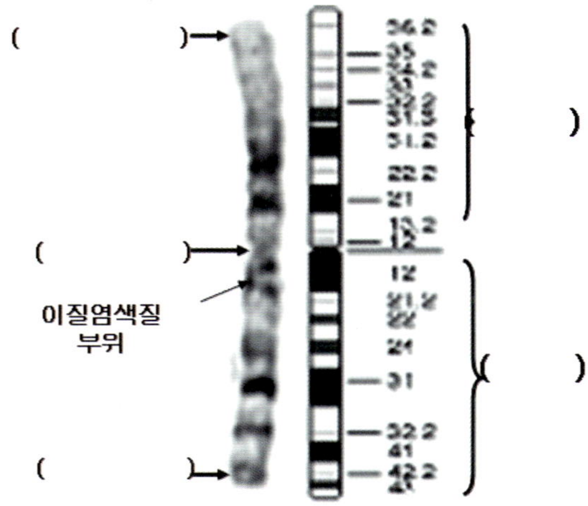

염색체 유형

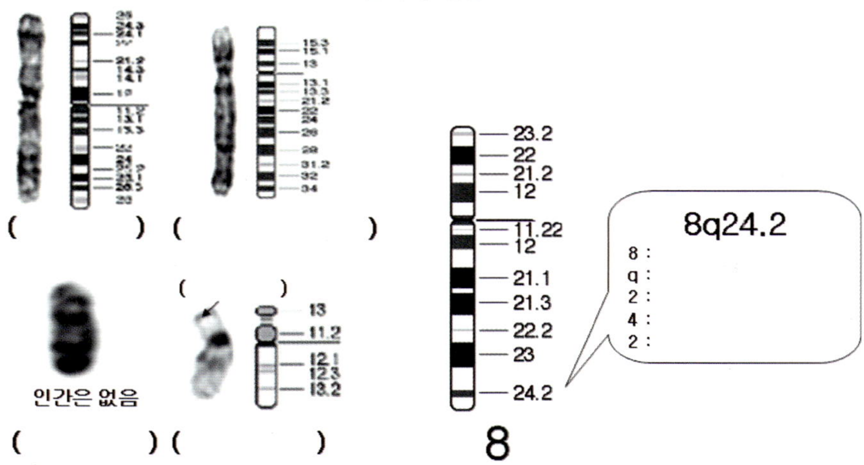

동원체에 따른 염색체 분류

설명:

실습일자: 월 일	지도교수 확인:

실 습

염색체 핵형분석(I, 46,XY) 보고서

학년반:	학번:	성명:

* 뒷장에 주워지는 염색체 중기상 이미지를 복사해서 염색체 분석보고서에 오려 붙이세요.
  - 염색체 중기상 분홍색 숫자는 염색체 번호입니다.

(표 3-1. 참조)

1 2 3 4 5

6 7 8 9 10 11 12

13 14 15 16 17 18

19 20 21 22 X Y

설명:

실습일자: 월 일	지도교수 확인:

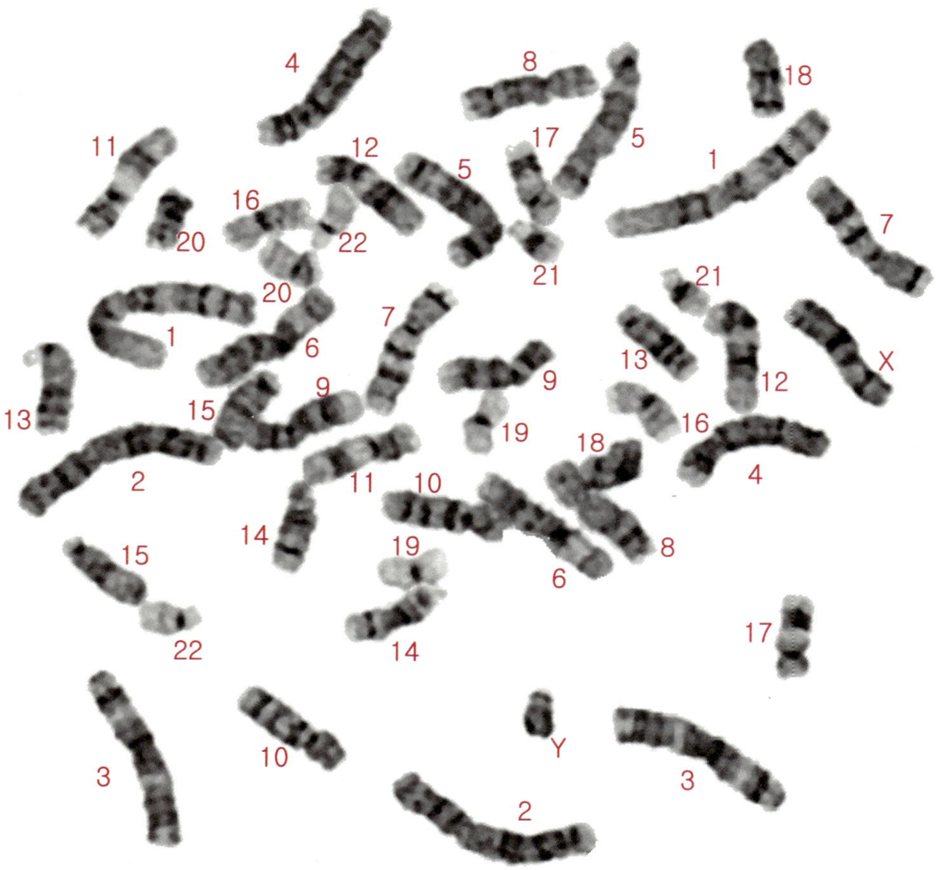
4
8
18
11
12
17
5
5
1
16
20
22
7
21
21
20
1
7
6
13
X
9
9
12
13
15
19
16
18
2
4
11
10
14
19
8
6
15
22
14
17
3
10
Y
2
3

실 습

염색체 핵형분석(Ⅱ, Down's syndrome) 보고서

학년반: 학번: 성명:

* 뒷장에 주워지는 염색체 중 기상 이미지를 복사해서 염색체 분석보고서에 오려 붙이세요.
  - 21번 염색체가 3개인 47,XX,+21핵형입니다.

(표 3-1. 참조)

1	2	3		4	5	
6	7	8	9	10	11	12
13	14	15		16	17	18
19	20		21	22	X	Y

설명:

실습일자: 월 일 지도교수 확인:

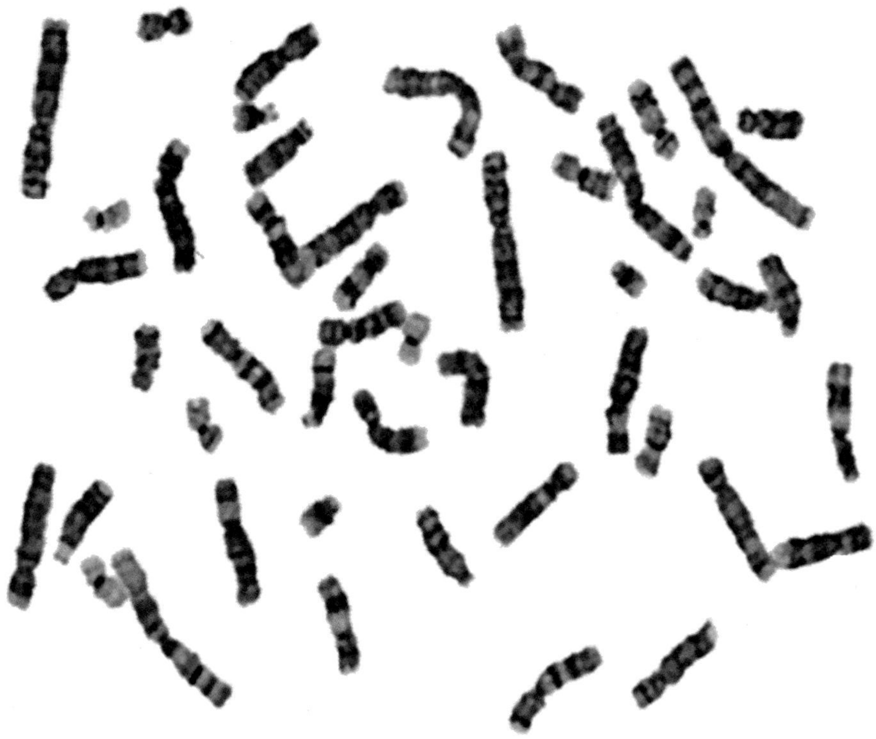

실 습

염색체 핵형분석(III) 보고서

학년반:	학번:	성명:

* 뒷장에 주워지는 염색체 중 기상 이미지를 복사해서 염색체 분석보고서에 오려 붙이세요.
- 분홍색원안의 중기상이미지는 중첩된 부분이므로 오릴 때 사용하세요.

(표 3-1 참조)

1 2 3 4 5

6 7 8 9 10 11 12

13 14 15 16 17 18

19 20 21 22 X Y

설명:

실습일자: 월 일	지도교수 확인:

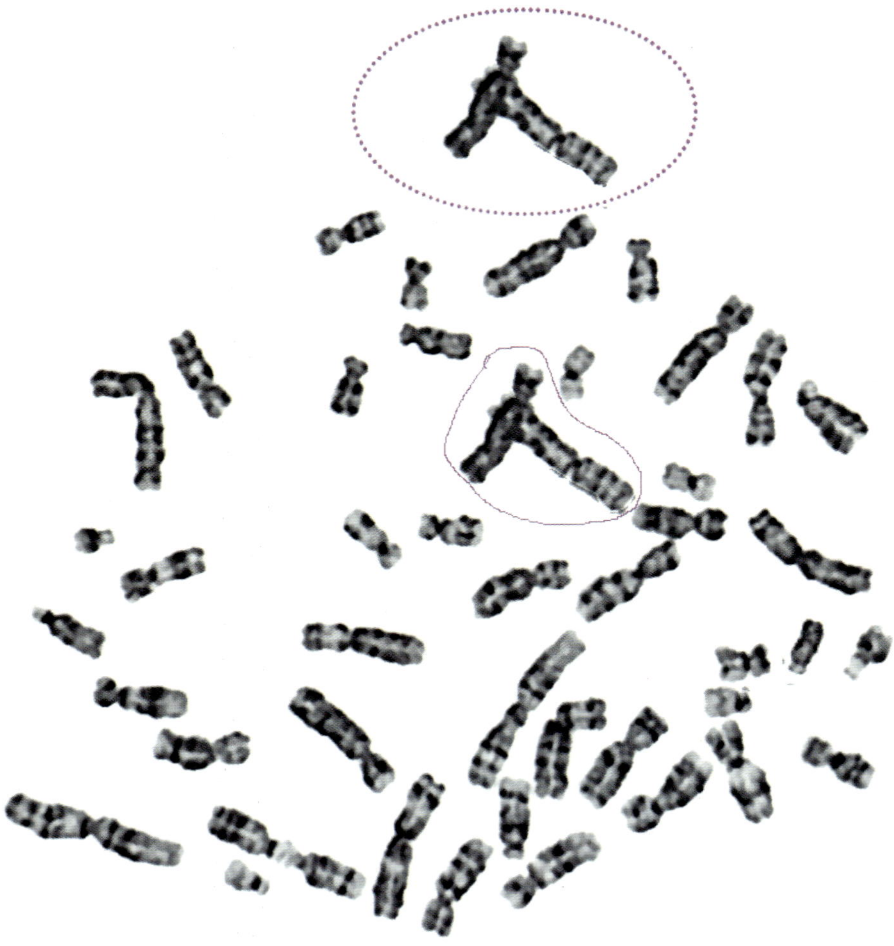

IV 비정상염색체의 분류

신생아의 0.7~0.8%가 염색체 질환으로 알려져 있다. 염색체 질환의 1/3은 성염색체 질환으로 임상 증상은 상대적으로 가벼워 신생아 초기에는 발견되지 않는 경우가 대부분으로 사춘기를 전후로 밝혀진 경우도 많다. 또 1/3은 과잉 또는 손실(extra-missing)염색체 때문에 나타나는 데 과잉염색체의 대표적인 것은 21, 18, 13 등으로 다발성 선천성기형(multiple congenital anomaly)과 심한 정신박약 상태를 나타낸다. 나머지 1/3은 부분적인 삼염색체(partial trisomy) 또는 부분적단염색체(partial monosomy)로 대부분은 심한 신체적, 정신적 장애가 초래되며 대부분 가족성으로 나타나는데 부모 중 하나가 상호전좌형보인자(balanced translocation carrier)이다. 이러한 염색체 결함을 방지하기 위해서는 유전상담(genetic counselling)과 산전진단(prenatal diagnosis)을 적극적으로 시행해야 한다.

1. 숫자적 이상

1) 이수성

(1) 삼염색체

이수성(aneuploid) 염색체이상 중 임상적으로 중요한 형태는 삼염색체(trisomy)로 임상적 임신이 확인된 경우의 4%정도에서 나타나고 있으며, 유산의 원인 중 가장 흔한 원인이 된다. 또한 정신지체의 가장 흔한 유전적인 원인이 된다. 삼염색체는 어느 염색체이든지 가능한데 염색체 전체의 삼염색체는 대개 생존이 불가능하다. 그러나 삼염색체중 신생아로 성장하는 대부분은 삼염색체 21(Down's syndrome)로 신생아 삼염색체중 95%를 차지하는 것으로 알려져 있다. 그밖에 삼염색체 18, 13 등이 신생아로 생존할 수 있다.

① 일차성삼염색체

여분의 염색체는 정상적으로 존재하는 염색체로 정상적인 염색체가 하나 더 존재하는 경우로 2n+1로 나타난다.

② 이차성삼염색체

여분의 염색체는 하나의 염색체로부터 유래하나 정상적으로 존재시는 염색체가 아닌 경우로 이러한 예로 등완염색체(isochromosome)를 들 수 있다.

③ 삼차성삼염색체

여분의 염색체의 완(arm)이 상동염색체가 아닌 염색체로부터 유래한 경우를 들 수 있다.

(2) 단염색체

상염색체는 단 한 개라도 전완염색체(whole chromosome)가 소실되면 생존할 수 없다. 즉 상염색체 전체가 단염색체(monosomy)인 경우는 모두 사망하게 된다. 그러나 성염색체는 예외로 X염색체의 단염색체를 들 수 있는데 터너 증후군의 53%를 차지한다. 단염색체도 삼염색체와 비슷한 기전으로 유사분열비분리현상을 통해 n+1의 생식체와 n-1의 생식체가 생성되므로 해서 가능하다. 그 외에 후기의 지체(anaphase lag: 후기 자극을 가한 후, 그에 대한 반응의 일어나기까지의 기간)이라는 기전을 통해 염색체가 자세포로 넘어가지 못해서 생길 수 있으며, 모계의 나이와 상관관계가 있는 것으로 알려져 있다. 또한 이차감수분열시 비분리를 통해서 단염색체 부모로부터 물려받는 경우도 있다. 인간에 있어서 상염색체 단염색체는 치명적으로 전 세계적으로도 보고 드물다. 다만 몇몇 예에서 단염색체 21과 22는 보고된 적이 있다. 다만 혈액질환에서는 단염색체가 있을 수 있으며 일반적인 혈액질환 단염색체는 단염색체 7(nonlymphocytic leukemia)과 9(방광암)가 주로 보고되고 있다.

2) 배수성

배수성(polyploidy) 염색체는 반수체의 염색체 세트(set)가 3개 이상의 경우로 유산물에서 주로 나타나며, 신생아에서는 매우 드물어 신생아 10,000명중 한 명에서 나타나고, 모든 임신 중에서 나타나는 염색체이상 중 15%를 차지한다. 다음 임신시 재발률은 증가되지 않는것으로 보고되고있다. 가장 흔한 배수성에는 삼배수성(triploid; 3n=69 chromosomes)로 부계 또는 모계 염색체의 두 개 반수체를 포함하는 것이다. 그리고 핵형은 69,XXY(그림 4-1) 및 69,XXX가 가장 일반적이고 69,XYY는 드물며, 69,YYY는 보고되지 않았다. 사배수성(Tetraploid; 4n=92 chromosomes)은 대개의 경우는 접합체(zygote)의 조기 유사분열 실패에 기인하며, 핵형은 항상 92,XXXX 혹은 92,XXYY이다. 특히 불완전포가상기태(partial hydatidiform mole)가 형성된 경우 비정상적인 배수성염색체 이상이 발생되지만 완전포상기태의 경우는 46,XX 또는 46,XY의 정상핵형을 갖고 있는데 핵이 없는 난자(empty ovum)에 두 마리의 정자(dispermy)가 들어가 수정이 이뤄지는 것으로 알려져 있다.

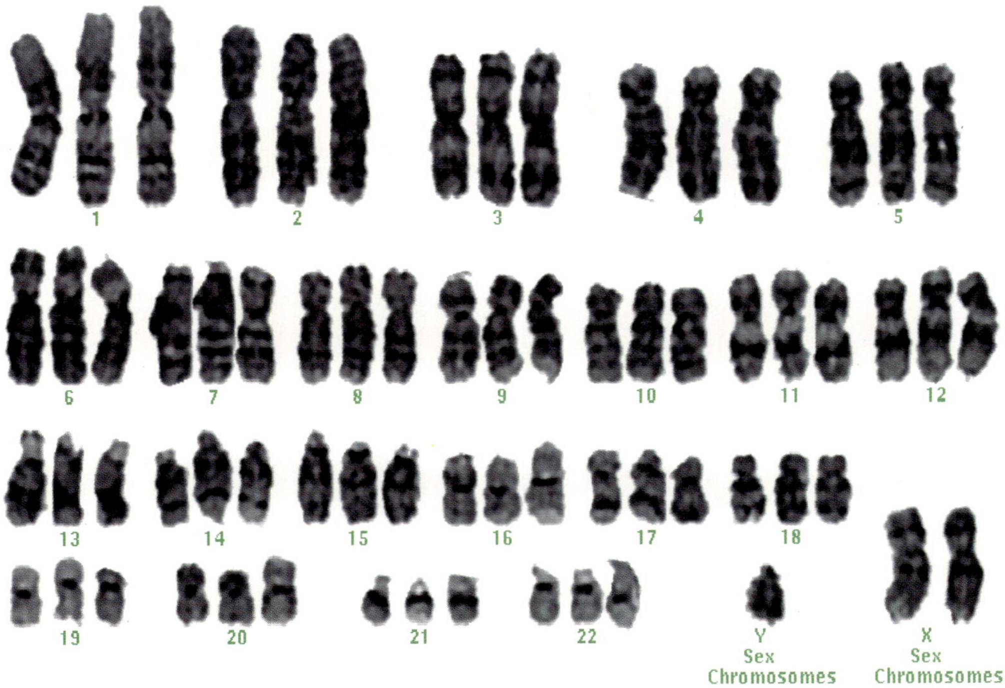

그림 4-1. 삼배수성염색체 이상 핵형(69,XXY)

2. 구조적 이상

염색체의 구조적 재배열은 염색체의 파손에 기인하는데 이수 배수체의 경우보다는 드물게 나타난다. 가장 흔한 형태인 균형전좌(balanced transformation)의 경우는 500명의 신생아 중 1례에서 나타난다. 염색체의 구조적 이상은 균형(balanced)과 불균형(unbalanced)으로 구분이 된다. 균형이라 함은 정상적인 유전정보가 모두 존재하는 경우이고 불균형이라 함은 유전정보의 가감이 있는 경우이다.

1) 결손

결손(deletion)은 염색체의 일부가 손실되는 것으로 어떤 염색체가 결손 되느냐에 따라 특정 기형이 나타나게 된다. 따라서 특별한 증후군으로 불리는 경우가 많다. 이러한 결손은 23쌍의 어느 염색체에서도 일어날 수 있는데 환자마다 결손 되는 유전물질의 양이 다양하므로 겉으로 나타나는 표현 기형의 형태와 심한 정도가 각각 다르게 나타난다. 따라서 염색체상 결손이 있는 아기가 태어났다면 염색체 결손의 경우는 반드시 부모에 대한 염색체 검사가 필요하며 실제로 10~15%는 부모로부터 유래한다. 만약 그 부모의 핵형이 정상이라면 재발위험은 매우 낮다. 일반적으로 상동염색체의 작은 부분이 결손 되어도 대개는 태아 사망 혹은 기형을 유발하고, 성염색체의 경우는 그 영향이 있기는 하지만 상동염색체보다는 심하지 않다.

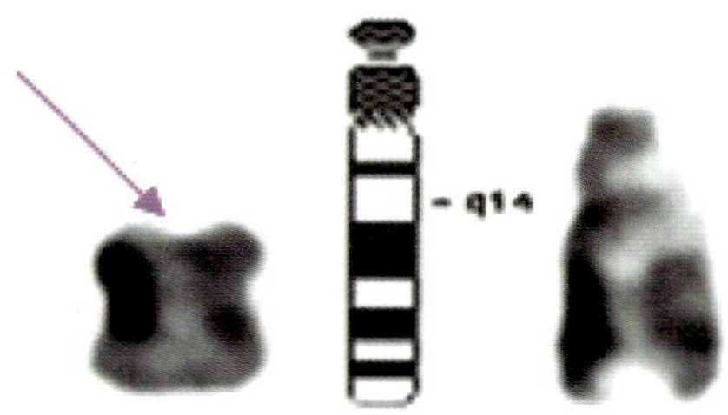

그림 4-2. 13번 결손 염색체 증례

결손의 형태는 말단부(terminal) 이거나 간질성(interstitial)로 나타난다. 주로 결실이 일어나는 염색체는 4p-, 5p-, 9q-, 11p-, 13q-, 18p-, 18q-, 21q-, 22q- 등과 XX⁻(X deleted) 증후군 등이다(그림 4-2). 일반적으로 염색체 분석시에는 결손이 너무 작아서 보이지 않는 경우 고해상분염법이 필요한 경우도 있다. 고해상도 염색체 분염법도 한계가 있어서 세포유전학적으로 결손을 확인하려면 최소한 약 4,000kb의 유전자의 결손이 있어야 가능하다. 결손이 이보다 작다면 분자유전학적인 방법으로 알아낼 수 있다. 주로 일어나는 미세결손 증후군으로는 22q11.2(DiGeorge 증후군/Velocardiofacial 증후군), 17p13.3(Miller-Dieker 증후군), 17p.11.2(Smith-Magenis 증후군), 15q11.2 (Prader-willi 증후군/Angelman 증후군), 7q11.23(Elastin-Williams 증후군), 5p15.2(Cri du chat 증후군), 4p16.3 (Wolf-Hirschhorn 증후군) 등이 있다. 특히, 5p15.2(Cri du chat 증후군), 4p16.3(Wolf-Hirschhorn 증후군), 18p-, 18q-, 그리고 X염색체 결실은 생식선 발육부전(dysgenesis)과 관련이 있다.

2) 중복

중복(duplication)은 결손과 마찬가지로 불충분한교차(unequal crossing over)에 기인하거나 전좌 또는 역위의 보인자의 감수분열과정 중 분리(segregation)가 잘못되어 나타나는 형태로 많은 예의 중복이 보고되었으나 연구된 바 거의 없어 일반적인 염색체이상과 표현형과의 연관을 지을 수는 없다. 다만 유산이나 정신적 장애, 행동장애 등이 나타난다는 보고가 있다.

3) 환염색체

환염색체(ring chromosome)는 염색체가 두 곳에서 파손되고 염색체의 파손된 끝이 연결되어 환모양의 구조를 가지게 되는 염색체이다. 발생기전은 대부분이 염색체의 양끝 결실(deletion)이 생긴 후 그 부분이 서로 결합함으로서 발생한다. 환염색체는 불안정하여 세포 분열하는 동안 소실되는데 남아 있는 경우에는 다양한 크기의 환염색체를 만든다. 환염색체는 모든 염색체에서 발생할 수 있는데 그중에 특히 13번, 18번과 X염색체에서 호발 한다(그림 4-3). 환염색체를 가진 보인자의 표현형은 정신 발육지연과 다발성 기형에서부터 정상에 이르기까지 매우 다양하게 보고되어 있다. 이러한 표현형의 다양성은 환염색체의 형성 과정에서 결실되었던 염색체의 크기와 환염색체 내에서 발생하는 자매 염색분체 교환율의 정도 그리고 환염색체를 갖고 있는 세포의 생존력이 다르기 때문에 나타난다. X 환염색체는 터너 증후군의 핵형 중 2~3%에서 발견 된다. 환염색체는 가족력을 가지고 있는 경우가 있을 수 있다.

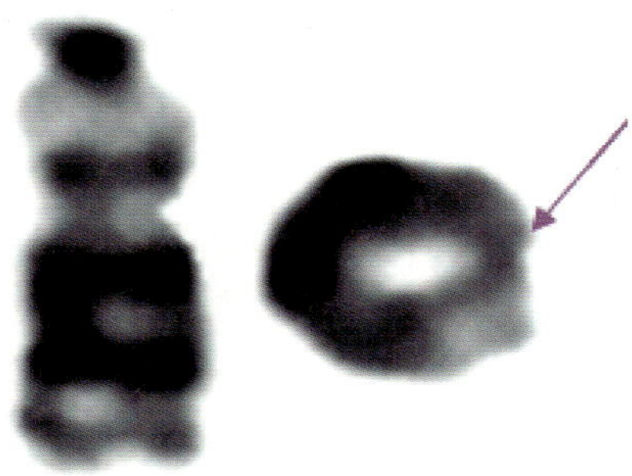

그림 4-3. 13번 환염색체 증례

4) 등완염색체

등완염색체(isochromosome)은 염색체구조가 자매염색분체(sister chromatids)의 단완 또는 장완으로만 이루어졌을 경우이다. 감수분열과 유사분열 어느 시기에도 발생할 수 있으나 감수분열 중의 오류가 더 많다. 발생기전은 자매 염색분체가 동원체에서 분리될 때 세로로 분리되지 않고 가로로 분리됨으로서 두개의 자매 염색분체가 생기는 대신에 두개의 단완 또는 장완으로 이루어진 등완염색체가 발생된다. 결국 한 개의 염색체 구조 중 장완 또는 단완 중 한쪽은 없어지고 다른 쪽은 중복되는 결과를 갖고 온다. 등완염색체는 두개의 상동 염색체로 구성된 로벌슨전좌와 형태학적으로는 구분하기가 어렵다. 그러나 어느 한 인간의 염색체 구성이 정상인 세포들과 비정상 구성의 46개 염색체로 된 세포들로 섞여 있을 때 이 비정상 구성의 세포가 한개는 21번 염색체 이고 다른 하나가 두개의 21번 염색체로 구성된 중부염색체일 경우에는 분명히 등완염색체로 생각할 수 있다. 그리고 어느 한 인간이 정상 염색체 구성의 세포들과 45,t(21q21q)의 세포들로 이루어진 모자이크 현상을 보인다면 이것은 로벌슨전좌라고 생각할 수 있다. 상염색체에서의 등완염색체는 드물고 X염색체에서 가장 많이 나타난다(그림 4-4). X의 단완으로 된 등완염색체는 생존력이 없다. 정상 X염색체 한 개와 장완으로 구성된 등완염색체 i(Xq) 한 개를 가진 여성은 X염색체 단완에 존재하는 유전자에 대하여는 일 염색체성이고 장완에 존재하는 유전자에는 삼염색체성을 나타내게 된다. 터너 증후군을 예들에서 핵형분석 하여보면 X염색체 장완의 등완염색체가 15%에서 발견된다. 등완염색체는염색체의 한쪽 완이 손실되고 다른 쪽 완이 배가되는 형태로 등완염색체를 가진 인간이 46개의 염색체가 있다고 할 경우에는 부분 단염색체와 부분 삼염색체가 생기게 된다. 정상적인 두개 상동염색체와 등완염색체가 있는 경우, 등완염색체가 있는 부위 염색체의 유전정보에서 삼염색체가 발생된다.

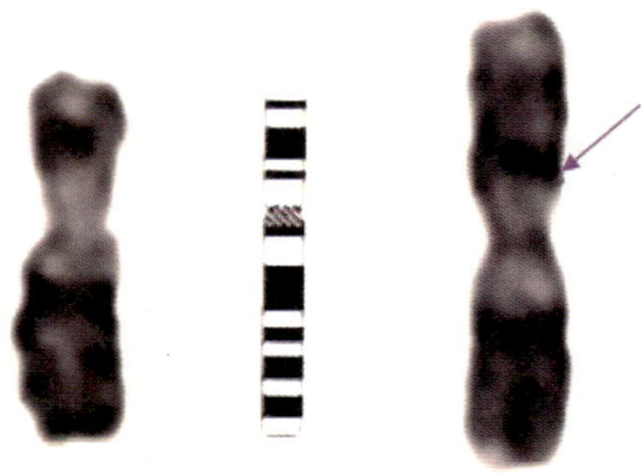

그림 4-4. X등완염색체 증례

5) 이중심체성

이중심체성염색체(dicentric chromosome)는 두 개의 다른 염색체의 각각의 동원체를 가지고 있는 염색체의 부분이 말단끼리 융합되고 동원체절편 손실(acentric fragment)을 가져오는 경우이다. 동원체가 2개 있기 때문에 유사분열후기에 분리되는 경향이 있다. 그러나 두 개의 동원체가 아주 가까이 존재하고, 불활성화 되는 경우라면 이중심체성은 안정화될 수 있다. 이러한 염색체를 가성이중심체성(pseudodicetrics)이라고 하고 가장 흔한 이중심체성은 성염색체에서 주로 볼 수 있다(그림 4-5).

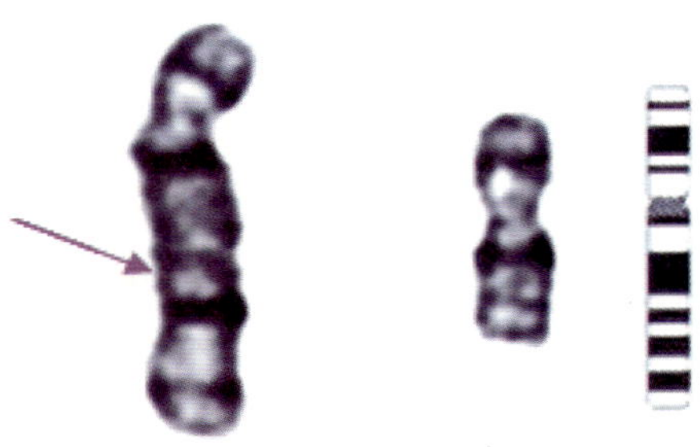

그림 4-5. X염색체 이중심체성 증례

6) 불균형전좌

불균형전좌(unbalanced translocation)의 경우는 살아가는데 필요한 유전정보가 들어 있는 염색체의 일부가 떨어져 나가거나 불필요하게 더 존재하게 되어 그 안에 들어 있는 유전정보가 모자라거나 아니면 필요 없이 중복되게 된다(그림 4-6). 이러한 경우는 필요한 단백질을 이들 유전자로부터 생산 해내는 과정에 이상이 발생하게 되어 인간이 살아가는데 필요로 하는 단백질의 결핍이 일어나게 되며 이들 단백질이 우리의 생명과 직접적인 연관이 있는 것이라면 정상적으로 임신이 진행되지 못하고 중간에 자연유산 되거나 혹은 태어난다 하더라도 살아있는 동안 심한 기형이 발생하여 정상적인 삶을 누리기가 어렵게 된다. 실제로 거의 모두가 정신지체와 발육지연과 다발성 선천성기형을 보인다. 핵형을 분석하다 보면 부분적 삼염색체(partial trisomy)가 몇 번의 염색체에서 기원한 것인지를 확인된 경우가 대부분이지만 경우에 따라서는 확인이 어려워 추가로 표기한 경우도 있다. 이러한 경우 부모의 핵을 검사 해보면 대부분 몇 번 염색체에서 기원한 것인지가 확실하게 밝혀진다. 부분적 비정상이 나타난 경우는 반드시 부모의 염색체 검사를 통한 새로운(de novo)형인지 부모에게 기원된 것이지를 반드시 확인하여야 하며, 대부분은 부모 중 한 쪽에서 불균형재배열(balanced rearrangement)이 관찰된다.

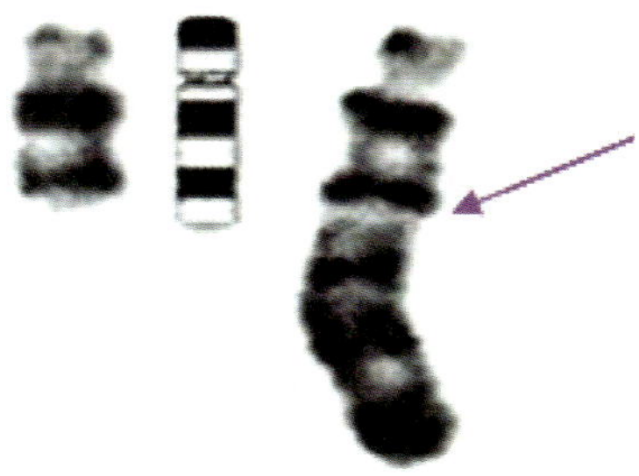

그림 4-6. 18번 염색체 불균형전좌 증례

7) 종열전좌

종열전좌(tandem translocation)는 2개의 차단부 염색체끼리(21번 염색체) 같은 방향으로 전좌된 경우로 다운 증후군에서 드물게 볼 수 있다.

8) 삽입

삽입(insertion)은 비상호적인 전좌의 개념으로 한 염색체로부터 일부가 떨어져 나와 다른 염색체로 삽입되는 형태이다. 삽입이 되기 위해서는 세 개의 염색체에서 파손이 일어나야 하므로 매우 드물다. 삽입 보인자에서 비정상적인 분리가 일어나면 삽입된 염색체 부위에 대해서 중복 내지는 결손의 염색체를 가진 자손이 태어날 수 있다.

3. 표지염색체

매우 작은 표지염색체(marker chromosome)는 염색체 배양시에 종종 발견된다. 정상적인 염색체 전체 수에 추가적으로 존재한다고 하여 과잉염색체(supernumerary chromosome)라 일컫는다. 표면적으로는 숫자적인 이상으로 보이지만 구조적인 이상을 동반하기도 한다. 고해상분염법으로도 기원 찾지 못하는 경우 최근 등장한 FISH법으로 규명하는 방법이 있다. 즉 구조적 이상을 나타내나 어디에서 유래한 것인지 알지 못 할 때 표지염색체, 알고 있을 때는 파생염색체(derivative chromosome)으로 구분하다. 여러 표지(marker)가 여러 개 있을 때는 뒤에 아라비아 숫자를 써서 mar1, mar2와 같이 구분하며, 동일 한 표지가 여러 개 있을 경우 multiplication sign(1,2,...)을 써서 표기한다. 이러한 표지염색체의 출현은 부모의 염색체 검사가 필요하며, 만일 이것이 표현상 문제가 없는 건강한 부모로부터 유래된 것이라면 자손에서도 별 문제가 없겠으나 새로운(de novo) 형으로 발생한 것이라면 부수체가 없는 과잉의(extra nonsatellited) 표지염색체의 15%에서 표현형에 이상이 존재할 수 있다. 특히 터너 증후군의 경우는 Y염색체 일부의 유무를 반드시 밝혀야 한다.

4. 모자익시즘과 키메리즘

염색체이상이 있을 때 대개는 그 염색체이상이 그 인간의 모든 세포에서 발견된다. 그러나 때로는 두 가지 이상의 염색체의 형태가 나타나게 되는 데 이러한 경우를 모자익시즘(mosaicism)이라고 한다. 모자익시즘은 발생학적으로 정상수정란이 유사분열을 계속해 나가는 과정 중 어느 단계에서 염색체절단이나 비분리(nondisjunction)현상이 우연히 일어나 이상 세포분열이 발생하여 이상세포주와 정상세포주가 같이 한 개체에서 나타나는 경우로 볼 수 있다. 모자익시즘은 수적인 이상(가장 흔한 형태)일 수도 있고 구조적인 이상일 수 도 있다. 염색체검사를 시행하는 샘플에서 발견된 모자익시즘에 그 인간의 다른 조직의 세포와 동일하지 않을 수도 있다는 사실이 모자익시즘의 효과에 대한 평가를 어렵게 한다. 특히 양수검사에서 나오는 모자익시즘은 모자익시즘의 존재 여부에 따라 진성모자익시즘(true mosaicism)과 가성모자익시즘(pseudomosaicism)으로 구분될 수 있다. 진성모자익시즘과 가성모자익시즘과 구별은 배양시 여러 배양용기에서 같은 세포라인(cell line)이 같이 발견이 되면 진성모자익시즘이라 간주하고 오직 하나의 배양용기나 하나의 세포에서만 발견되면 가성모자익시즘이라 판정하게 된다. 이러한 가성모자익시즘은 양수세포 배양의 2~3%에서 발생하며 태아의 실제 염색체 상태를 반영하는 것이 아니기 때문에 임상적 의미가 없다. 진성모자익시즘의 경우 그 임상적 중요성이 있음으로 반드시 추가 분석이 요구된다. 재검사의 경우는 같은 종류의 샘플 보다는 다른 샘플(즉 융모는 양수, 양수는 제대천자 등) 검사가 필요하다. 양수천자나 제대검사에 의해서 재 확진되는 진성모자익시즘은 단지 0.2~0.4% 정도로 보고되고 있다.

키메리즘(chimerism)은 동일인에서 46,XY와 46,XX가 동시에 존재하는 경우로 양수나 융모검사에서 볼 수 있으나 대부분 모체의 오염이며 진성키메리즘은 극히 드물게 보고되고 있다.

5. 태반 국한 모자익시즘

융모를 통한 염색체검사에서 나타나는 현상중 하나는 태반에 국한된 모자익시즘(confined placental mosaicism; CPM)이 있다. 이러한 경우는 대부분 접합자가 이뤄진 후에 비분리현상(postzygotic nondisjunction)에 의해 태반(placenta)에 국한하여 나타나는 현상으로 보고 있다. 즉 태반에 국한하여 염색체이상(대부분 모자익시즘으로 나타남)이 관찰되고 태아의 혈액이나 조직 등에서는 정상핵형을 보이는 현상이다. 이 경우 태아에게 이상이 발생할 수 있다는 결과는 명확하지는 않으나, 몇몇 그룹에서 이들 사이에 명확한 관계가 있다고 보고하고도 있다. 그러나 대부분의 경우는 정상적인 표현형을 보이는 것으로 보고되고 있다. 특히 삼염색체 20(trisomy 20)의 대부분은 양수, 태반조직, 융모막검사에 국한하여 모자익시즘 형태로 발견되며, 혈액검체에서는 아직까지 보고된 경우가 없다. 이러한 경우 90~95%에서는 정상 표현형을 보이지만 5~10%에서는 비특이적이지만 표현형에서 비정상을 보이는 경우도 보고되고 있다. 그러므로 태반에 국한된 모자익시즘 염색체 이상은 산전에 발견될 경우 유전상담이 매우 어렵다.

6. 균형재배열

염색체 재배열이 균형을 이룬다면 유전정보의 양에는 변화가 없기 때문에 표현형에 항상 표현되는 것은 아니다. 그러나 구조적인 재배열의 보인자는 불균형 염색체를 생성할 수 있어서 불균형 핵형을 가진 비정상적인 자손을 낳을 확률이 증가되므로 이후 세대에 위협이 된다. 균형 염색체 재배열이 있는 경우는 미세 결손을 동반한 균형 염색체 재배열인지 등을 부모의 염색체 검사를 통해 간접적으로 확인이 가능하다. 즉 부모에게서 기원한 경우 부모가 정상 생활을 한 경우는 균형 재배열로 판단되지만 만일 새로운(de novo) 형이라면 미세 결손 유무를 확인해야 하는 경우도 발생할 수 있다. 특히 산전의 경우는 새로이 발견된 경우 유전상담을 어렵게 한다.

1) 역위

역위(inversion)는 세포가 분열을 하지 않는 휴지기 때 염색체의 고리가 파손되었다가 다시 연결되어서 생성되는데, 역위는 단일 염색체에서 두 개의 결손이 있고 결손 사이의 부위의 염색체의 일부분이 거꾸로 배열되는 경우로 완간역위(pericentric inversion)와 완내역위(paracentric inversion) 두 가지의 형태가 있다. 완간역위은 완내역위 빈도에 비하여 훨씬 더 높으며, 남녀에서의 빈도는 비슷하다. 역위는 보인자에게서 항상 비정상적인 표현형을 보이는 것은 아니다. 역위의 임상적인 중요성은 비정상적인 자손을 낳을 수 있다는 위험성이 있다는 것으로 역위의 두 가지 형태의 결과는 상이하다.

(1) 완간역위

완간역위은 역위의 대부분을 차지하며 동원체를 중심으로 염색체의 양쪽 완에서 일어나는 경우이다. 완간역위이 있는 염색체는 감수분열시 상동염색체에서 접합(pairing)이 일어날 때 고리형태를 취해야 한다(그림 4-7). 이때 고리내에서 1회의 교차로 4가지 형태의 서로 다른 생식세포가 생성되는데 절반은 부모와 같은 형태, 즉 정상과 역위 형태이며 나머지 절반은 특정 밴드의 중복, 혹은 소실이 있는 불균형생식세포가 된다. 즉, 완간역위이 있는 염색체는 감수분열시 1회의 교차로 역전된 절편(inverted segment) 바깥쪽에 있던 염색체 절편이 중복되거나 소실된 형태가 2/4, 즉 50%에서 발생한다. 따라서 역위 부위가 짧을수록 이러한 중복, 혹은 소실 부위는 오히려 더 커지는 반비례 관계가 형성된다.

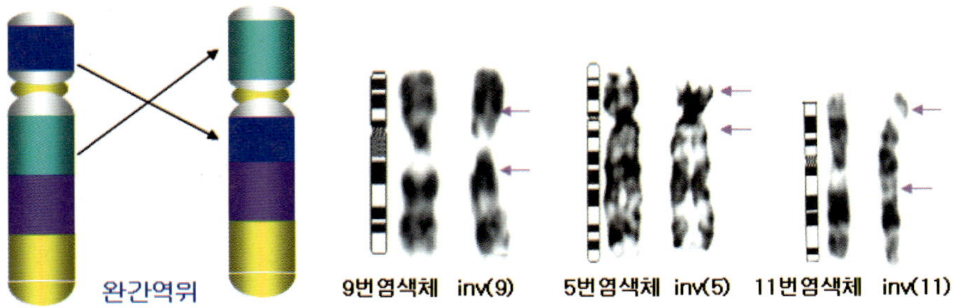

그림 4-7. 5번(좌)과 11번(중), 9번(우)염색체 완간역위 증례

자손의 염색체이상

역위 자체는 유전자의 손실이 없다면 표현형에 영향을 미치지는 않는다. 그러나 생식세포를 생성하는 감수분열 과정에서 교차가 일어나면서 불균형생식세포가 나타나 임상적으로 문제가 된다. 즉 완간역위인 경우에는 염색체의 중복과 결실인 염색체가 생성될 수 있다. 전반적으로 완간역위이 있는 경우에는 불균형 염색체 핵형을 가진 신생아가 출생할 확률은 1~10%정도이다. 이는 완간역위 발생시 유전자 소실이 아주 미세하게 있다든지, 유전자 발현에 있어서 위치의 변화가 있을 것으로 추측된다. 습관성 부부에서 역위의 빈도는 10~15%정도로 보고되고 있으며, 습관성 유산과 관련된 염색체이상 중 전좌 다음으로 두 번째를 차지한다.

인간에서 가장 흔히 볼 수 있는 역위는 염색체 9번의 작은 완간역위으로 세포유전학 검사를 시행한 환자의 약 1%를 차지하는 것으로 보고되고 있다. 현재까지 inv(9)(q11q12) 또는 (p12q13)은 악영향은 없는 것으로 알려져 있으며 유산 또는 불균형 자손을 낳는 위험은 증가하지 않으므로 대개 정상 변이로 간주되고 있으나 습관성 유산 산모에서 종종 관찰되어 습관성유산과 관련성은 아직 논란의 여지가 있다. 산전 검사에서 역위이 확인된 경우는 반드시 부모의 염색체 검사를 통해 기원을 밝히는 일이 필요하다. 부모에게서 기원된 경우는 정상 변이로 간주될 수 있으나 만일 새로운(de novo)형의 경우는 미세결손(microdeletion)을 동반하지 유무 등을 밝히는 과정이 필요할 수 있다.

(2) 완내역위

완내역외(paracentric inversion) 동원체 옆에서 염색체의 한쪽 완에서 일어나는 경우 이다(그림 4-8). 완내역위이 있는 염색체의 경우 감수분열시 교차의 결과로서 역전된 절편

(inverted segment) 바깥쪽에 있던 염색체 절편이 중복되거나 소실되는 현상은 동일하지만 이 때 중복, 혹은 소실되는 절편에 동원체가 포함되므로 상이한 문제가 발생하게 된다. 즉 1회의 교차로 정상 이외에 동원체가 없거나 이중심체성 형태가 생성되는데 동원체가 없는 경우는 감수분열에 참여하지 못하고 소실되므로 이론적으로 불균형생식세포가 생성될 확률은 2/4가 아닌 1/3이라고 할 수 있다.

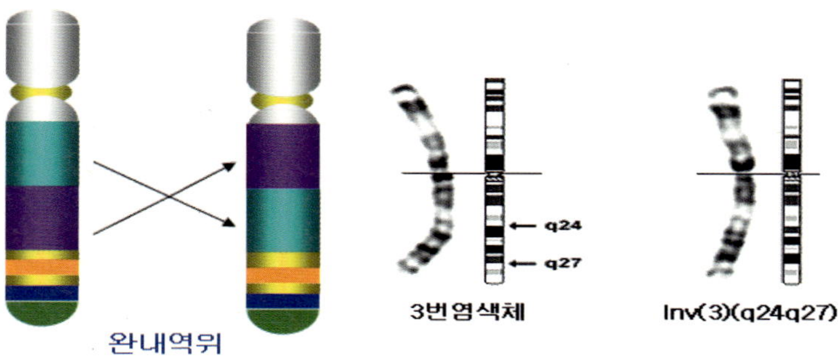

그림 4-8. 3번 염색체 완내역위 증례

자손의 염색체이상

역위가 완내인 경우에는 불균형 재조합 염색체가 동원체가 없거나 동원체가 두 개인 이중심체성이 생성되기 때문에 제대로 된 임신이 불가능하여 비정상적인 핵형을 가진 신생아가 출생할 확률은 거의 없다.

2) 전좌

전좌(translocation)는 염색체에서 부분적인 교환이 일어나는 현상, 즉 이는 DNA의 손실이 거의 없이 완전한 상호교환일 경우 균형전좌라 하고 이는 임상적으로 거의 정상이다. 한편 상호교환시 염색체의 한 부분을 손실하면서 교환이 일어날 경우 이를 불균형전좌라 하며 이는 대부분 유산되거나 심각한 장애를 수반하여 출생하게 된다. 그러나 균형전좌 보인자는 불균형전좌의 아이를 가질 수 있는 위험성(risk)가 있으므로 의학적으로 매우 중요하다. 전위는 비상동염색체간에 염색체의 일부를 바꾸어지는 것으로 상호전좌형(reciprocal translocation)과 로벌슨전좌(robertsonian translocation)형 등 두 가지 형태가 있다.

(1) 상호전좌

그림 4-9. 3번과 10번 염색체 상호전좌 증례

상호전좌는 상당히 흔해서 500명의 신생아 중 1예에서 나타나며 산전진단시나 비정상 아이의 부모에서 많이 진단이 된다. 이러한 형태의 재배열은 비 상동염색체의 파손과 파손된 부위의 상호교환에 의해 이루어진다(그림 4-9). 모든 염색체에서 상호전좌가 일어날 수 있으며, 염색체의 교환이 상호간에 이루어지므로 총 염색체의 숫자는 변화가 없다. 일반적으로 두 개의 염색체만이 관여하는데 드물게 3개 이상의 염색체가 관련된 복잡한 전좌도 있다. 상호전좌의 경우 대부분 본인에게는 표현형으로 표현되어지지 않는 것이 대부분이다. 특히 산전진단시에는 균형전좌 구조적 이상이 발견된 경우에는 가족의 염색체 검사를 실시하여 부모의 염색체 상호전좌와 같은 형태의 염색체이상이라면 자손에게 미칠 영향은 거의 없는 것으로 알려져 있다(1%미만). 그러나 새로운 염색체 재배열이 일어난 경우는 6~10%정도에서 신생아기에서 불량한 예후를 보일 수 있다는 것을 유전상담시 이야기해야 한다.

자손의 염색체이상

한쪽 부모가 균형전좌을 가진 보인자 부부가 자손을 가질 경우 교차반응을 무시하고 이론상으로 보면 생식자는 4가지 형태의 핵형을 자진 자손을 가질 수 있다. 첫째로 완전정상의 핵형을 가진 자손을 가질 수 있다. 두 번째로는 보인자 부모와 같은 핵형의 염색체 상호전좌형으로 보인자 자손이 된다. 이 경우 부모와 같은 핵형의 상호전좌일 경우 보인자 부모가 아무런 표현형이상이 동반되지 않는다면 자손 또한 전혀 문제가 되지 않는 정상변이형 염색체이상으로 간주해도 된다. 세 번째로는 한쪽부모의 보인자로 인해 인접한 염색체가 감수분열과정을 걸치면서 필연적으로 불균형전좌가 형성되어 부분적 삼염색체와 부분적 단염색체를 야기하게 된다. 따라서 부모 중 어느 한쪽이 균형전좌가 있으면 이론적으로 이중 2/4, 즉 1/2에서 불균형전좌가 있는 자손이 나오게 되며, 이러한 경우의 태아는 특정 유전자의 중복, 혹은 소실을 보이므로 생존하지 못하고 유산되거나 생존한다.

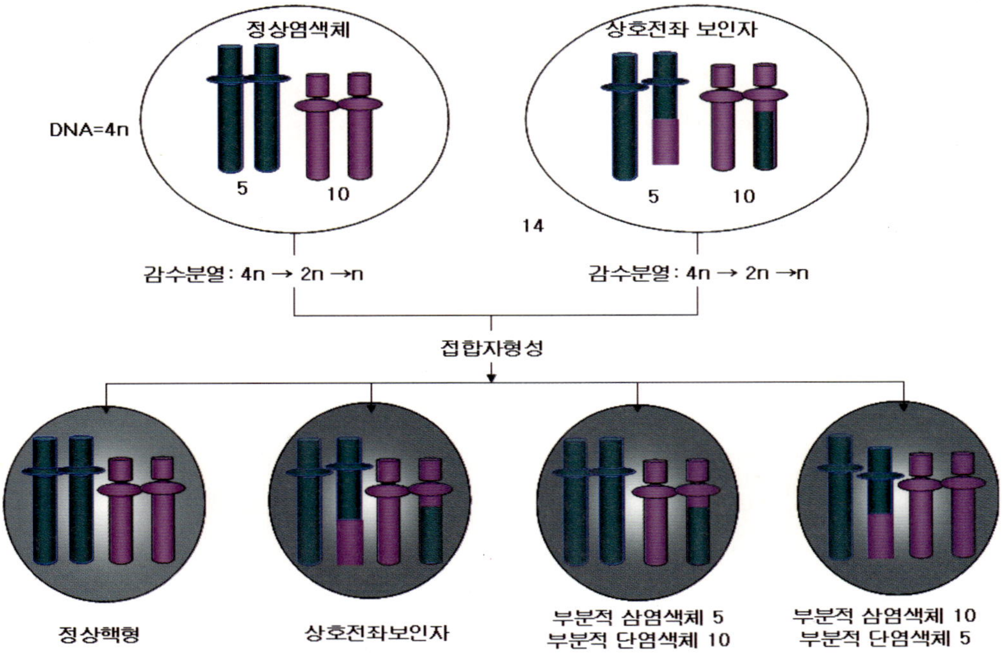

그림 4-10. 상호전좌염색체 이상. 상호전좌의 염색체이상은 접합자형성에 있어서 정상핵형에서부터 상호전좌형보인자와 부분적삼염색체성(또는 부분적단염색체성)까지 다양한 형태의 염색체이상을 보일 수 있다.

하더라도 심한 정신지체나 발육지연을 보인다(그림 4-10). 또한 상호교환염색체 분열시 한 생식세포 내로 3개의 염색체가 이동하고 다른 생식세포 내로는 1개의 염색체만이 들어가게 된다면, 이러한 경우 8가지 형태의 생식세포가 생길 수 있는데 100%에서 불균형 전좌가 발생될 수 있다. 그러나 실제적인 상호전좌 보인자가 임신하였을 경우 비정상 자손이 태어날 위험도는 전좌된 염색체의 형태와 동원체 또는 말단부로 부터 절단부위까지의 간격에 따라 달라진다. 즉 상호전좌의 교환된 부분이 크면 클수록 교차(crossing over)가 일어나 기 쉬워 비정상 아기가 될 위험이 높다. 교환된 염색체 부분이 적어 교차가 거의 일어나지 않는 저위험군에서 염색체이상 태아가 살아서 태어날 위험은 20% 그리고 유산 또는 사산될 위험은 25%라는 보고가 있다.

(2) 로벌슨전좌

로벌슨전좌(robertsonian translocation)는 두 개의 차단부염색체가 단완이 소실되면서 동원체 부위가 융합되는 형태로 유전물질이 균형을 이루는 경우에 두 개의 장완으로 이루어진 전좌된 염색체를 포함하여 45개의 염색체만이 존재한다(그림 4-11). 차단부염색체의 단완에는 주로 리보좀RNA에 대한 정보가 들어 있어서 두 개의 차단부염색체의 단완 소실은 그다지 영향이 크지 않다. 그러나 로벌슨전좌 보인자가 표현상으로는 정상이더라도 불균형 생식체를 생산 가능성이 높으므로 염색체의 이상이 있는 자손을 낳을 가능성이 증가한다. 또한 수세대를 걸쳐 유전되는 경우가 대부분이며, 습관성유산과 남성불임과 연관이 있는 것으로 밝혀졌다. 그리고 로벌슨전좌발생시 염색체간의 미세한 구조적이상(결손)이 동반되는 경우는 경도의 차이는 있으나 지능지체 가능성이 있는 것으로 알려져 있다.

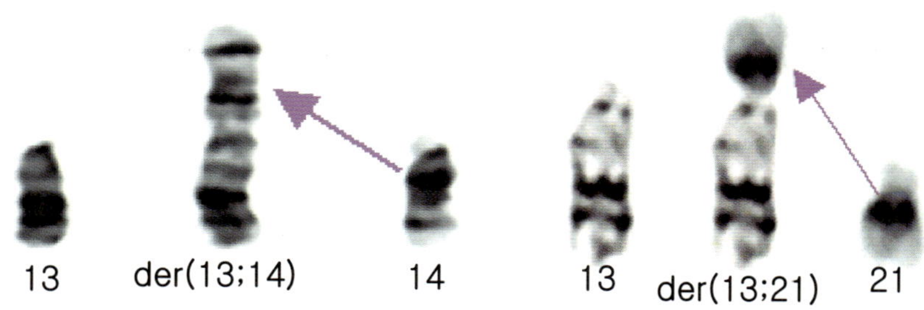

그림 4-11. 13번과 14번염색체, 13번과 21번염색체 로벌슨전좌염색체 증례

자손의 염색체이상

부모가 로벌슨전좌을 지닌 경우에는 유전자 양상을 예를 들어 보면 부모 중 한쪽에 14;21 로벌슨전좌이 있다면 자손에서 6가지 형태의 핵형이 나올 수 있다. 이러한 경우 삼염색체 21이 생존 출생한다고 보면 유산의 확률은 이론적으로 3/6, 즉1/2가 된다. 그림 4-12는 여러 형태의 로벌슨균형전좌 보인자가 비정상 자손을 가질 위험도를 기술 한 것이다. 45,XX,t(22q22q)인 산모가 똑같은 로벌슨전좌 형태의 딸을 분만한 예가 있는데 이것은 남편의 정자가 22개 염색체성이었거나 딸의 초과된 22번 염색체가 태아 발육 초기에 소실되었던 것으로 설명하고 있다. 13q13q, 14q14q와 21q21q등 상동염색체 로벌슨전좌 보인자는 위에 기술한 극히 드문 예를 제외하고는 그 자손에서 100% 염색체이상이

오며 정상 보인자가 될 가능성은 없다. 이들이 정상 아이를 갖기 원한다면 부부 중 로벌슨전좌를 가진 본인은 불임 수술을 받아야 하고 제3자를 통한 정자와 난자공여를 받아 시술해야 한다. 부인만 정상일 경우에는 정자를 공여 받아 인공수정을 그리고 남편만 정상일 경우에는 난자를 공여 받아 체외수정(in vitro fertilization; IVF)을 시술 받아야만 된다. 13q14q, 14q21q와 21q22q보인자가 건강한 보인자 자손을 낳을 가능성은 50%이다. 염색체이상아기가 태어날 위험률은 남성 보인자가 여성 보인자 보다 상당히 낮은데 이것은 여성보다 남성이 정상적인 배우자(gamete)를 효과적으로 잘 선택하는 것으로 생각하고 있다.

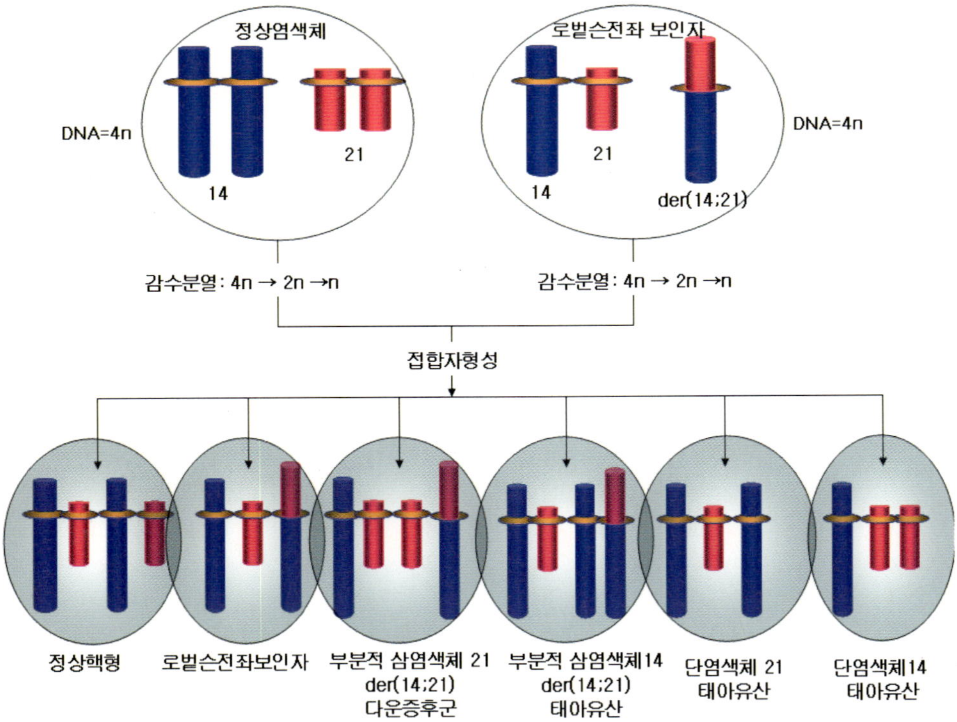

그림 4-12. 로벌슨전좌보인자가 가질 수 있는 자손의 형태. 정상핵형과 로벌슨전좌보인자, 부분적 삼염색체 21(다운 증후군)은 태어날 수 있는 반면 부분적삼염색체 14, 단염색체 14, 21은 임신기에 대부분은 유산된다.

7. 정상변이 염색체

정상변이 염색체란 전형적인 염색체와 다른 세포유전학적 양상을 나타내는 염색체로 이러한 경우는 정상적인 부모로부터 기원된 경우라면 개인적으로 어떤 이상(abnormality)도 나타내지 않으며, 다음세대의 자손에서도 기형이 유발되지 않고 또한 유산이나 기타 임신에 특이한 문제점을 일으키지 않는 다고 알려져 있다. 다만 부모로부터 기원되지 않는 새로운(de novo)형일 경우는 추적관찰이 필요로 한다.

현재까지 알려진 정상변이 염색체는

① 구성적 이질염색질(constitutive heterochromatin): 이 부위는 영구히 불활성화된 DNA를 가지고 있는 부위로 중심체 근체에 존재하며, 많이 알려진 부위로는 1qh, 9qh, 16qh, Yqh 등이다.

② 끝결매듭 염색체(acrocentric chromosome) 단완의 이형(heteromorphism): 단완의 중심절이질염색질(centromeric hetrochromatin), satellite stalk와 satellite material 등 3개의 구성요소로 구성되어 있으며, 이 3개의 p11, p12, p13에 위치한다. 이 부위는 대부분이 몇 개의 DNA 염기가 반복되고 있는 것으로 알려져 있다.

다형태성 정상변이

다형태성 정상변이로 간주하는 것은 이질염색절편(heterochromatic segment; h) 부위의 크기의 변화, 부수체길이의 변화 등을 들 수 있으며 변이는 plus(+), minus(-)로 기록한다(그림 4-13).

1qh-, 1qh+	염색체 1번 장완 이질염색질 부위의 길이 감소, 증가
9qh-, 9qh+	염색체 9번 장완 이질염색질 부위의 길이 감소, 증가
13cenh+	염색체 13번 동원체부위 이질염색질의 길이 증가
14cenh+pstk+ps+	염색체 14번 동원체 부위이질염색질, 부수체 크기가 큰 경우
15ps+pat	부계로부터 유래한 염색체 15번 부수체가 큰 경우
15cenh+mat	모계로부터 유래한 염색체 15번 동원체 부위 이질염색질의 길이 증가
16qh-, 16qh+	염색체 16번의 장완부 이질염색질의 길이 감소, 증가
21ps+	염색체 21번 단완 부수체 부위의 길이 증가
22pstk+	염색체 22번 단완 부수체 길이 증가

22ps+	염색체 22번 부수체가 큰 경우
Yqh-,Yh+	Y염색체의 장완 이질염색질 부위 길이 감소 또는 증가

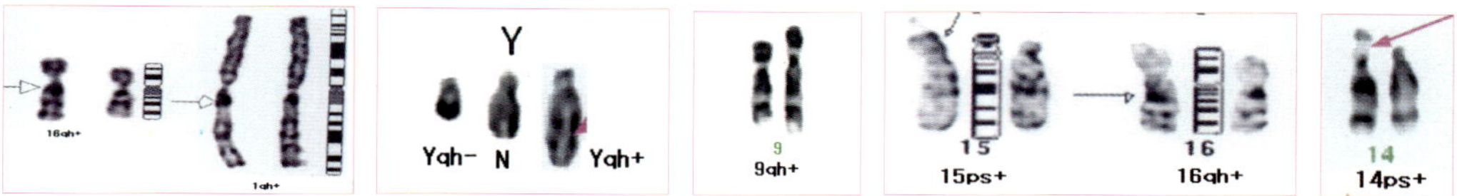

그림 4-13. 염색체의 다형태성 정상변이

실 습

비정상염색체

학년반: 학번: 성명:

* 괄호 안에 알맞은 명칭을 써 넣으세요.

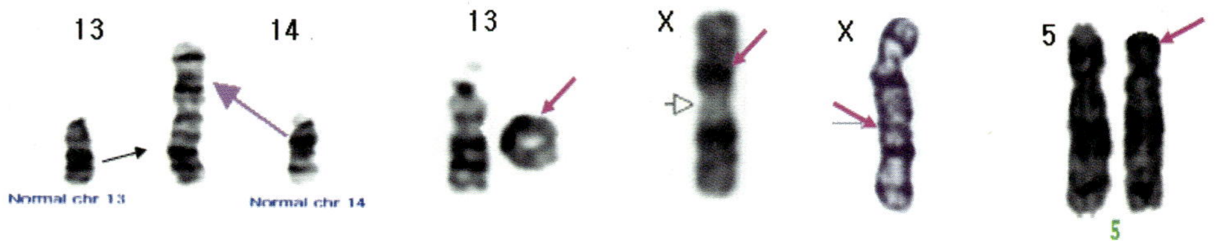

( ) ( ) ( ) ( ) ( )

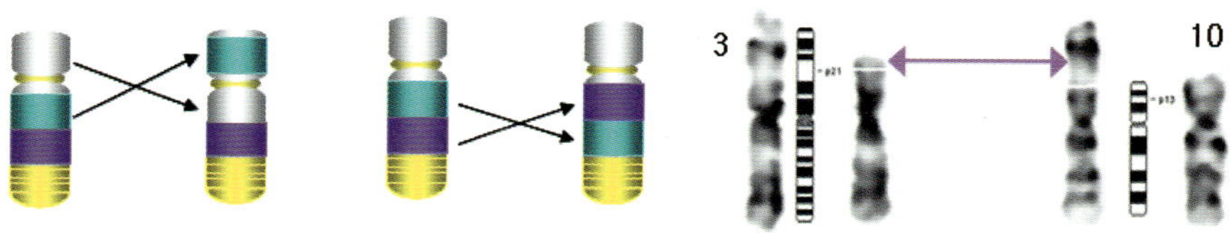

( ) ( ) ( )

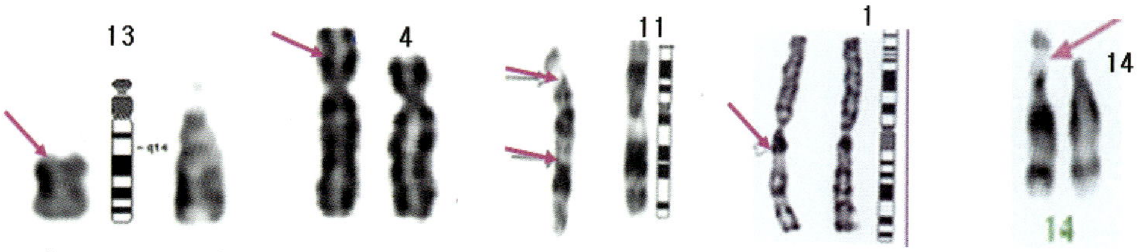

( ) ( ) ( ) ( ) ( )

설명:

실습일자: 월 일	지도교수 확인:

V 염색체 질환

염색체 질환이라 함은 단일유전자가 아닌 염색체 수준에서의 변화로 그 내부에 포함된 수많은 유전자의 과잉, 혹은 손실로 인해 발생되는 질환이다.

1. 성염색체이상 증후군

사춘기 이후에 제 2차 성징의 결여로 그 증상이 뚜렷해지며, 지능 저하는 다양하나 상염색체이상 증후군 보다 가볍다. 대표적인 것은 터너 증후군, 클라인펠터 증후군, XXX 증후군, 취약 X 증후군 등이 있다(표 5-1).

1) 터너 증후군

(1) 원인, 빈도, 핵형

터너 증후군(Turner's syndrome)은 아직까지 정확한 원인이나 기전은 밝혀지지 않고 있다. 다만 현재 유전자 분석 결과에서 감수분열 동안 주로 남성 생식자의 비분리로 인해 생긴다는 것이 밝혀지고 있다(결핍된 X염색체는 80%이상이 남성의 것으로 밝혀지고 있음). 또한 터너 증후군은 산모의 나이가 많다고 하여 증가하지는 않는 것으로 알려져 있다.

표 5-1. 성염색체 이상 증후군의 핵형 분류

	터너 증후군	클라인펠터 증후군	XXX 증후군	취약 X 증후군
핵형	non-mosaic(50%) 45,X 46,X,i(Xq) 46,X,i(Xp) 46,X,del(Xp) 46,X,del(Xq) mosaicism(50%) 45,X/46,XX 45,X/46,X,add(Xq?) 45,X/46,X,add(Xp?) 45,X/47,XXY 45,X/47,XYY 45,X/46,X,t(Y;Y) 46,X,i(Xq)/45,X 47,X,i(Xq),i(Xq) /46,X,i(Xq)/45,X 46,X,i(Xp)/45,X 46,X,del(Xp)/45,X 46,X,del(Xq)/45,X 46,X r(X)/45,X 46,X,del(Yq)/45,X 45,X/46,X,+mar	trisomy(대부분) 47,XXY(85%) 간혹48,XXYY mosaicism(15%) 46,XY/47,XXY *다운 증후군을 동반 48,XXY,+21	47,XXX mosaicism 46,XX/47,XXX 47,XXX/45,X 47,XXX/45,X /46,XX 증가된 X (with mosaic) 48,XXXX 49,XXXXX 51,XXXXXXX등 보고 있음	*취약염색체부위가 X염색체 장완부위 Xq27.3

보통 신생아 중 2,000～5,000대 1의 확률로 태어나며, 다른 염색체 질환과는 달리 터너 증후군은 정상적인 가계에서도 발생되고 있다. 또한 태아의 핵형이 45,X일 경우 임신 첫 삼분기(first trimester)에 유산되는 빈도가 높다. 터너 증후군의 대표적인 염색체 구성은 45,X이다. 그러나 이러한 염색체 구성은 약 50%정도만을 차지하며, 그 이외에도 다양한 모자익시즘형태로 나타낸다. 터너 증후군에서 나타나는 X염색체의 구조적이상으로는 장완 혹은 단완의 결손, 간질성결손(interstitial deletion), 환염색체(ring chromosome)와 등완염색체(isochromosome) 등이 있다. 그 외에는 다양한 형태의 X염색체이상이 동반된 경우 그에 따른 표현형도 다양하게 나타날 수 있다. 특히 결실과 정상핵형이 동반된 경우 등 다양한 형태로 나타나는데 정상핵형과 함께 나타나는 모자익시즘의 경우는 터너 증후군 증상이 경미한 것으로 알려져 있다(그림 5-1).

(2) 초음파 진단 및 산과적 예후

터너 증후군 영아는 약간의 성장지연이 있다. 평균 출생체중은 2,900g정도이다. 두꺼운 목(neck webbing)이 일반적으로 있지만(45%), 이러한 소견이 초음파로 나타나는지 확실하지 않다. 여타의 표현형으로는 넓고 벌어진 가슴과 양쪽 유두가 멀리 떨어져 있고(80%), 팔다리에 일시적인 림프종(lymphedema)가 생기기도 하지만(80%) 이러한 이상은 초음파로 쉽게 보이지 않을 수 있다. 태아에서 수활액낭종(cystic hygroma)이 보이는 것이 터너 증후군을 의심하게 하는 초음파 소견이다. 수활액낭종은 일반적으로 림프종나 태아수종과 동반되어 나타난다. 고해상도초음파로는 두꺼운목을 관찰할 수도 있다. 적은 크기의 소활액낭종은 목뒤와 옆으로 얇은 막으로 둘러싸인 격벽(septum)이 있는 구조물로 보인다. 비 면역성 수종에서 목뒤에 피하 부종이 이렇게 수활액낭종처럼 보이기도 한다. 이럴 경우에는 피부가 두껍게 보이고 격벽은 보통 보이지 않는다. 수활액낭종이 보이는 태아의 약 50%까지 터너 증후군이 나타나기도 한다. 터너 증후군인 태아 중 몇 %에서 수활액낭종이 나타나는 지는 터너 증후군 태아의 많은 수가 초기에 임신 소실이 일어나기 때문에 정확히 알기는 어렵다. 태아수종과 동반된 소활액낭종은 예후는 매우 불량하다. 또한 터너 증후군에서 약 35%는 심혈관계기형이 나타난다. 신장의 기형도 38%에서 나타나며 일측성 혹은 양측성 신장무형성, 신장이형성증, 편자형신장 등이 있다. 이러한 종류의 기형도 초음파로 확인할 수 있다. 그러나 초음파상이나 태아 검진 상 비교적 좋은 예후를 보이므로 24주 이전에 발견이 되었다고 하더라도 임신 유지에 대한 결정을 내리는 데는 어려움이 있다. 특히 터너 증후군은 단순히 X염색체 일부가 결실되었다 하더라도 모두 난소기능장애등이 나타나는 것이라 판단하는 것은 잘못된 판단이 될 수 도 있으므로 성급히 유산을 시도하기 보다는 정확한 유전상담이 필요하다. 그러나 일반적으로 비면역성수종과 동반된 수활액낭종이 있으면 만삭까지 가기는 매우 어려운 것으로 알려져 있으며, 당장 분만을 하지 않는다고 하더라도 대부분 곧 자궁내 태아사망에 이르게 된다.

(3) 터너 증후군 핵형 분석에 따른 표현형

① X염색체 결실

50%정도의 터너 증후군은 45,X를 나타내며, 특징적 표현형은 단신(85%) 안면 외모 이상(60%), 사춘기 지체(100%), 일차성무월경(100%)등이 나타난다. 그리고 특정 학습장애는 있더라도 지능은 대개 정상이다. 그러나 호르몬 치료를 하지 않으면 2차 성징의 발현은 불가능한 것으로 알려져 있다. 대표적인 터너 증후군의 외형 증상은 유아기에 손발에

림프부종(lymphedema)이 생기며, 유년기에는 1년에 4㎝이하 성장하며, 완전한 성장이 이뤄져도 125~150㎝이하로 작고, 청년기에는 성선 발육부전이 나타나는데 이는 45,X 환자의 난소는 난포나 난자가 없으며, 주로 섬유성간질조직으로 대체되어 선상성선의 형태를 보이는데, 태아의 난소는 태아 중반기까지는 정상적인 생식세포가 존재하는 것으로 밝혀져 한 개의 X염색체 소실은 생식세포 형성의 장애를 초래하기 보다는 기존에 있던 생식세포의 퇴화를 촉진시키는 것으로 보인다. 따라서 두 개의 완전한 X염색체가 있어야 난소의 기능은 유지된다고 생각되어진다. 그 이외에 외형 표현형으로는 익상경(경부에 여분의 피부가 부착), 방패형 흉부(넓고 벌어진 가슴과 양쪽 유두가 멀리 떨어져 있음), 대동맥 교착(심장기형), 신장기형 등이 나타난다. 그리고 갑상선 기능 이상, 당뇨 등의 자가면역 질환 등이 있다.

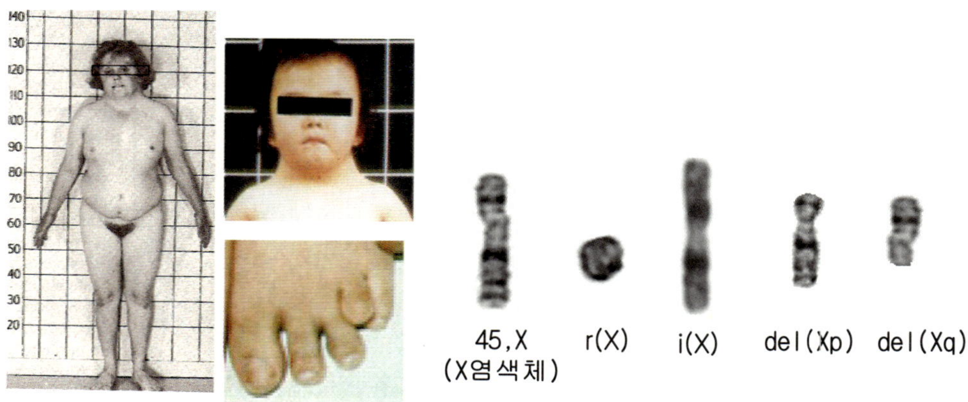

그림 5-1. 터너 증후군 표현형과 핵형

② X염색체의 장완의 결실

대부분의 경우에서 정상적인 신장을 보이는 등 신체이상(somatic abnormalities)은 없으나 단신등과 같은 터너 증후군의 체형이 드물지만 나타날 수 있다. X염색체 장완의 결실의 대부분은 생식선기능부전(gonadal dysgenesis)을 보이면서 2차 성징의 발현이 없으나 약 20%정도에서 월경이 있는 것으로 보고되기도 한다. 그러나 대부분 생식능력이 없어 불임되며, 생식능력을 가졌던 것은 매우 드문 것으로 알려져 있다. 또한 일부 경우에는 골간단의 폐쇄가 지연되고, 유사환관증(eunuchoid)으로 보인다.

현재까지 알려진 각 X염색체 q 완의 밴드의 위치별 기능은 다음과 같이 정리해 볼 수 있다.

q11-12 : 부위는 안드로겐 수용체가 존재 부위이다.

q13-26 : 부위 난소형성과 기능을 위해 필수적 부위로 인식되고 있다.

q22-ter : 부위는 정상 배우자형성(gametogenesis)에 필요한 부위로 알려져 있다.

q24-ter : 부위 결실시는 자연적인 생리(sponataneous mensturation)가 대부분 일어나지 않는다.

q25-ter : 부위의 결실시는 자연적으로 생리가 일어날 수 있으며 임신보고 있다.

q26-ter : 부위의 결실시는 자연적으로 생리가 일어날 수 있으며 임신보고 있다.

그러나 위와 같이 X염색체의 각 부위별 부분결실이 일률적으로 나타나지 않으며, 46,XX와 함께 나타나는 경우 등, 고려할 점이 많이 존재한다. 특히 임신과 관련하여서는 Xq13에서 q26사이의 부분소실이거나 q25~qter 사이의 결손등, 그리고 결손 염색체와 정상핵형을 동반하여 나타는 경우는 임신이 가능한 것으로 알려지고 있다.

③ X염색체의 단완의 결실

X염색체의 단완말단의 결실은 전형적인 터너 증후군 증상이 없으나 신장이 작거나 (88%정도가 150cm 이하) 선천성기형으로 터너 증후군과 유사한 표현형을 보인다. 이는 터너 증후군의 표현이 대부분 X염색체의 단완에서 기인하기 때문이다. 그러나 X염색체의 단완 p11~pter 부분결실의 경우 50%정도에서 난소부전과 조기폐경이 유발될 수 있다. 단완의 말단부위의 결실로서 가장 흔하게 나타나는 위치는 Xp11이며 이외 Xp21, Xp22 등도 상당수 보고되고 있다.

④ X염색체장완 등완염색체

딸염색분체(sister chromatid)의 단완, 혹은 장완의 하나에서 유래하는 것으로서 2개의 완이 동일한 것으로 이루어진 경우를 등완염색체(isochromosome)라고 한다. X염색체가 3개의 장완으로 구성되어 있고, X염색체 단완의 전부가 소실되는 경우로 대부분 난소의 기능이 없는 등 터너 증후군과 유사한 임상양상을 보이게 된다.

⑤ X염색체의 환염색체

염색에 양끝이 소실된 후 양끝이 다시 결합되어 고리염색체(ring chromosome)가 형성되는데 이러한 고리 염색체는 불완전하여 세포분열과정에서 소실되기 쉽다. 만일 그대로 유지될 경우에는 고리가 풀렸다가 다시 결합되어 다양한 크기의 고리가 형성될 수 있다.

터너 증후군의 2~3%에서 고리 염색체가 나타난다. 특히 안면외모이상이나 정신지체, 발달장애와 합지증 같은 비정형적인 터너증상을 보이는데 이 경우 표지염색체와 함께 나타는 경우도 있다.

⑥ 모자익시즘

가장 많은 모자익시즘의 핵형은 45X/46,XX로서 약 12%에서 자연적인 월경을 경험하고, 18%정도에서 유방발달을 볼 수 있다는 보고가 있다. 그리고 단신은 20%정도에서 무월경은 50%정도에서 나타나는 것으로 알려져 있다. 그 이외에 결손등과 함께 정상 핵형이 발견된 경우는 단신, 무월경 등의 임상증상이 경미하게 나타난다.

(4) 터너 증후군과 임신

45,X 핵형을 가진 환자가 임신에 성공하였다는 몇 몇의 보고가 있으며, 이러한 경우 X 염색체의 구조적 이상 또는 모자익현상을 가진 예가 임신하였다는 보고는 많다. 모자익현상의 터너 환자는 정상적인 성적 발육과 배란할 수 있게 하는 적절한 수의 정상세포를 가졌다고 짐작할 수 있다. 터너 환자가 있는 가족과 유전상담을 할 때는 환자에서 생식선 폐쇄(gonadal failure)가 오는 것이 대부분이나 5~10% 환자가 사춘기발육(유방, 음모 등)을 시작하고 1%환자가 월경을 하게 되고, 1%미만이 임신을 할 수 있다고 설명하는 것이 적절하다.

45,X/46,XX의 모자익형태의 터너 증후군은 약 3%정도에서 월경을 경험하며 5%에서 유방의 발달을 볼 수 있다고 하였다. 또한 2%에서 임신도 가능한데 이는 난소기능을 조절하는 것으로 생각되어지는 Xq13~q26 사이의 부분손실이거나 q25에서 말단부(qter)까지의 결실, 또는 정상 46,XX 세포주를 포함하는 모자익형태에서 가능하였다. 그러나 이러한 환자에서 태어난 자손들은 50%정도에서 염색체이상을 동반하며 특히 성염색체이상이 흔한 것으로 알려져 있다.

(5) 터너 증후군 환자에서 Y염색체 특이 유전자 검색

터너 증후군의 Y염색체의 존재는 발육 부전난소에서 성선모세포종(gonadoblastoma)의 발생과 남성화의 위험성을 증가시킨다. 일반적으로 Y염색체를 가진 성선 형성 부전환자의 15~20%에서 발생하는 것으로 나타나고 있다. 터너 증후군 환자에서 Y염색체에 특징적인 염기서열을 가지고 있으면, 성선모세포종(gonadoblastoma)과 같은 종양의 발생과 사춘기의 남성화의 위험성이 증가된다. 특히 표지염색체이 관찰된 경우나 45,X이면서 유방이나 치모가 발달하면, 반드시 분자유전학적 방법(PCR 또는 FISH을 이용한)에 의한 Y염색체 특이유전자를 검출률이 56~92%에 달하므로 반드시 검사하는 것이 좋다. 만일 Y염색체 특이 유전자가 검출된 경우는 성선모세포종(gonadoblastoma)이나 미분화세포종(dysgerminoma) 발생가능성(30%정도)이 매우 높기 때문에 생식선 줄기(gonadal streak)의 조기 제거를 고려할 필요가 있다. 또한 Y염색체가 검출되지 않더라도 환자에게서 남성화 현상과 혈중 testosterone의 증가가 나타난 경우는 성선모세포종의 발생 가능성이 있다.

FISH법과 PCR을 통한 Y염색체 특이 유전자들은 TDF(testicular determining factor)로 알려진 SRY(sex determining region of the Y chromosome), ZFY(zinc finger region on the Y chromosome), amelogenin 가성유전자(이상 Y염색체 단완에 존재), DYZ1유전자(Y염색체 장완에 존재)를 검출한다. 이중 SRY 유전자가 터너 증후군 환자에서 고환(testis)의 조직 분화와 관련이 있음이 알려졌다.

(6) 치료

특별한 경우를 제외하고는 대부분 난소부전증이 발생되므로 13~15세경에 에스트로젠 여성호르몬으로 성장 발육을 촉진시키고 월경을 하도록 유도해준다. 월경을 시작한 이후부터는 에스트로젠과 프로게스테론 여성 호르몬으로 일생 동안 계속 치료하고 정상적인 성인 여자와 같이 주기적으로 월경하도록 치료한다. 선천성신장기형, 선천성심장기형, 또 그 밖에 다른 여러 종류의 선천성 기형이 신체 다른 부위에 생길 수 있다. 따라서 세밀한 진찰을 받아 그런 선천성 기형이 있나 알아보고, 있으면 적절히 치료해 주어야 한다. 요즘 성장호르몬으로 치료해 좋은 결과를 얻고 있다.

2) 클라인펠터 증후군

(1) 빈도 및 핵형

클라인펠터 증후군(Klinefelter's syndrome)의 가장 흔한 원인의 하나로 출생 남아 약 1,000명에 1명 정도로 흔하게 볼 수 있다. 지능 박약아 중 1%에서 볼 수 있으며, 산모의 연령 증가와 관계가 있다. 세포유전학검사상 대부분은 47,XXY의 핵형을 가지며, 변형으로는 48,XXXY, 48,XXYY, 49,XXXXY 혹은 모자익시즘으로 46,XY/47,XXY 등도 있다. 이러한 경우 X염색체의 숫자가 몇 개가 되어도 Y 염개체가 한 개만 존재하면, 고환으로 분화되는 것으로 알려져 있다. 즉 인간에서 태아의 성분화는 Y염색체가 중심이 되어 남성으로 분화되며, Y염색체의 유전적 신호가 없으면 여성으로 분화되므로, Y염색체의 존재유무가 성분화의 중심이 된다. X염색체 수가 많을수록 지능빈약의 정도가 심하다. 드물게는 다운 증후군을 동반한 클라인펠터 증후군으로 48,XXY,+21의 핵형을 가지는 경우도 있다(그림 5-2).

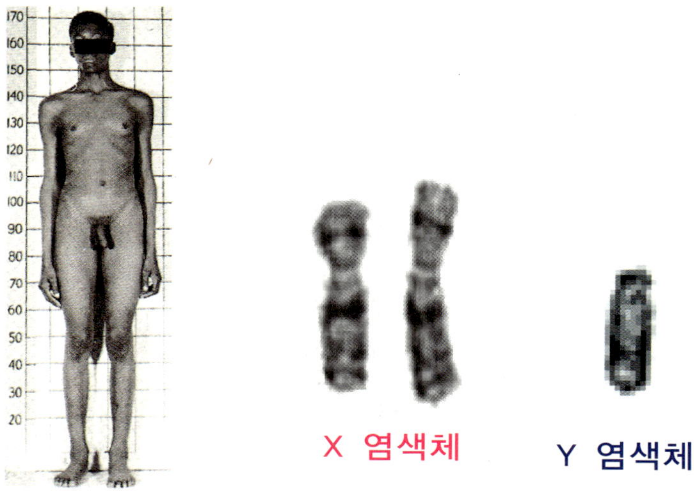

그림 5-2. 클라인펠터 증후군 표현형과 핵형(47,XXY)

(2) 임상 증상

표현형은 남성이며 키가 크고, 임상 증상은 사춘기가 지나서 제 2차 성징의 결여로 나타난다. 그리고 60~90% 환자에서 수염이 자라는 속도가 늦어 1주에 1~2회 면도한다. 또한 유사환관증과 여성형유방(gynecomastia, 50~80%)을 나타내며, 대부분에서 고환이 작고 단단하며, 무정자증(azoospermia), 불임증, 성모의 감소, 성욕 감퇴 등의 증상을 보이며, 지능 박약은 소수(10%)에서 볼 수 있다. 피문 소견은 적은 융선 수가 특징이다. 폐질환, 정맥류, 유방암 등의 합병증이 많으며, 생식선 외에 특히 종격동과 뇌에도 생식세포종양(germ cell tumor)의 발생 빈도가 높다.

(3) 검사 소견

요중 gonadotropin이 증가하고 testosterone의 감소, 요중 17-ketosteroid 배설의 중등도 감소를 보인다. 고환의 생검 소견에서는 생식 세포의 결여, 섬유화, sertoli 세포의 소실 및 세정관의 초자화(hyalinization) 등이 있으나 Leydig세포들은 잘 보존되어 있다. 정액 검사에서는 무정자증을 보이고 방사선 검사에서는 요골척골발육부전(radio-ulnar dysostosis)이 특징이다.

(4) 치료

long-acting testosterone 제재로 11~12세에 치료를 시작하여 제 2차 남성성징을 나타내도록 한다. 유방이 너무 커서 문제가 될 때에는 성형 수술을 하며, 정신과적인 치료가 필요하다.

3) XXX 증후군

(1) 빈도 및 핵형

빈도는 1/1,000~2,000 정도이며, 핵형은 47,XXX과 모자익시즘으로 46,XY/47,XXX가 관찰되고 경우에 따라서는 모자익시즘으로 48,XXXX, 49,XXXXX, 51,XXXXXXX 등도 보고되고 있다. 어머니 쪽의 감수분열시기(90% 이상)나 아버지 쪽의 두 번째 감수분열시기에 비분리가 일어나서 유발되며, 어머니의 나이가 높을수록 빈도가 높아지는 경향이 있다.

(2) 임상 증상

임상적으로는 거의 정상이지만 15~20%는 약간 정신지체가 있다. 특히 X염색체 수가 증가될수록 정신지체가 심하게 나타난다. 그 밖에 증상으로는 키가 크고 마른 체형, 불규칙한 월경이 있고, 환자의 3/4정도가 임신 가능하다. 하지만 두 개의 X염색체를 갖는 난자를 만들 수 있기 때문에 triple-X인 딸이나 XXY인 아들을 낳을 확률이 높다. 자손의 1/2 정도가 다시 XXX염색체를 갖는다고 알려져 있다.

(3) 치료

현재로서 근본적인 치료는 할 수 없으나 각 증상에 따른 부분적 치료는 할 수 있다. XXX의 염색체를 가지는 여성의 경우 정상적인 염색체 XX를 가지는 여성과 비교하여 특별히 차이가 나는 것은 없으나 일부에서 조기난소부전증(조기폐경)이라 하여 난소의 기능이 일찍이 멈추는 현상이 관찰되고 있어 이를 염두에 두어 조기에 임신하는 것이 좋다. 이러한 염색체가 있다고 의학적으로 유산을 고려하지는 않는다.

4) 취약 X 증후군

취약 X 증후군(Fragile X syndrome)은 다운 증후군 다음으로 가장 흔한 정신지체의 원인이고, 유전성 정신지체의 가장 흔한 원인 질환이다(그림 5-3). 이 질환은 X염색체의 장완 끝 부근(Xq27.3)에 위치한 FMR-1(Fragile X mental retardation-1) 유전자의 5'방향에 자리한 CGG로 된 삼염기 반복서열의 이상 증폭에 의해 발생되는 것으로 알려져 있는데, 이 CGG 반복서열은 불안전하며, 반복서열의 횟수가 약 200회(정상인은 6~54회, 불안전변이 55~200회)가 넘을 경우 완전변이로 FMR단백질의 메칠화를 초래하여 유전자의 발현을 억제하여 증상을 나타내는 것으로 알려져 있다(그림 5-4).

그림 5-3. 취약 X 증후군의 표현형과 핵형

FMR단백질의 부재는 정신지체를 초래하게 된다. 불안전변이의 경우는 지적장애와는 연관이 없으나 자녀에게 전달될 때 염기 서열이 늘어날 위험성이 있다. 완전변이는 환자와 정상 지능지수를 갖는 여성보인자의 20%에서 나타날 수 있다. 여성의 경우 한 개의 X염색체의 불안전 변이를 가진 여성은 그녀의 자녀에게 변이를 50%의 위험도로 물려주게 되는데 불안전 변이는 불안정하여 완전 변이로 변할 수도 있고 불안전변이 그대로 남을 수도 있다. 전통적으로 취약 X 증후군의 진단검사는 세포를 엽산이 부족한 특수 배양액에서 배양시킨 후 중기상 세포를 고배율 현미경하에서 X염색체의 장완 끝 부근(Xq27.3)을 관찰하였을 때 특이한 모양이 나타나는 경우에 진단을 하여왔다. 하지만 1991년 이 질환의 유전자(FMR1 유전자)가 밝혀짐에 따라 세포유전학적 진단방법에서 분자생물학적인 진단방법으로 바뀌고 있다. 이 질환의 산전진단은 임신 초기의 융모막 검사나 임신 중기 양수검사를 통해 태아의 세포를 채취하여 이루어질 수 있으나 임신 1삼분기때는 메칠화가 완결되지 않으므로 융모막융모검사보다는 양수검사나 제대혈검사가 더 정확하다고 할 수 있다.

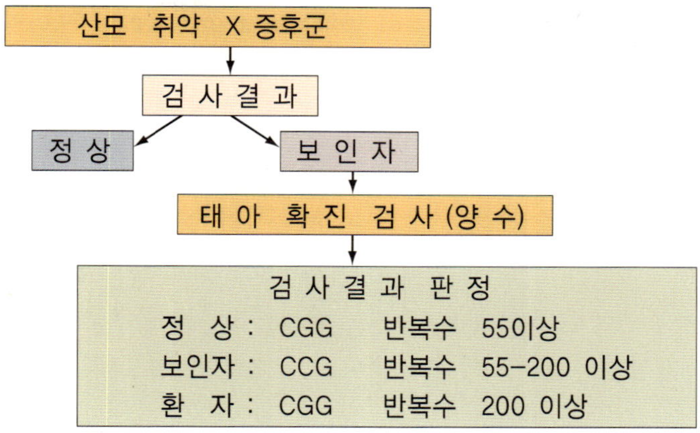

그림 5-4. 취약 X 증후군 보인자인 경우 검사 결과 판정

5) 46,XX male

Y염색체가 없음에도 불구하고 고환조직이 발생한경우로 이러한 환자의 경우는 SRY유전자가 X염색체 또는 상염색체로 전좌되었기 때문으로 설명할 수 있으며, 실제로 진성반음양의 30%는 이러한 이유로 발생하는 것을 보고되고 있으나 46,XX male의 완전한 설명이 될 수 없다. 표현형은 남성으로 남성 20,000명당 1명으로 태어나며, 정상남성 또는 약간 작은 키, 정상외부생식기 또는 작은 성기를 가진 경우도 있으며, testosterone치의 감소, 수염과 체모 감소, 고환발육부전, 무정자증, 여성형유방을 가진다. 정상적 지능과 신장을 보인다. 대부분이 산발적으로 발생하므로 재발가능성은 적다. 환자가 산발적으로 새로이 발생하였는지 또는 아버지로부터 이미 SRY유전자가 있는 X염색체를 물려받았는지 구별되어야 한다. 아버지로부터 유전되었다면 다음 아기에 재발위험은 상당히 높다. 분자유전학으로 이들 둘 사이를 구분할 수 있으며 산전진단에도 이용될 수 있다. 태아가 46,XX라면 SRY유전자를 갖고 있는지를 분자유전학적으로 조사하고 초음파촬영으로 태아의 외성기형태를 잘 살펴보아야 한다.

6) 46,XY female

표현형은 여성으로 원인은 잘 알려지지 않았으나, 이는 SRY 유전자의 돌연변이뿐만이 아니라 SRY유전자 발현자체를 조절하는 유전자의 돌연변이 또는 성선의 분화와 관련된 다른 조절인자를 생각할 수 있다. 임상적 특징은 원발성무월경, 불완전한 이차 성증, 큰 키, 자궁의 발육부전이며 기타 정신지체 및 신체장애는 나타나지 않는 일종의 증후군이다. 최근에는 발생기간 동안 성선 분화 이상이 어느 시기에 나타나느냐에 따라 임상증상이 나타나므로 고환퇴행 증후군(embryonic testicular regression 증후군)이라는 정의로 명명된다. 특히 수정 후 43~59일 사이의 배아기에 고환 퇴행이 일어나면 뮬러관이 발생되고 여성 생식기관이 남아있게 되어 표현형이 여성으로 남게 된다. 성선이형성증을 가진 환자의 20~30% 이상에서는 종양을 동반하기 쉬운데 주로 생식아세포종과 미분화세포종이 나타나며 대부분 양성 종양이나 악성화의 위험성이 높아서 빈도는 10%에서 40%로 보고되므로 양측 성선제거가 필수적이다. 특히 46,XY female은 세가지로 대별하면 XY-순수 생식선 발육부전(XY pure gonadal dysgenesis; Swyer 증후군), 안드로젠 불감 증후군(androgen insensitivity 증후군)과 스테로이드 효소결핍으로 분류될 수 있다.

7) 46,XX/46,XY

46,XY,46,XX/46,XY(진성반음양, true hermaphroditism) 또는 다른 모자익형태로서 자궁이 있고 생식선 양쪽이 비대칭적이면 재발률은 매우 적다. 진성반음양은 모호한 성기 때문에 신생아일 때 성을 결정하기가 상당히 어렵다. 생식선은 난소와 고환조직 모두를 갖고 있다. 즉, 생식선은 한쪽에 난소와 반대쪽에 고환이 있거나 한쪽 또는 양쪽에 고환과 난소조직 모두를 가질 수 있다. 이들 환자의 말초혈액 림프구로 핵형검사를 시행하였을 경우 가장 많은 것이 46,XX이고 나머지의 대부분은 46,XY와 46,XX/46,XY이다. 분자유전학적으로 Y-염색체물질을 발견할 수도 있다. 46,XX반음양환자의 일부분은 열성유전자의 동형접합자(homozygosity)가 원인이 될 수 있는데 이 경우에는 양쪽 생식선이 대칭적으로 난소고환조직(ovotestes)이고 자궁이 없다.

한 가족 내에서 진성반음양의 재발은 보고된 바 있으나 드물다. 양쪽 생식선이 대칭적이고 자궁이 없는 열성표현형(recessive phenotype)의 환아를 분만했던 부부는 차기 임신 시 재발률 25%이다.

8) 47,XYY,males

빈도는 남성에서 1/1,000 정도로 나타나는 흔한 염색체이상이다. 큰 키(180~186cm)와 여드름이 특이적이며, 말하고 읽는데 문제가 있으며, 반사회성과는 논란이 되고 있다. 정신지체(IQ가 80~140)가 나타나지 않으나 정상인 보다 10~15% 정도 낮을 뿐 아무런 문제가 없으며, 5%정도에서는 오히려 높을 수도 있다. 그 이외의 특이 증상이 없으므로 평생 모르고 지나가는 경우도 많다. 또한 대부분 임신도 가능하기 때문에 사회적인 방법 및 교육 외에는 특별한 치료법이 없다. 그러나 Y염색체의 유사환관증(aneuploid)을 가진 생식선이상 발생 환자의 20~30%에서 어떤 형태의 생식선 종양이 발생한다. 이종양은 어린 나이에 생길 수도 있기 때문에 될 수 있는 한 빨리 생식선을 제거하는 것을 고려해야 한다.

9) 45,X male 또는 45,X/46,XY mosaic

SRY유전자가 상염색체 또는 X염색체에가 있는 전좌형태에서 발생할 수 있으며 일부는 X/XY 모자익시즘형태의 염색체를 보이기도 한다. 특히 산전염색체검사 경우는 대부분 정상적인 남성생식기를 보이며 비정상적인 성적분화의 위험성은 5%정도로 알려있다. 이러한 경우는 산전진찰시는 초음파로 외부생식기(external genitalia)의 추적관찰(follow-up)이 중요하다.

10) 46,X,i(Yq)

여성형외모와 양측성흔적성선이 있다. 이례를 통해서 고환의 결정인자는 중심절에 가까운 Y의 단완에 있다는 것을 알 수 있다.

2. 상염색체이상 증후군

상염색체수적이상 증후군에는 다운 증후군, 에드워드 증후군, 파타우 증후군 등이 대표적이다. 이밖에도 모든 염색체에서 수적염색체이상이 나타날 수 있다(표 5-2).

표 5-2. 상염색이상 증후군 핵형분류

	다운 증후군	에드워드 증후군	파타우 증후군
핵형	trisomy(>90%) 47,+21 translocation(3~4%): D/G군 t(14;21) 51% t(13;21) 2.9% t(15;21) 4.6% t(21;22) 3.5% t(21;21)3 7.2% t(21;21)(p12;q11.2) 1% t(1;21)(p32;q22) ?% mosaicism(2~3%) 47,+21/46,XY(X)	trisomy(>90%) 47,+18 mosaicism(10%) 46,XY(X)/47,+18 translocation(rare) 46,der(Dq;18q),+18	trisomy(85%) 47,+13 mosaicism(5%) 46,XX(Y)/47,+13 translocation(10%) 45,t(13;14)(p11;q11) 46,-14,+t(13;14) (p11;q11) 또는 t(13;13)

1) 다운 증후군

다운 증후군(Down's syndrome)은 역사적으로는 1846년에 Seguin에 의해 처음 보고되었고, 20년 후인 1866년 Langdon Down이 상세히 기술하여 질병 단일체로 최초로 인정받게 된 질병이다. 이후 다운 증후군의 원인으로 39가지나 되는 인자가 논의되기도 하였으나, 1932년 Waardenberg가 다운 증후군이 염색체이상에 의할 것이라고 추측한 후, 1959년 Lejeune가 이것을 증명함으로써 G군에 속한 여분의 염색체, 즉 47개의 염색체에 의한다는 것이 처음 알려지게 되었다.

(1) 원인과 빈도

다운 증후군이 발생하는 기전은 80%가 첫 번째 20%는 두 번째 감수분열시 비분리가 원인으로 인해 21번 염색체의 장완의 일부분 즉 21q22.13-q22.2 부분이 정상인 2배를 초과하여 3배의 양을 갖고 있을 때 나타난다. 3배의 양은 세포막 potassium channel GRIK2의 기능을 떨어뜨리고 신경세포의 발육에 지장을 초래하여 정신박약이 나타나게 된다. 이러한 현상은 21번 염색체 한 개가 초과(21 삼염색체성)함으로서 발생하는 것이 94%로 대부분이며 그 외에 모자익형태와 전좌로도 나타난다. 21번 삼염색체는 가장 흔히 볼 수 있는 상염색체 증후군 중 출생 빈도는 생존 출생아 약 800명에 1명이며, 남녀의 비는 비슷하다. 부계(15%)보다는 모계(85%)의 영향을 받으므로 산모의 연령이 많을수록 그 빈도가 높아져, 45세 이상에서는 80명당 1명이 된다. 한국에서는 산모의 전 연령에 약 1/800

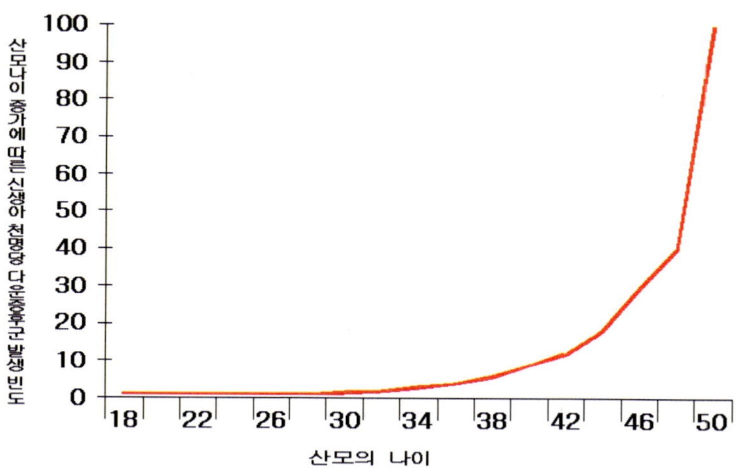

그림 5-5. 산모의 나이에 따른 다운 증후군 위험도

이고, 25세 미만의 산모에서는 1/2,100, 36세 이상의 여성에서는 1/75, 46세 이상에서는 1/3의 빈도가 보고된 바 있다(그림 5-5). 전체 산모 중 약 5%정도만을 차지하는 35세 이상의 산모에서만 염색체 검사를 한다면 약 20%에서 다운 증후군을 발견할 수 있다. 35세 미만인 산모는 전체 분만의 95%를 차지하며 다운 증후군 태아의 80% 차지한다(그림 5-6). 다운 증후군의 태아는 60%정도는 자연유산 되고, 30%정도는 사산아가 되며 약 10% 정도가 생존하여 태어나는 것으로 알려져 있다.

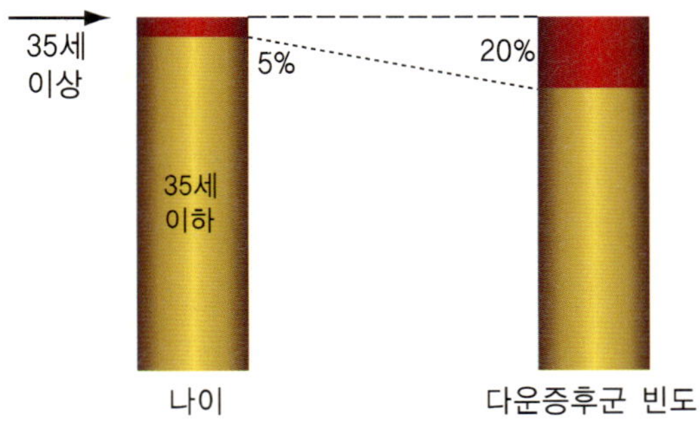

그림 5-6. 노산모(35세 기준)에 따른 다운 증후군 빈도. 35세 이상의 산모는 임산부의 5%정도를 차지하지만 다운 증후군 발생률에서는 20%정도를 차지할 정도로 높은 다운 증후군 발생빈도를 보인다.

(2) 핵형

다운 증후군은 여러 가지 형태의 핵형이 나타난다. 표준형인 삼염색체 21에서부터 전위형, 모자익시즘 등이다(그림 5-7).

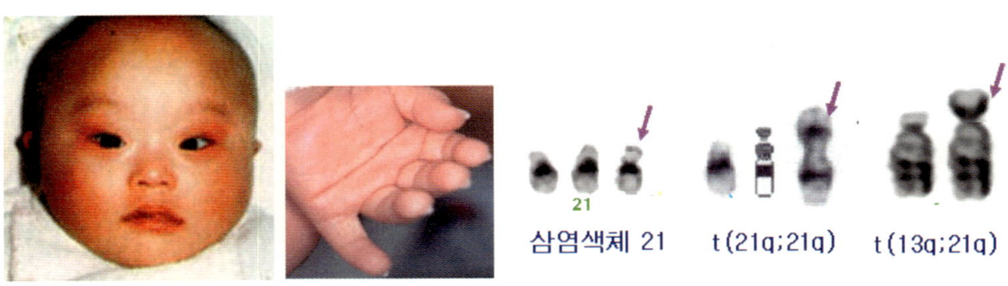

그림 5-7. 다운 증후군 표현형과 핵형

① **표준형**

초과된 한개의 21번 염색체는 부모 어느 한쪽에서 제 1 또는 제 2 감수분열 중 또는 드물게 유사분열중 비분리현상으로 생기는데 어머니 쪽에서 기원한 것이 약 90~95%이며 이중 3/4이 제1감수분열에서 발생한다. 어머니의 연령이 고령일수록 비분리현상은 높아지나 아버지의 연령과는 관계가 없다. 어머니의 연령이 비분리현상에 미치는 영향에 대하여 키아즈마(chiasma)의 수, 호르몬 등의 생리적 변화 등으로 설명하고 있으나 확실한 기전은 밝혀져 있지 않다. 삼염색체 21은 다운 증후군의 약 95%를 차지하고 있으며, 전형적인 임상증상을 나타난다. 그리고 전좌형과 모자익시즘이 5%를 차지한다. 첫째 아이가 삼염색체 21인 경우 둘째아이의 재발률은 1~3%정도로 보고 있다. 그러나 D/G군과 전좌형의 경우는 재발율 위험이 높아진다.

② 전위형 다운 증후군

전좌형태를 가진 다운 증후군 환자는 거의 대부분이 로벋슨전좌 형태 이다. 이러한 로벋슨 전좌는 부모의 염색체가 정상인데 새로이 발생하거나 보인자인 부모로부터 물려받을 수도 있는데 발생빈도는 로벋슨전좌의 다운 증후군 환자 중 각각 1/4과 3/4을 차지한다고 알려져 있다(전체 다운 증후군 환자 중 각각 1%와 3%). 상호전좌는 다운 증후군 환자 중 0.1%이하로 매우 드물다. 가족력의 로벋슨 전좌 다운 증후군은 부모중 하나(대부분이 어머니)가 전좌의 이형접합자(heterozygote)로 불균형의 전좌된 염색체를 자손에게 물려주었을 때 발생한다. 다운 증후군의 약 4%에서는 46개의 정상 염색체 수를 보이나, 이 중 하나가 t(Dq;Gq)를 나타내는 로벋슨전위를 일으킨 염색체이다. 이중에서 14번과 21번 염색체 장완의 전위, 즉 t(14q;21q)와 G군과 G군간의 전위 중에서는 2개의 21번 장완끼리의 전위인 t(21q;21q)가 비교적 흔하고 드물게는 t(15q;21q) 또는 매우 드물게는 t(13q;21q)와 t(21q;22q)도 있다. 특히 전위형은 30세 이상의 산모에서 태어난 다운 증후군 환아의 9%정도에 해당한다. 대부분의 전위는 배우자(gamete) 형성시에 새로 생기는 것이지만, 약 1/2에서는 표현형은 정상이지만 로벋슨전좌의 보인자인 부모로부터 유전되므로 전위형다운 증후군의 부모는 반드시 염색체 분석을 실시해야 한다. 어머니가 보인자의 경우에는 3가지형의 자녀가 생길 수 있다. 즉 표현형과 핵형이 모두 정상인아이, 표현형은 정상이나 균형 전위의 보인자 그리고 전위형 다운 증후군이다. 이론상 이들의 위험률은 각각 1/3이지만 비균형의 접합체나 태아는 사망률이 높기 때문에, 출생아의 약 10%만이 전위형 다운 증후군이 된다.

③ 모자익시즘 다운 증후군

다운 증후군 중 2~3%가 46/47,+21 모자익시즘 형태를 갖고 있다. 모자익시즘 형태는 초기 태아발육 시기에 비분리현상 또는 후기지연(anaphase lag)으로 발생한다. 모자익시증형태를 가진 일부 다운 증후군 환자는 처음부터 21 삼염색체성의 접합자(zygote)로부터 시작한 반면에 다른 일부는 정상 염색체의 접합자로부터 발생한다. 50% 이상이 삼염색체성세포이면 전자가 그리고 50% 이하이면 후자가 그 원인일 것으로 생각하고 있다. 다운 증후군의 약 1% 정도에 볼 수 있으며 염색체 수가 46개인 정상 세포와 47개인 21번 삼염색체의 세포 집단이 혼합되어 개체가 구성되어 있다. 정상 세포가 많을수록 표현형은 정상에 가까우며, 특이한 임상증상과 지능장애가 경미하다.

④ 정상핵형 다운 증후군

다운 증후군 환아에서 핵형이 정상인 경우가 있는데 이는 은폐된 전위(hidden translocation)에 기인한 것으로 21번 염색체의 일부분이 다른 염색체에 전위된 것이다. 또한 최근 문헌에서는 동소보합법(in situ hybridization)으로 일반 염색체검사법으로는 찾기 어려운 t(4;21) (q35;q22.1)의 염색체 결함이 발견된다는 보고가 있다.

⑤ 분자생물학적 연구

본 질환의 분자생물학적 연구로 21q22의 복제가 정신박약과 관련이 있다는 학설이 지배적인데, 병인론적기전은 Alzheimer's dementia에서와 같이 GART, OD1, myloid-protein 유전자의 과잉출현(extra copy)으로 설명되고 있다. 특히 백혈병 빈도가 높은 점은 21q22.1에 위치한 ets-2 암유전자와 관련이 있으리라는 학설 등이 보고되고 있다. 또한 완전한 개체 발현되기 위해서는 21q22가 필요한데 superoxide dismutase, amyloid-beta, 그리고 암유전자 ets-2가 여기에 위치한다. superoxide dismutase-1(SOD-1) 유전자는 유전자량에 따라 표현형이 달라질 수 있다는 유전자량 효과가 처음으로 증명된 예 이고, 그 외 인터페론 수용체(interferon receptor), antiviral protein에 대한 유전자도 21번 염색체에 존재하면서 유전자량 효과를 보인다. 삼염색체 21은 상염색체성 기형의 가장 흔한 형태로서 병인론적, 생화학적, 예방의학적 연구 의 모델로써 많은 가치를 발휘해 왔다.

(3) 다운 증후군 일반적 표현형

- 정신지체(IQ 50~80정도)가 있다.
- 발육지연(성년시 평균 신장: 남 154㎝, 여 144㎝정도임)을 보인다.
- 근육의 힘이 약하여 몸을 잘 가누지 못한다.
- 얼굴이 둥글고 납작하며 양 눈 사이가 멀어 보이며, 눈꼬리가 치켜 올라가 있다.
- 혀가 크기 때문에 바깥으로 내밀거나(입이 벌려짐) 혀의 비대가 관찰된다.

- 귀가 쳐졌거나 코가 납작하다.
- 목은 짧거나 덧살이 있는 경우가 많다.
- 배꼽 탈장이 있다.
- 손이 짧으며 뭉툭한 동시에 50%에 해당하는 환자에서 손바닥에 좌우로 가로지르는 손금이 한쪽 또는 양쪽손바닥에서 관찰된다.
- 60% 환자에서 손가락이 짧으며, 새끼손가락의 가운데 마디가 없거나 안쪽으로 굽어져 있다. 이러한 결과로 약 50%에서 만지증(clinodactyly)을 나타낸다.
- 인종간의 차이는 없으나 홍채반점(brushfield spot)이 차이점이 있다, 백인종의 청록색 눈의 홍채(irls) 외하방 1/3부위에 회백색의 반점이 35~85%에서 보이나 암갈색 눈에서는 볼 수 없다.

(4) 동반된 기형

십이지장 폐쇄 혹은 협착은 다운 증후군 태아의 약 8%정도에서만 발견이 되나 십이지장폐쇄가 있는 태아 중 30%가 다운 증후군 태아이다. 십이지장폐쇄의 초음파 소견은 양수과다증과 특징적인 쌍방울모양(double bubble sign)이다. 십이지장폐쇄는 핵형분석의 적응증이 된다. 이 소견은 임신 28주 이전에는 잘 나타나지 않는다. 따라서 십이지장폐쇄가 다운 증후군과 관련되어 있다고 하지만 위험군을 발견해 내는 선별검사로는 부적절하다. 심장기형은 전체의 약 50%정도에서 나타나며 특징적인 질환으로는 40~70%에서 심방심실관결손, 심실중격결손(15~30%), Fallot 4징증(5~10%) 등이 있다. 내과적 치료 및 기형에 대한 외과적 교정을 통하여 수명을 연장시킬 수 있으며 많은 수의 다운 증후군은 어른으로 성장한다. 그러나 지능은 나이가 들어감에 따라 점차 정상군과 비교하여 늦어진다. 타고난 기형뿐만 아니라 상기도 감염이 자주 재발되고 어린이 백혈병은 20배나 발생율이 높다. 법적인 생존 가능한 시기가 지나 발견되는 경우 산과적 처치는 변하지 않는다. 만일 임신 24주 이전에 십이지장폐쇄와 심장기형이 발견된다면 신속한 핵형분석을 위하여 제대혈천자술을 시행해야 한다.

(5) 산전선별검사와 초음파 진단

다운 증후군 산모의 혈액에서 αFP은 정상인 보다 낮아 산전검진검사로 도입하였으나 다운 증후군 산모에서 약 0.7~0.8MoM을 보여 정상인과 큰 차이는 없는 것으로 알려져 있다. 따라서 35세 미만의 산모에서 태아알파단백수치를 이용하여 산전검진을 할 경우

약 13~21%의 발견율이 높아지지만 전체로 보면 아직도 약 60%정도의 다운 증후군은 아무런 사전경고 없이 태어날 수 있다. 이러한 상황에서 초음파와 선별검사를 함께 하면 좀 더 정확한 산전검진단율을 높일 수 있을 것이다. 산전검진시 초음파상 나타날 수 있는 현상은 다음과 같다.

- 다운 증후군 태아의 머리는 경증의 소두증과 함께 현저한 단두증(brachycephaly)을 보인다.
- 목덜미피부(posterior nuchal skin)가 임신 12주에 3㎜ 이상인 경우 80%의 다운 증후군 영아에서 두꺼워져 있는 것으로 보고되고 있다.
- 다운 증후군은 60%에서 특징적인 새끼손가락 가운데 절이 짧아져 있으며 이러한 결과로 약 50%에서 만지증을 나타낸다.
- 두부의 크기와 아두대횡경은 정상군과 다운증후군 사이에 차이가 없으나 태아 대퇴골길이는 다운 증후군 태아에서 유의한 감소를 보였다는 보고가 있다.
- 24주 이후 다운 증후군이 발견될 경우 임신 유지를 결정하기 매우 어렵다.

(6) 다운 증후군 검진이 중요한 이유와 유전상담

다운 증후군이 중요한 검진 대상으로 인식된 이유는 첫째로 다운 증후군의 발생 빈도가 1:800으로 비교적 높고 둘째, 다운 증후군이 살아서 태어나는 소수의 삼염색체 중 하나이기 때문에 태어난 후 부모에게 정신적, 경제적으로 많은 부담을 주게 된다. 셋째, 다운 증후군은 전 연령층의 산모에서 발생한다는 점이다. 즉 다운 증후군으로 태어나는 아기의 20%만이 35세 이상의 산모에서 태어나므로 나머지 80%는 그 이하 연령의 산모에서 태어나기 때문이다. 넷째, 다운 증후군의 70～80%는 그 부모가 염색체 상 문제가 없는 정상이라는 점이다. 이것은 비분리의 결과로 일어나는 것이므로 과거력상 문제가 없더라도 그 가능성은 항상 존재하기 때문이다. 다운 증후군은 20%정도에서 유전되어 나타나고 대부분은 새로운형이다(그림 5-8). 새로운형(부모가 정상인일 경우)으로 다운 증후군 아기를 가진 경우는 다음 아기가 다운 증후군이 될 확률은 1%미만(특히 나이가 젊을수록 재발가능성은 높다)이지만 정상부모의 발생률보다는 높다고 한다. 그러므로 반드시 산전에 융모나 양수를 통한 염색체 검사를 받는 것이 좋다. 부모의 염색체검사에 전위형보인자의 경우 산모가 보인자일 경우는 5~10%의 재발률을 보이며, 남편이 보인자일 경우 2~5%에서 나타날 수 있다. 그러나 출생한 두 아이가 연속적으로 다운 증후군일 때는 다음 임신에서의 위험률은 대개 10~20%로 높아지는 것으로 알려져 있다. 그리고 로벗슨전좌인 14번과 21번 염색체의 전위 즉 t(14q;21q)의 핵형을 가진 보인자 부모의 자녀가 다운 증후군이 될 경험적인 이환율(삼염색체성인 아기를 임신할 경우 이중 80%에서, 그리고 30세 이하 이면 55%에서 자연유산 된다.)은 산모가 전위를 가지는 경우는 10%, 아버지 쪽이 전위인 경우는 2%미만이다. 그 이유는 전위를 가진 정자는 수정의 기회가 적기 때문인 것 같다. 양친 중 한 명이라도 21/21 전위형 보인자이거나 i(21q)인 경우에 출생한 자녀는 100%모두 전위형 다운 증후군 환아가 된다(표 5-3). 또한 친척 중에 다운 증후군 환자가 있을 경우에 환아를 임신할 위험률은 환자가 전형적인 21 삼염색체성(전좌가 아닌)으로 알려졌을 경우 재발 위험률의 유무는 현재 논란이 되고 있다. 아직까지 확실하게 위험이 증가한다는 보고는 없다. 다운 증후군 환자였던 친척의 염색체 형태를 알 수 없는 경우에는 상담자의 핵형을 검사하여 가족력으로 전달되는 전좌의 가능성을 조사하여야 한다.

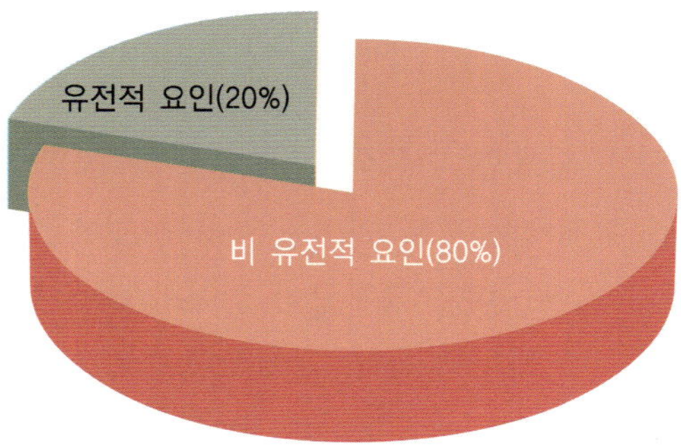

그림 5-8. 다운 증후군의 유전적요인과 비 유전적요인. 다운 증후군의 유전적 요인보다는 감수분열시 비분리현상으로 일어나는 새로운 형이 대부분을 차지한다.

표 5-3. 균형전좌형 보인자(carrier)에서 기형아가 출생할 수 있는 경험적인 위험도(empiric risk)

균형전좌형	여성보인자	남성보인자
로벌슨전좌		
13;14	1	1
14;21	10	2
21;22	10	5
21;21	100	100
상호전좌	5~10	5~10

(7) 다운 증후군의 자손

다운 증후군 여자가 임신할 경우 21 삼염색체성 태아일 위험성은 50%이다. 46개 염색체를 가진 태아도 30%정도에서 비정상을 보이는데 그 원인은 남편 쪽에 있거나 환경에서 온다고 알려져 있다. 남자가 삼염색체성일 경우 태아가 21 삼염색체성일 위험은 정상적인 정자형성과정을 갖기 때문에 다운 증후군은 극히 드물다.

2) 에드워드 증후군

(1) 원인과 빈도

에드워드 증후군(Edward's syndrome)은 18번 삼염색체가 원인으로 발생 빈도는 출생아 8,000명당 1명으로 특징적인 임상소견을 나타내며, 치명적인 증상이 많기 때문에 90% 이상이 생후 6개월 이내 사망하고 겨우 5% 정도만 신생아기를 넘길 수 있다. 발생률은 신생아 1,000명당 약 0.12~0.3명 정도에서 생기는 것으로 알려져 있으며 3:1 혹은 4:1정도로 여아에서 많다. 출생 직후 남아의 사망률이 훨씬 높다. 정상적으로 2개 존재해야 하는 18번 염색체가 3개 존재하는 것, 즉 18번 삼염색체가 원인이다. 18번 삼염색체는 다운 증후군과 마찬가지로 어머니의 연령과 밀접한 연관이 있으며, 산모의 연령이 증가할수록 발생빈도가 높아진다. 18번 삼염색체의 90% 이상에서 어머니의 난자의 감수분열시 18번 염색체의 비분리현상으로 인해 발생한다. 매우 드물게 모자이크형의 18번 삼염색체가 있는데, 이 경우 임상적 특징과 예후가 양호한 편이다. 재발률은 젊은 산모의 경우 1% 정도로 낮으나 산모의 연령이 증가할수록 위험도도 높아진다. 그리고 전좌형도 발견되는데 매우 드물고, 18번 염색체의 부분적 삼체성(partial trisomy 18 증후군)도 발견된다. 단완의 삼체성은 정신박약 정도가 가볍고, 장완의 삼체성은 임상소견만으로는 전형적인 에드워드 증후군과 감별이 어렵지만 역시 생존율 높고 정신박약 정도도 상대적으로 경미하다.

(2) 핵형

염색체 핵형 분석을 해보면 대부분이 삼염색체인 47,XY(X),+18(>90%)이 나타나며, 드물게는 모자익시즘 46,XY(X)/47,XY(X),+18(10%), 전좌형 46,XX(Y),der(Dq;18q),+18 등이 나타난다(그림 5-9).

18번 삼염색체의 모자익시즘이나 18번 단완의 삼염색체, 전위 등이 나타나는 경우가 있는데 이들의 예후가 보통은 훨씬 더 좋다.

(3) 표현형

특히 신체기형으로는 99%에서 심장기형(심실중격결손 등)과 작고 좁은 머리(microcephaly), 후두골 돌출(prominent occiput), 소구증(narrow palatal arch), 구순열 및 구개열(cleft lip palate), 소하악증(micrognathia), 짧은 흉골(short sternum), 작은 골반이 흔하다. 그리고 특징적으로 80% 이상에서 중지위에 새끼손가락이 약손 가락위에 덮는 모양이 나타난다(그림 5-9). 그리고 50% 정도에서 오른발 바닥이면서 뒷꿈치가 두드러지며, 짧고 뒤로 굴곡된 첫째 발가락 등이 나타난다. 1년 이상 생존한 경우에서도 심한 정신지체, 발달지연을 보인다.

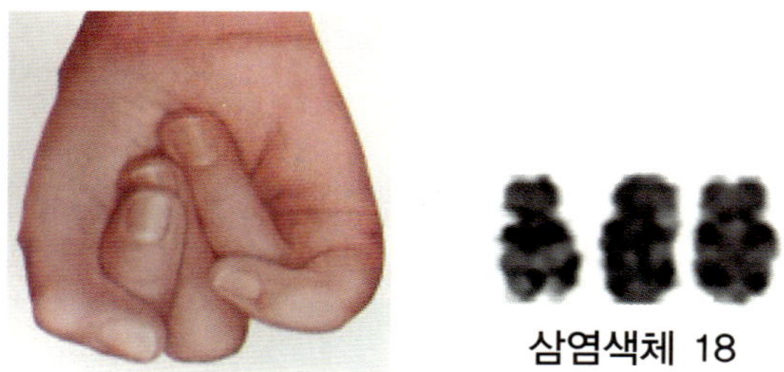

그림 5-9. 에드워드 증후군 표현형과 핵형

(4) 산전검진과 초음파 진단

18번 삼염색체 태아는 심한 발육부전을 보이며, 평균 태아 체중은 2,240g이다. 그 이외의 소견으로 양수과다증, 태반의 저형성, 단일제대동맥 등이 있다. 양수과다증, 자궁내 태아발육부전, 18번 삼염색체 사이의 관련성에 대하여 이미 보고된 바가 있다. 두개골은 단두증(brachycephaly)을 보이고 후두골이 돌출되어 있지만 임신 24주 이전에는 분명하지 않다. 특징적인 손가락중첩은 초음파로 쉽게 감별할 수 있으며 유용한 표지로 사용할 수 있다. 한 연구에 의하면 15명의 18번 삼염색체를 가진 태아 중 11명에서 손과 발에 기형을 보였다고 한다. 초음파로 심한 자궁내발육지연, 양수과다증, 특징적인 손과 발의 모양을 관찰하게 되면 양수천자술 혹은 제대혈천자술을 통하여 태아의 핵형을 분석해야 한다. 24주 이전에는 임신종결을 고려할 수 있으며 그 이후에는 태아 곤란증이 나타나더라도 수술 등을 피하는 것이 좋다.

3) 파타우 증후군

(1) 원인, 빈도 및 표현형

파타우 증후군(Patau's syndrome)은 일차적 원인으로 비분리가 75%를 차지하며 산모의 연령과 연관이 있다. 가족적으로 발생하는 전위 가능성을 배제하여야 하지만 거의 95%에서는 새로이 일어난다. 신생아 1,000명당 0.2~0.05명의 빈도로 발생한다. 출생체중은 감소되어 있어 평균 2,480~2,630g이며, 동반된 심각한 안면기형으로는 단안체(cyclops), 외눈증(cyclopia), 무비증(arhinia) 그리고 정중 구순열 및 구개열 등이 있으며, 다지증은 약 50~80%에서 보이며 척골쪽으로 손가락이 더 있다. 신생아 사망률은 1달내 44~50%, 1년내 80~90%, 3년는 95% 사망하며 그 이상을 살았다는 13번 삼염색체는 심각한 신체 및 정신발달 지체가 있었다는 보고가 있다(그림 5-10)

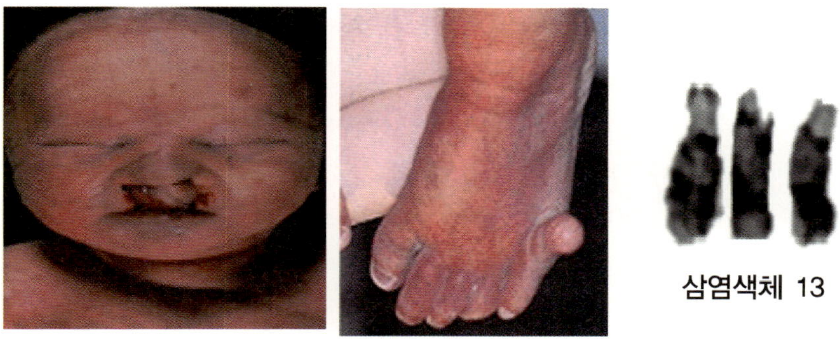

그림 5-10. 파타우 증후군 표현형과 핵형

(2) 핵형

13번 삼염색체는 13번 염색체의 일부 혹은 전부가 세 개가 되어 나타나는 질환이다. 또 다른 25%는 염색체 D 군내에서 전위가 일어나거나 환염색체가 생겨 일어나기도 한다. 평균수명이나 표현형은 환염색체나 모자익시즘에 의한 경우 훨씬 좋아지며 13번 염색체의 한쪽 끝이 일부 더 있는 부분적삼염색체의 경우 여러 가지 상이한 임상양상을 나타낼 수 있다. 재발률은 13번 삼염색체일 경우는 1% 이하이며, 가족력에 전위가 있어 생기는 경우는 10%이하이다.

(3) 산전검진 방법

13번 삼염색체는 임신 제 1삼분기 유산된 태아에서 흔히 발견되며 13번 삼염색체의 약 43%는 자궁내에서 사망한다. 전체 13번 삼염색체중 10~40%정도가 35세이상의 산모에서 나타나며 산전에 αFP 측정하더라도 도움이 되지 않는다고 알려져 있다. 초음파상으로 진단은 도움이 된다. 초음파상 가장 중요한 형태학적 이상은 양미간이 넓고 안와가 작은 것이고(>80%), 그 이외에 여러 종류의 다지증을 보인다. 이러한 소견은 초음파로 진단이 가능하다. 양미간이 넓은 것은 재태연령이나 아두대횡경의 길이와 비교하여 측정할 수 있으며 안와가 작은 것은 안내직경(orbital diameter)가 5%이하일 경우 의심할 수 있다. 대부분 태아에서 종골(calcaneus)이 튀어나와 있거나 오목발바닥이면서 뒷꿈치가 두드러져 보이며(rockerbottom feet) 이것을 초음파로 확인할 수 있다. 후두부피(nuchal skin)이 늘어져 있는 것이 약 50~80%에서 보이지만 이러한 소견이 임신 제2삼분기에도 확인할 수 있는 지는 아직 확실하지 않다. 구순열, 구개열이 대부분에서 있는데 초음파로 확인할 경우는 정중앙에 있는지 아니면 한쪽에 치우쳐 있는지(lateral)를 구별해야한다. 정중앙에 생기는 경우는 양쪽 상악골(maxilla)이 서로 결합하는데 문제가 있어 나타나며, 측면에 생기는 경우는 하악돌기(maxillaty process)가 형성되지 않아 생기기 때문에 두 가지는 전혀 다른 기전에 의하여 생긴다. 정중앙에 생기는 경우가 전전뇌증(holoprosencephaly)가 자주 오는데 이것은 두가지 구조물 모두 전석삭중배엽(prechordial mesoderm)이 파행적으로 유도(aberrant induction)되기 때문에 생긴다. 또한 정중앙 구순열 혹은 구개열의 경우 13번 삼염색체가 훨씬 자주 동반된다. 중추신경계 이상은 약 80%에서 나타나며 질환으로는 소뇌저형성(cerebellar hypoplasia) 등이 있다. 13번 삼염색체는 약 50%에서 여러 가지 형태의 전전뇌증이 생긴다. 동반된 심각한 안면기형으로는 단안체, 외눈증, 무비증, 정중 구순열 및 구개열 등이 있다. 초음파로 보이는 소견은 한 개의 뇌실이 앞쪽으로 삽모양(spade-like)으로 있고 정중앙에 안면기형이 동반되어 있다. 초음파로 소뇌저형성을 알아내기 위해서는 양쪽 소뇌간 직경(transverse cerebellar diameter)을 측정하여 기존의 태아심음 제변수의 계산도표(normogram)에 있는 임신주수별 평균치 및 아두대횡경과 비교하여 진단할 수 있다. 뇌량발육부전은 제3뇌실이 커지면서 윗쪽으로 올라가 있고, 전두부 뇌실은 별 변화가 없으나 후부 뇌실이 커져 있는 것을 보고 진단할 수 있다. 부분적 뇌량(corpus callosum) 형성부전은 제 3뇌실의 이상 없이 후부 뇌실만 이상소견을 보일 수 있다. 소뇌증과 수두증이 동반되기도 한다. 태아제류(omphalocele)는 13번 삼염색체가 있는 태아 중 약 10~40%에서 발생하며 태아제류가 있는 태아 중 약 7%가 13번 삼염색체이다. 신장의 기형은 약 80% 정도에서 보이며 여기에는 다낭성신장이형성증(multicystic renal dysplasia)이 약 30~50%, 폐쇄성뇨증(obstructive uropathy)이 10~20%를 차지한다. 이 질환들은 초음파로 쉽게 진단이 된다. 선천성 심장기형은 약 90%정도에서 보이는데 가장 흔히 보는 것은 심실중격결손이다. 심에코검사로 심장기형을 진단받은 태아 중 약 5%가 13번 삼염색체이다.

4) Warkany 증후군

긴얼굴, 두껍고 밖으로 젖혀진 입술, 비정상적인관절 등이 특징적으로 나타나는 염새체 이상 증후군이다.

(1) 원인과 빈도

현재까지 알고 있는 삼염색체 8의 경우들은 모두 새로운 형으로 발생하였다. 그러나 부모로부터 유전될 가능성을 완전히 배제할 수는 없다. 거의 모든 경우 모자익시즘의 형태를 나타내고 있다.

성비(sex ratio): 3M/1F

평균부모의 나이(mean parental age): 28.1세(모)/31.1세(부)

출생시평균 체중(mean birth weight): 3,420g으로 나타나고 있다.

(2) 핵형

삼염색체 8은 모자익시즘의 빈도가 매우 높다. 이 염색체이상의 빈도는 나이가 들어감에 따라 점차 줄어드는 경향을 보이며, 8번 염색체 삼염색체 부분에 따른 표현형의 차이는 별로 없다.

(3) 표현형

안면이형성증(facial dysmorphism)과 비정상적인 관절(osteoarticular anomalies)이 특징으로 이마는 높고 앞으로 튀어나와 있는 형태(Craciofacial dysmorphism), 얼굴은 길며, 아래쪽 입술이 외전 되어 있고, 양안격리(hypertelorism)가 있으며 사시(strabismus)가 자주 관찰된다. 그리고 귀의 외이는 크고, 구개는 높은 아치형태와 목은 짧고 두껍다. 또한 골격이상이 자주 관찰된다. 외부성기는 남자아이에 있어 잠복고환, 고환이형성증(testicular hypoplasia), 사춘기지연 등이 관찰된다. 불임과의 관련한 내용은 잘 알려지지 않았다. 다만 잠복고환이나 고환이형성증 등에 의해 불임이 유발될 가능성이 매우 높다. 내부 기관의 기형(malformations)이상은 매우 낮은 것으로 알려져 있으며 정신지체가 심하여 IQ가 평균 45~75정도를 보이는 것으로 알려져 있다. 예후는 개인마다 큰 편차를 보인다.

5) 묘안 증후군

(1) 발생 빈도

묘안 증후군(cat's eye syndrome)의 발병빈도는 대략 50,000~150,000명당 1명이라고 알려져 있다.

(2) 핵형

묘안 증후군은 매우 희귀한 질환이며, 22번 염색체의 이상에 의해 야기되는 것으로 알려져 있다. 즉, 22번 염색체의 단완에서 장완의 일부(22pter → q11 또는 12)까지가 정상인의 경우에는 2개만 존재하는 반면에 이 환자에서는 3개(trisomic) 또는 4개(tetrasomic)가 존재함으로써 이러한 유전자양의 변화가 환자에서 나타나는 여러 가지 증상을 유발하는 것으로 알려져 있다. 특히 부모의 유전자 검사를 해보면 모에서 대부분 t(11;22)를 보이는 특징이 있다(그림 5-11).

(3) 표현형

묘안 증후군은 정신박약, 홍채결손, 항문폐쇄, 이개전누공, 선천성 심질환, 요로계 기형, 골격계 기형, 소두증, 안검열의 외하방경사, 소악증, 피부연성섬유종(skin tag), 낮은 변형귀, 구개열, 끝이 가늘고 뾰족한 손가락, 하지 기형 등을 동반하는 증후군으로 이 증후군의 환자는 소수의 경우에 어린 시절 여러 가지 기능 이상으로 인하여 사망하기도 하지만, 그 외에는 특별한 이상이 없는 한 수명이 심각할 정도로 단축되지는 않는 것으로 알려져 있다. 이 증후군의 정신지체 정도는 환자에 따라 정상 수준에서 심한 지체를 보이는 경우까지 매우 다양하게 나타난다.

그림 5-11. 묘안 증후군의 증례

6) 삼염색체 10p 증후군

삼염색 10p 증후군은 부분적인 삼염색체(10p22-26) 대부부 가족의 균형전위의 비분리로 인해 발생하며, 그 외 종열중복(tandem duplication), 모체의 완간역위(pericentric inversion) 등의 원인으로 발생한다고 한다. 따라서 중복되는 부분의 범위와 일부 다른 염색체의 동반결손 유무에 따라 다양한 양상의 기형을 보일 수 있는 드문 염색체이상이다. 삼염색체 10p 증후군은 장두증, 천문의 늦은 폐쇄, 넓은 봉합선, 전두돌출, 양안결리증, 평평한 콧등, 쳐진 볼, 거북이 입모양, 구개열, 낮게 위치한 귀, 소악증, 하악후퇴증 등의 안면기형과 심한성장과 정신지체, 고관절 기형, 기관기형을 보인다.

7) 이차성삼염색체 9p 증후군

9번 염색체 p완의 부분적 삼염색체 형태로 나타나며 삼각두, 안검열의 외상방 경사, 안구 돌출, 아치형의 눈썹, 콧등함몰, 들창코, 짧은 익상경, 내안각 췌피, 넓은 유두 간격, 성기기형, 긴 손가락과 발가락, 네모진 손톱, 심기형, 지능저하 등이 나타난다.

8) 배수성 증후군

염색체 배수성(polyploidy)에는 삼배수성(triploidy; 3n = 69)과 사배수성(tetraploidy; 4n = 92)이 있는데 인간에게 있어 가장 흔하게 일어나는 원인은 비분리현상이 원인이다. 인간에서 형성되는 수정란의 2~3%는 배수성이며 대부분은 유산되는데 염색체이상으로 인해 발생하는 자연유산의 20%가 삼배수성에 의한 것이고, 6%가 사배수성이다. 대부분은 임신 중 유산되고 극히 일부분만 분만이 되고 있는데 태어난다 하더라도 수시간에서 수일 내에 모두 사망하게 된다. 두개(skull)는 이형성증(hypoplasia)이면서 천문(fontanel)은 넓게 열려져 있다. 그리고 백내장(cataract), 소안구증(microphthalmia) 등의 안구이상(ocular anomaly)이 자주 동반되며, 복부에서 복벽중심분리(diastasis recti), 간비대(hepatomegaly), 태아제류(omphalocele) 등의 복부 이상이 있다. 또한 엄지손가락과 주변 근육의 이상 및 발가락과 손가락의 합지증(syndactyly)이 동반되는 경우가 많다. 남자아이의 경우는 음경외소증(micropenis), 요도하열(hypospadia), 잠복고환(cryptorchidism) 등이 나타난다. 내부적으로 뇌의 노량발육부전(corpus callosum agenesis) 등의 기형과 심방중격결손 또는 심실판막결손증 등의 심장기형이 관찰된다. 세포유전학적 종류로는 69,XXX, 69,XXY, 69,XYY의 세 가지가 있으며, 부계와 모계 중 어느 쪽의 영향을 받았는가, 그리고 유사분열(meiosis) 과정 중 어느 시기에 문제가 생겼는가에 따라 여러 기전이 관여하여 발생하게 된다. 이러한 기전은 즉 두개의 정자가 수정되는 현상(dispermia)에 의해 발생하는 것이 전체의 약 80%를 차지하는 것으로 알려져 있다. 2n/3n 형태의 모자익시즘으로 나타나는 기형의 표현형(phenotype)은 정도가 덜하다.

실 습

염색체이상 증후군

학년반:	학번:	성명:

* 괄호 안에 염색체이상 증후군의 명칭을 써넣으세요.

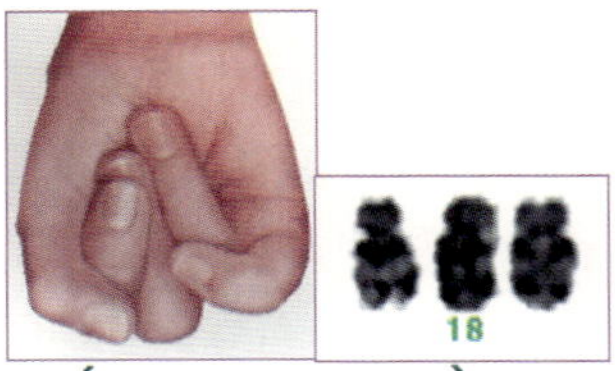

(   )

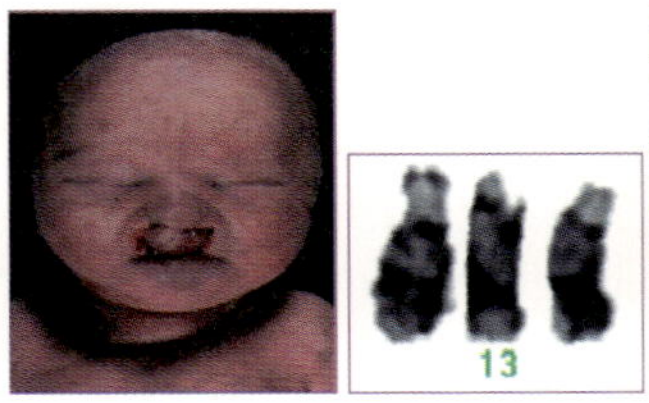

(   )

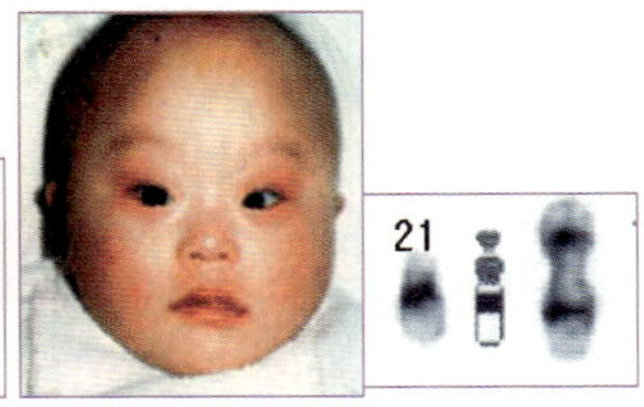

(   )

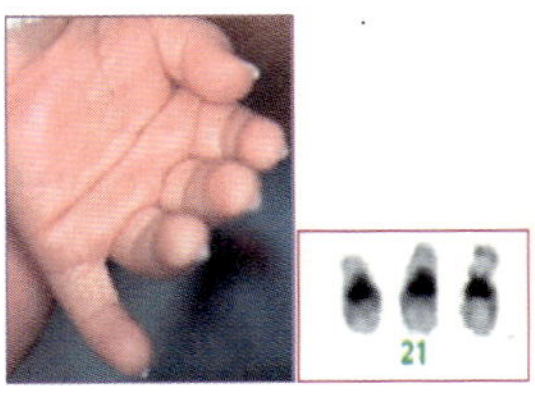

(   )

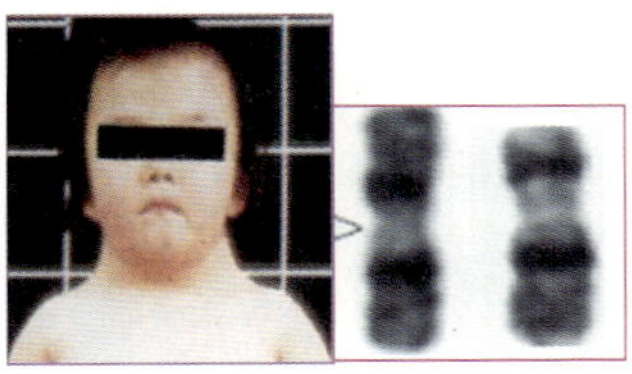

(   )

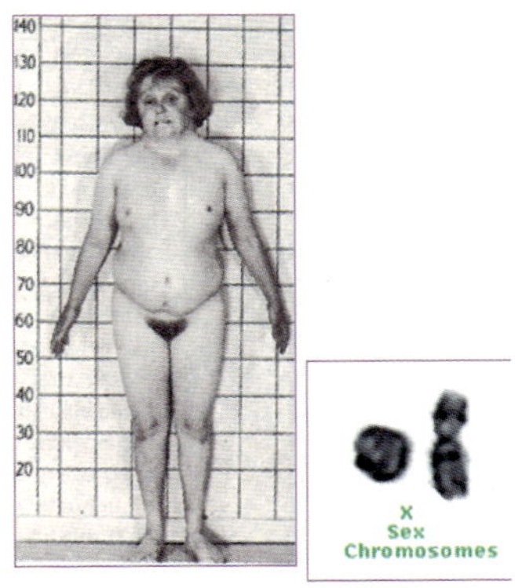

(   )

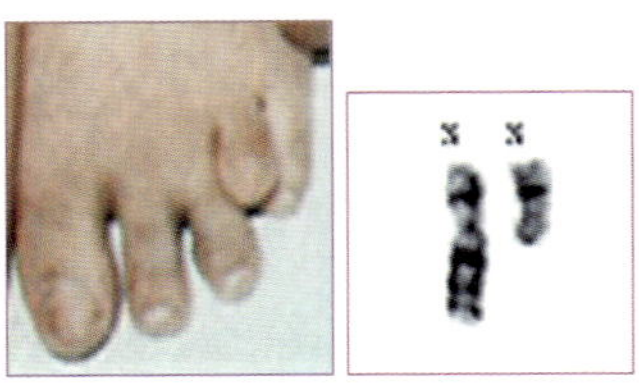

(   )

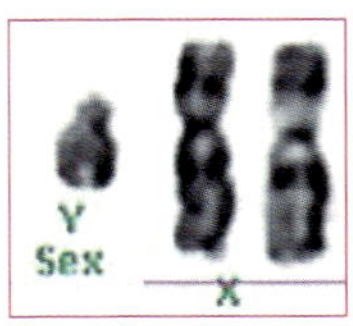

(   )

설명:

실습일자:	**월**	**일**	**지도교수 확인:**

9) 염색체결실 증후군

염색체구조적이상 증후군은 대부분 결실(deletion)에 의해 기인된다. 염색체 결실은 광학현미경상 관찰하기 위해서는 약 4,000kb 이상의 유전전적 이상을 동반해야 한다. 이 이하인 미세결실 증후군의 경우는 분자유전학적방법이나 FISH법을 이용하여 검출할 수 있다. 염색체결실이 있는 아기를 새로운 형으로 분만 경우는 다음 아기에서 똑 같은 이상이 생길 위험성, 즉 재발위험은 0.5%로 극히 드물다. 그러나 드물게 부부 중 한인간이 균형전좌를 갖고 있을 수 있으므로 부부의 핵형 검사도 필요하며, 이 경우는 재발위험이 증가할 수 있다. 염색체 결실 증후군의 아기를 분만한 경우라면 다음 임신에서 양수천자 등을 통한 산전진단이 필요하다.

(1) 묘성 증후군

① 발생빈도

묘성 증후군(Cri du chat syndrome)은 50,000명 당 1명 정도로 추산되고 있으며, 성비(sex ratio)는 여아 7명에 남아 5명으로 여아가 조금 많은 편이며, 평균부모연령은 모는 26.9세 부는 30.8세로 정상적인 부분에게서 태어나는 것으로 알려져 있고, 평균 출생체중은 2,610g정도이다.

② 임상증상

날카롭고 애처러운 듯한 고양이 새끼의 울음소리와 흡사한 울음소리가 특징이며 나이가 들어가면서 점차 안두부기형이 발생하며 소두증(microcephaly), 둥근얼굴(moonlike face), 눈 사이의 간격이 벌어지는 양안격리증(hypertelorism), 작은턱(micrognathia)이 특징적인이며, 지능발육지연(IQ가 20이하)이 심하고 언어능력 상실되며 대부분 어른나이까지 생존한다.

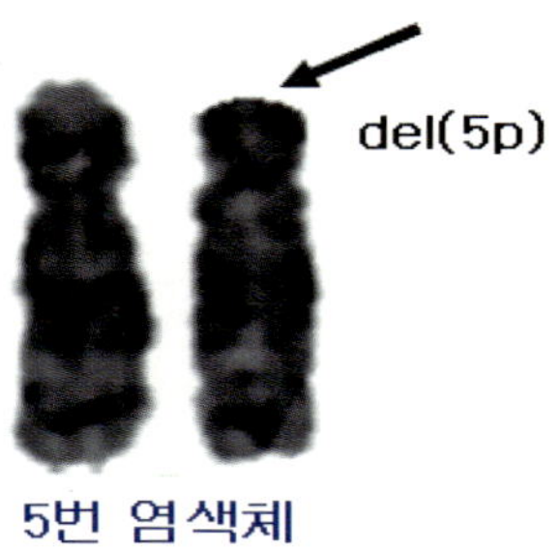

그림 5-12. 묘성 증후군 증례

③ 진단

대부분 부모로부터 유전되지 않고 새로이 발생하는 것으로 밝혀져 있으며, 결손의 정도는 일정하지 않으며 결손 정도와 표현(phenotype)상의 정도는 서로 일치하지 않는 것으로 알려져 있다. 주요 증상은 5번 염색체의 단완(short arm)의 p14p15 부위가 결손되어 발생하는 것으로 생각하고 있다(그림 5-12). 염색체의 형태로는 동반되는 것은 주로 모자익시즘, 불균형전좌, 환염색체 등이 있다. 발표된 보고에 의하면 약 1/5은 부모의 구조적 염색체이상으로 발생하며 부모 중 모계 쪽에서 더 잘 발생하는 것으로 알려져 있다.

(2) Wolf-Hirschhorn 증후군

① 발생빈도

빈도는 출생아 30,000명 내지 50,000명 중 한 명이다.

② 임상증상

그리스투구형 얼굴, 장두증, 전두골 돌출, 뚜렷하고 넓은 미간, 안구의 저형성, 내안각췌피, 크고 넓은 뾰족한 코, 소하악증, 사시, 낮은 변형귀, 아래로 처진 입, 구순열 및 구개열(15%), 심장기형, 요도하열, 잠복고환, 심한 정신지체(20이하의 IQ), 발작을 일으키며, 환아의 1/3정도가 생후 첫 1년 이내 심장질환이나 감염증으로 사망한다.

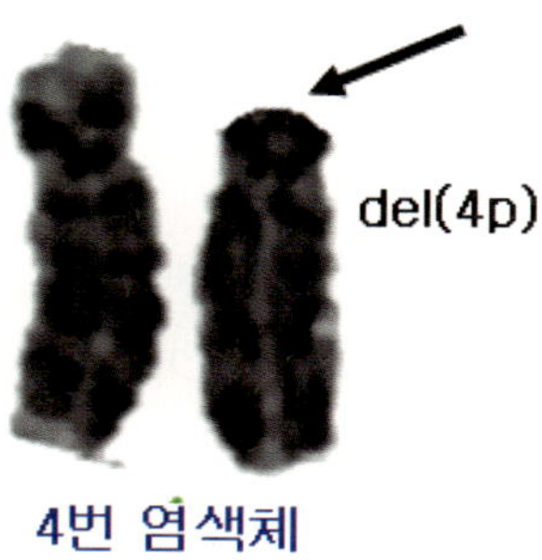

그림 5-13. Wolf-Hirschhorn 증후군 증례

③ 진단

말초혈액 염색체검사에서 4번 염색체 단완의 결실이나 구조적 이상을 확인한다. Wolf-Hirschhorn syndrome(WHS)의 일부는 4번 염색체 단완의 미세한 결실을 가지고 있기 때문에 염색체 검사로는 검출이 어렵다. 이 경우 형광동소보합기법(FISH) 검사로서 4p16.3의 미세결실을 확진할 수 있다(그림 5-13).

(4) 18번 염색체 장완결실 증후군

① 핵형 및 기원

18번 염색체 장완이 결실되는 부위는 18q21부터 18q23사이에서 다양하게 발생한다. 18번 염색체 장완결실 증후군의 75%에서는 자연발생적으로 일어나며, 나머지는 18번 염색체 장완의 구조적 이상을 가진 보인자인 부모로부터 유전되어 발생한다. 18번 염색체 장완의 결실되는 부분이 크면 클수록 임상증상이 심하게 표현된다(그림 5-14).

② 임상증상

소두증, 안면중앙부 저형성, 깊게 패인 눈, 짧은 코, 짧은 윗입술과 가장자리가 처진 크고 벌린 입(잉어 같은 입), 변형귀, 외이도 폐쇄, 길고 가는 손가락, 잠복고환, 요도하열, 성장장애, 정신지체는 심하며 30~50정도의 IQ를 갖는다. 예상 수명은 정상이다.

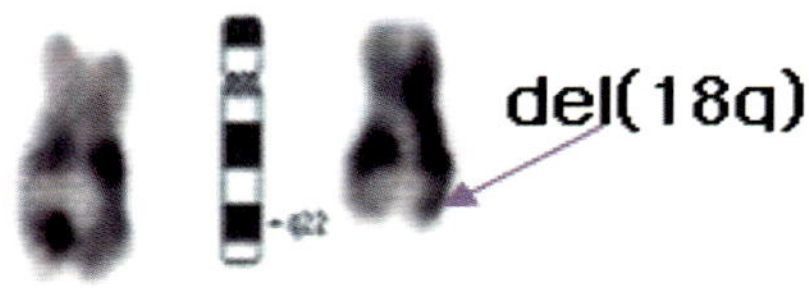

그림 5-14. 18번 염색체 장완결실 증후군

10) 염색체 미세결손 증후군

미세결손 증후군이 의심되는 환자의 경우는 반드시 전통적인 염색체분석기법과 분자유전학적 기법, FISH기법을 통한 확인이 필요하다(그림 5-15).

(1) Smith-Magenis 증후군

스미스-마제니스 증후군이란 17번 염색체의 결실로 인해 유발되는 질환으로 임상증상은 발육지연, 학습장애, 정신지체, 짧은 신장, 얼굴형태의 이상, 비정상적인 귀모양, 눈의 이상, 짧은 손가락 및 발가락, 수면장애, 행동장애 등이 특이적 증상으로 나타나는 것으로 알려져 있다. 스미스-마제니스 증후군은 17번 염색체의 장완의 11.2부분(17q11.2)의 결실에 의해 유발된다. 또한 같은 위치에 스미스-마제니스 증후군의 결실부위보다 더 적게 결실되어 나타나는 Charcot-Marie-Tooth disease type1A(CMT1A)라는 질환이 있으며 이 질환은 신경계통에 주로 이상이 나타난다. 스미스-마제니스 증후군에서의 결실은 결실부

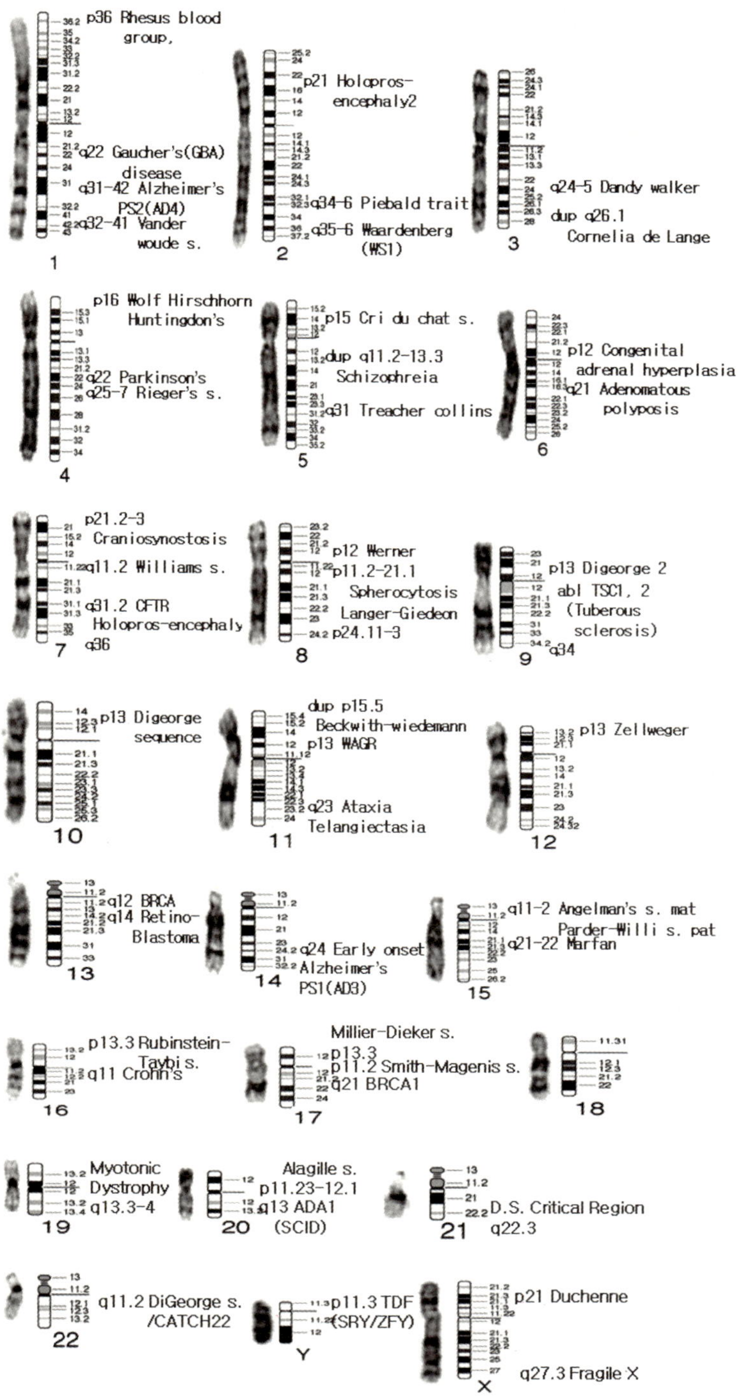

그림 5-15. 염색체에서 미세결손 증후군과 유전자위치

위에 존재하는 반복서열들의 재조합에 의해 유발되는 것이라고 알려져 있다. 진단은 스미스-마제니스 증후군의 진단은 세포유전학적 방법으로 핵형분석을 통하여 17번 염색체의 결실을 확인할 수 있으며, DNA 표지를 이용하여 결실을 확인할 수도 있다. 출생빈도는 25,000명 중에 한명 꼴로 출생하는 것으로 추정된다.

(2) WAGR 증후군

WAGR 증후군은 11번 염색체의 단완의 13부분의 결실에 의해 유발된다고 알려져 있으며, 결실부분에는 WT1 유전자를 포함하는 여러 유전자가 존재한다. WAGR을 유발시키는 11번 염색체의 결실은 초기 배아 발달 상태에서 유발되며 결실유발의 원인은 아직 밝혀지지 않았다.

임상적 특이 증상은 빌림스 종양(Wilm's tumor), 홍채결여증(aniridia), 생식아세포증(gonadoblastoma, genitourinary anomalies), 정신지체(mental retardation) 등의 증상이 2가지 이상 복합적으로 나타나는 증후군으로 또한 긴 얼굴형 및 성기의 발육부전도 특이적인 증상이다. WAGR 증후군은 여성보다 남성에서 더 많이 나타난다. 진단방법은 WAGR 증후군은 임상적 특이적 증상을 통하여 진단이 가능하며, 세포유전학적으로는 고해상분염법에 의한 핵형 분석 및 FISH법을 통하여 확진이 가능하다.

(3) Miller-Dieker 증후군

Miller-Dieker 증후군은 염색체 17p13.3의 미세결손이 원인이다. Miller-Dieker 증후군은 17p13.3번 염색체 단완에 있는 유전자의 결손에 의해 유발되는 임상증상은 lissencephaly(smooth brain), 정신지체 및 심각한 뇌 기형과 특징적인 외형, 남성생식기 발육부전, 성장지연을 보인다. Miller-Dieker 증후군은 상염색체 우성 유전을 한다. 진단법으로는 전예의 50%를 고해상분염법에 의한 세포유전학적 검사로 검색할 수 있다. 또한 전예의 90%는 FISH법를 이용해서 검색할 수 있다. 또한 FISH는 Miller-Dieker 증후군인 어린이의 약 10%에서 미세 상호전좌를 검색할 수 있다.

(4) Angelman 증후군

안젤만 증후군은 특이 증상으로는 심각한 정신장애에 도달하는 병으로 2만명에 1명꼴로 발생한다. 그리고 그 외 증상으로는 보통 발육장애와 언어장애를 가지며, 비정상적인 웃음, 턱이 튀어나옴, 혀를 불쑥 내밀기, 경련을 일으키며 걷거나, 발작을 일으키기도 하며, 작은 일에도 쉽게 웃고, 과도하게 행동하는 등의 증상을 보인다.

이 병의 약 70% 정도가 모성 쪽의 15q11-q31 부위 염색체 결실에 의하며 이 부위는 각인유전자가 존재하는 곳이다. 전체의 약 3~5%는 그들의 어머니로부터 받는 것 없이 아버지로부터 15번 염색체 2개를 받는데 이를 한쪽부모로 부터의 이체성(paternal uniparental disorder; PUD)이라고 한다. 이러한 결실의 경우도 안젤만 증후군 환자처럼 UPD환자는 어머니로부터 온 15번 염색체상의 유전자는 없다. 환자의 25% 정도, 전체 경우의 거의 1/3이 안젤만 증후군 부위의 모성쪽 유전자의 비발현 때문에 비정기적인 유전이 된다. 현재 검사방법은 FISH를 이용한 각인유전자인 SNRPN을 밝힘으로써 가능하다.

(5) Prader-Willi 증후군

PWS는 1956년 Prader 등에 의해 처음 보고된 병으로서 특이적인 증상으로는 비만, 저신장, 성기의 발육부전, 학습장애 및 정신지체가 있다. 이외에도 신생아기 및 영아기에 근무력증에 의한 수유곤란현상이 나타나며 또한 음식에 집착을 보이는 비정상적인 식욕력이 나타난다. 생후 약 1년부터 6세까지 급속하게 과체중이 나타나며 이를 치료하지 않으면 심각한 비만으로 발달할 수 있다. 저신장의 발생은 사춘기 전후 어느 때나 가능하다. 또한 지능의 경우 IQ 20~90까지 다양하게 나타나며 환자의 약 40%는 정상에 가까운 지능을 보이지만 대부분의 경우 학습장애가 나타난다. 떼쓰기, 공격적 행동, 강박적 충동적 행동과 같은 특징적인 행동 문제 즉, 논쟁을 좋아하고, 반대하기를 좋아하며, 완고하고, 조작적이며, 소유적인 행동양상을 보인다. 이상하게 오래 행동하고, 도벽과 거짓말을 자주 한다. 위와 같은 증상을 보이는 원인은 아직 완전히 밝혀지지는 않았으나 식욕, 수면, 성기능, 정서 등에 관련하며 대뇌에서 가장 중요한 구조 중 하나인 시상하부의 기능 이상에 의한 것이라고 알려져 있다. PWS의 발병빈도는 대략 12,000~15,000명당 1명인 것으로 알려져 있고 남아와 여아 모두에서 나타나며, 인종에도 상관없이 나타나는 것으로 알려져 있다. PWS는 15번 염색체의 이상에 의해 발병한다고 알려져 있다. 이 병의 약 70%정도가 부성 쪽의 15q11-q31 부위 염색체 결실에 의하며, 이 부위는 각인유전자가 존재하는 곳이다. 전체의 약 3~5%는 그들의 부계로부터 받는 것 없이 모계로부터 15번 염색체 2개를 받는데 이를 한쪽부모로 부터의 이체성이라고 한다. 이러한 경우도 결실에 의한 안젤만 증후군 환자처럼 UPD환자는 부계로 부터 온 15번 염색체상의 유전자는 없다. 환자의 25%정도, 전체 경우의 거의 1/3이 안젤만 증후군 부위의 부성쪽 유전자의 비발현 때문에 비정기적인 유전이 된다. 현재 검사방법은 FISH를 이용한 각인유전자인 SNRPN을 밝힘으로서 가능하다.

(6) CATCH22 증후군

1960년대 중반에 내분비학자인 Angelo DiGeorge에 의해 보고되었으며, CATCH22 증후군(DiGeorge/Velocardiofacial 증후군)이란 cardiac defect, abnormal face, thymic hypoplasia/aplasia, cleft palate, hypocalcemia, 22q11.2 deletion의 약어로서, 매우 드문 선천성 병으로 증상은 개인마다 매우 다양하지만 일반적으로 감염재발, 심장계 이상, 언어 장애, 저칼슘증(hypocalcemia), 면역결핍증(immune deficiency), 흉선형성부전증(thymic aplasia), 특징적인 안면형태의 병력을 보인다. 이병은 가장 일반적인 미세 결실에 의해 유발되는 증후군으로 인구 1800명당 1명이 발생하는 것으로 알려졌다. 병인은 동일하지만 다양한 임상 증상들이 나타나기 때문에 임상소견에 따라 DiGeorge 증후군, Velocardiofacial 증후군, Shprintzen 증후군, conotruncal anomaly face 증후군, Takao 증후군 등으로 분류되기도 한다. 22번 염색체 장완의 미세결실은 대부분 자연발생적으로 일어나나 10~15%에서는 가족력이 있다. 이 증후군은 22번 염색체의 커다란 결실(22q11.2 deletion)에 의해 야기된다고 알려졌고 감수분열이 일어날 때 재조합(recombination)의 결함에 의해서 생성된다. 초음파심음향법(echocardiography), FISH검사를 통하여 진단이 가능하다. 분열중기세포에서 한쌍의 22번 염색체를 비교했을 때 결실부위가 너무 작기 때문에 현미경 수준에서의 확인은 불가능하다.

(7) 윌리암스 증후군

윌리암스 증후군(William's syndrome)은 우리가 알고 있는 다운 증후군처럼 염색체에 이상이 생겨서 발생하는 2만명에 1명 꼴로 발생하는 드문 병이다. 이 병은 1961년 처음으로 발견되었고 발병은 출생시에 나타나며 질병에 걸릴 확률은 남녀가 동등하며 인종이나 국가에 상관없이 병의 발생이 보고되고 있다. 윌리암스 증후군 환자들은 육체적은 물론 정신적이나 감정의 기복에 있어 독특한 양상을 갖고 있기 때문에 부모나 환자들의 주변 인간들은 그들을 돕는데 있어 그런 증상들에 지식을 익혀야 더 효율적으로 도울 수 있다. 임상적 표현은 전형적인 얼굴 형태를 가지는데 윌리암스 증후군을 갖고 있는 인간은 대부분 비슷한 얼굴 형태인데 작은 두상, 눈 주변이 부풀음, 작고 위로 올라간 코, 두터운 입술과 작은 빰 등의 임상소견을 보인다. 얼굴 형태는 나이가 들면서 점점 더 확연해진다. 그밖에도 치아결손, 심장질환 등을 동반한다. 윌리암스 증후군은 가족력이 없는 경우가 대부분이지만 일부에서는 가계의 많은 구성원에서 발생하는 경우도 있어 유전병으로 추정되었고, 그 원인 규명을 위한 지속적 시도가 수행되어 왔으나 아직 원인유전자의 결정은 물론 유전자의 염색체상의 위치조차도 밝혀지지 않았다.

윌리암스 증후군을 확진하는 방법은 혈액을 채취해서 시행하는 FISH방법이다. 이 방법은 7번 염색체 장완(q11.23)에 위치한 elastin(ELN)유전자 결핍 유무를 검사하게 되며, 본 증후군 환자 90%에서 이 단백유전자의 결실이 발견된다. 분열중기세포에서 한쌍의 7번 염색체를 비교했을 때 결실부위가 너무 작기 때문에 현미경 수준에서의 확인은 불가능하다(그림 5-16).

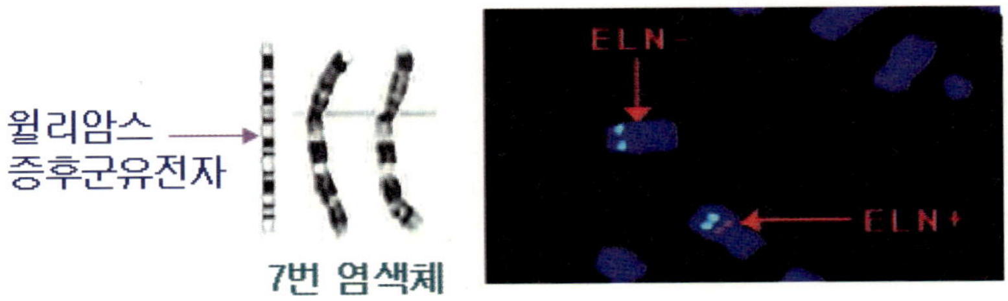

그림 5-16. 윌리암스 증후군 증후군 염색체 양상과 FISH양상

3. 한쪽 부모로부터의 이체성

한쪽 부모로부터의 이체성이란 염색체수는 정상이지만 염색체 한 쌍이 모두 한쪽 부모로부터 온 경우를 말한다. 한쪽 부모로부터의 동종이체성(uniparental isodisomy)은 두 염색체가 같은 경우이고, 한쪽 부모로부터의 이종이체성(uniparental heterodisomy)은 두 염색체가 한 쌍이지만, 구성이 다른 경우이다. 한쪽 부모로부터 이체성의 임상형태는 관련된 염색체의 종류, 그 염색체가 양친 중 어느 쪽에서 왔나, 동종 이체성이냐 이종 이체성이냐에 따라 다양하다. 만일 보인자 부모의 자손이 비정상 유전자를 가진 염색체의 동종이체성이라면 비정상인 유전자가 두벌이 되므로 표현형은 상염색체 열성 질환으로 나타날 것이다. 염색체 7번의 모체 동종 이체성낭포성섬유증 환아에서 보고된 바 있는데, 이들은 태내 및 출생후 성장지연과 작은 체격, 골격 이상을 보였다.

실 습

미세결손 증후군과 유전자위치

학년반: 학번: 성명:

* 우측 공간에 염색체 미세결손 증후군 위치와 유전자 위치를 기록하게요.

설명:

실습일자: 월 일 | **지도교수 확인:**

Ⅵ 산과적 염색체 이상

1. 습관성 유산

1) 염색체이상 빈도

습관성 유산은 통상 3회 이상의 연속적인 자연유산으로 정의된다. 이러한 습관성유산의 원인은 크게 부모 및 태아의 염색체이상(5~25%), 자궁의 해부학적 이상(5~15%), 내분비학적 호르몬이상(10~30%), 면역학적 이상(1~40%) 원인불명(증가추세임 15~80%)으로 분류된다. 습관성 유산이 발생하는 부부의 5~10%에서 염색체이상이 발견된다. 부부의 염색체이상에 의한 습관성유산을 분석해 보면 상호전좌(reciprocal translocation)가 50%, 로벌슨전좌(robertsonian translocation) 25%, 역위(inversion) 13%(대부분은 완간역위), 그 이외 염색체이상이 2%이다. 특히 14번, 15번, 22번 상동 염색체(homologous chromosome)의 균형전좌형 보인자 부부가 임신한 경우는 임신이 지속되지 못하여 자연유산을 하게 되는 것으로 알려져 있다. 그러나 습관성유산의 원인 인자를 전체적으로 살펴볼 때 약 5%에서만 유전인자를 지니고 있는 것으로 인지되고 있다. 염색체의 구조적 이상의 발생빈도는 과거상 기형아 출산의 유무, 생존자녀의 유무 등에 따라 차이가 있는 것으로 보고되고 있다.

2) 유전상담

1~2회의 자연유산 후에 염색체검사를 포함한 추후 검사를 바로 시행할 필요는 없다. 일반적으로 3회 이상의 반복적인 유산이 일어나면 검사를 시행하는데 이는 다분히 임의적인 것이며, 최근에는 산모의 연령이 높은 경우 불임부부로서 2회 이상 유산된 경우나 사산아, 혹은 기형아를 출산한 경우, 반복유산에 대한 가족력이 있는 경우 등에서는 부부의 염색체검사를 곧바로 시행하는 것이 좋다. 그리고 습관성 유산의 원인으로서 알려진 유전적 인자가 있을 경우 특별한 치료법은 없으나 다음 임신시 정상아를 출산할 확률은 30%정도로 보고되고 있다. 임신 결과를 추적 조사하였던 이후의 여러 연구를 살펴보면 부모 중 어느 한쪽이 균형구조적재배열이 있을 경우 유산율은 높지만 정상아를 분만할 확률은 일반적으로 30~40%로 보고되고 있다. 또한 균형전좌가 있을 경우 실제적으로 태아에서 불균형전좌가 나올 확률은 이론상보다 훨씬 낮은 10~15%정도, 완간역위의 경우도 역시 이론적인 확률에 비하여 훨씬 낮아 여성 보인자인 경우 7~8%, 남성이 보인자인 경우 4~5%의 위험성이 있다. 이와 같이 남녀 차이를 보이는 것은 여성에서 유전자재배열의 발생빈도가 더 높기 때문인 것으로 사료된다. 그리고 부모 모두 균형전좌가 있는 경우는 불균형전좌일 가능성이 증가될 수 있으나 대상수가 적어 결론을 내리기는 어렵다. 그러나 습관성유산에서 염색체적으로 가장 문제가 되는 것은 상동염색체 상이에 로벌슨전좌가 있는 경우 자손에서 100% 불균형전좌형이 나오므로 이러한 부부에서 비배우자간 인공수정이나 난자공여(oocyte donation)는 적절한 습관성유산을 포함하는 불임증 치료방법이 될 수 있다.

2. 자연 유산물

1) 염색체이상빈도

일반적으로 자연유산의 발생 원인으로는 생식체나 수정란 혹은 배아 자체의 염색체이상, 임신부의 내분비 장애, 염증성 질환, 생식기 이상 등을 열거할 수 있으나 염색체이상에 의한 것이 대다수를 차지하고 있다. 임신초기에서 자연유산율은 전체 임신 중에서 약 15%로 보고되고 있으며 이 시기에 자연 유산된 유산아의 약 50%에서 염색체이상이 발견된다(표 6-1).

표 6-1. 자연 유산된 유산아 에서 발견되는 염색체이상의 빈도

임신주수	염색체이상의 빈도
8 ~ 11 주	50 %
12 ~ 15 주	40 %
16 ~ 19 주	19 %
20 ~ 23 주	12 %
24 ~ 28 주	8 %
28 주 이상	5 %

임신 제 1 삼분기 유산아에서의 염색체 검사시 염색체이상의 형태는 매우 다양하여 1번 염색체(유산아에서는 보고된 바 없으며 8세포기 배아에서 보고 된 예가 있음)를 제외한 모든 염색체의 삼염색체를 관찰할 수 있으며 이 중 삼염색체 16이 가장 흔하다. 일반적으로 삼염색체의 발생은 산모의 연령과 관련성이 높은 것으로 알려져 있는데 90% 이상에서 모계의 제1감수분열 장애로 발생한다(그림 6-1).

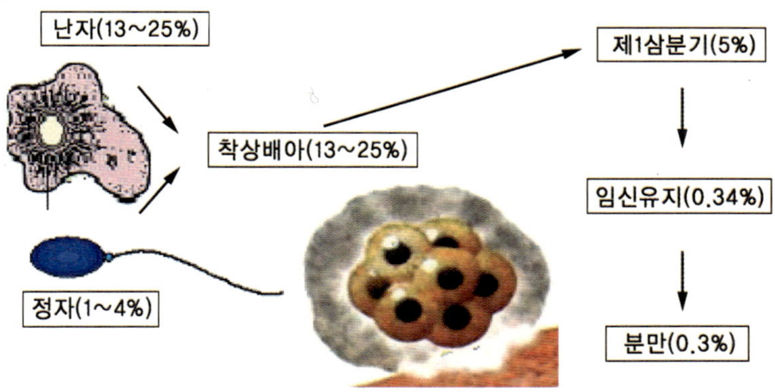

그림 6-1. 배아의 발달단계에 따른 이수성염색체 이상은 발생빈도

배수성염색체 이상은 삼배수성 이상의 핵형을 이르는 말로서 유산아에서는 삼배수성 및 사배수성이 가장 흔하다. 삼배수성의 경우 보통 69,XXX나 69,XXY가 흔한데, 인간에서 삼배수성의 기전은 두 개의 정자(dispermy)가 수정되는 경우로 알려져 있다. 부인과 질환 중 불완전 포상기태(partial hydatidiform mole)에서 삼배수성의 핵형이 관찰되어 임상적으로 흥미로우며, 여기에는 포상기태 조직에 더불어 태아조직이 존재한다. 이에 반하여 완전 포상기태에는 태아조직이 존재하지 않으며, 핵형도 정상이다. 특히 완전 포도상기태의 핵형은 정상 여자와 같은 46,XX인 것이 거의 대부분이다. 사배수성의 경우는 삼배수성에 비

하여 빈도가 낮은 편이며, 유산되는 시기도 더 빠른 것으로 알려져 있다. 평균 유산시기는 삼배수성의 경우 태령 5주, 사배수성의 경우 태령 2~3주로 보고된 바 있다.

단염색체 X는 유산아에서 단일 염색체이상으로는 가장 흔하게 나타나는데 약 80%에서 부계 기원의 염색체 손실을 발생하게 된다. 따라서 단일 X의 발생률은 산모의 연령과는 무관한 것으로 알려져 있다. 염색체의 구조적 이상은 유산아의 약 3%에서 발견된다. 이러한 이상은 새롭게 발생할 수도 있고, 균형보인자인 부모로부터 유전될 수도 있는데 각각 발생비율은 비슷한 것으로 알려져 있다. 부모로부터 유전된 전좌는 특히 습관성 유산의 중요한 원인인자가 되며, 모계로부터의 유전이 2/3, 부계로부터의 유전이 1/3을 차지한다. 그리고 일반적으로 유전적 원인과 관계없이 자연유산을 경험한 부부에서 다음 임신시 다시 자연 유산될 확률 즉 재발률은 유산횟수, 생존 자녀의 유무 등에 따라 상이한 것으로 알려져 있다. 그리고 특별한 치료를 하지 않더라도 70% 정도에서 다음 임신이 성공적인 것을 알 수 있다. 한편 3회 이상의 자연유산을 하였을 경우에도 재발률이 급격히 증가하지 않으므로 소위 습관성 유산의 임상적 개념에 이의를 제기하는 연구자도 있다.

2) 유산물의 염색체 분석시 주의점

염색체 검사가 시행되는 대상 조직이 실제 유산아의 핵형을 반영이 되느냐 하는 점이다. 유산아의 염색체 검사를 위한 대상조직이 아닌 태아 조직뿐만 아니라 태반조직도 포함된다. 따라서 만일 유산아에서 태아조직이 아닌 태반조직만으로 검사하여 비정상 핵형이 나왔다면 결과는 달라질 수 있으며, 더구나 이러한 결과를 확인 할 방법이 없다는 것이 문제이다. 그러나 융모막융모생검의 임상경험으로 미루어 태반 융모의 핵형과 실제 태아의 핵형이상일할 확률은 약 2%로 알려져 있으므로 임상적으로는 큰 문제가 되지 않을 것으로 사료된다.

3) 유전상담

과거력상 한번이라도 자연유산을 경험한 부부에게는 먼저 임상적으로 확인되는 임신사례 중 10~15%가 임신 제삼분기에 자연유산 되며, 이중 50% 정도가 염색체이상에서 기인한다는 것을 우선적으로 주지시켜야 한다. 다음단계는 자연유산의 재발률에 관하여 설명한 후 염색체 검사를 포함한 추후 검사의 임상적 필요성을 결정하여 주어야 한다. 일반적으로 양수검사에서 새로운 형태의 상호전좌가 진단되면 5~10%에서, 역위가 나타나면 10%에서 각각 태아의 표현형 이상이 동반된다고 한다. 이러한 경우 유전자 소실이 아주 미세하든지, 유전자발현에 있어서 이상이 있을 것으로 추측된다.

3. 불임관련성 염색체이상

1) 남성의 경우

X염색체와 상염색체 사이의 전좌는 X염색체 단절 부위와 관계없이 심각한 정자 형성 정지를 유발하여 무정자증을 나타내며 남성불임을 유발한다. 이는 X염색체와 상염색체간의 전좌에서 X유전물질을 포함한 X염색체의 분절이 상염색체로 전좌되고 X유전물질은 상염색체의 유전을 표현하는 요소에 결합된다. X염색체를 불활성화 시키는 요소가 전좌된 분절의 조절로부터 제거되었기 때문에 X유전불질을 포함한 전좌된 X염색체 분절은 전사상 활성을 가지고 있다. 전좌된 분절의 정상적인 X염색체 불활성화는 생식세포 분화의 유전조절을 방해하여 1차 정모세포(spermatocyte) 단계에서 감수분열 정지를 일으킨다. Y염색체 분절을 포함하는 전좌는 무정자증 인자의 전사이상, 감수분열시 비정상적인 성염색체의 짝짓기, 혹은 Y염색체상의 성을 결정하는 부위의 이상으로 인해 정자형성의 이상을 초래할지도 모른다. 무정자증 인자 근처에 있는 Yq11이 단절된 전좌는 여러 가지의 성숙정자와 Sertoli세포 만을 보이는 심각한 정자 형성 장애를 초래한다. 가상염색체 부위 내에 생긴 전좌는 정자 형성시 XY짝짓기를 방해하여 감수분열 정지를 일으킨다(표 6-2).

표 6-2. 남성 정액이상과 관련된 염색체이상

무정자증(azoospermia)	15% 정도에서 비정상적인 핵형 47,XXY(77%) 47,XXY mosaics(7%) 47,XXY mosaic 46,XX male(7%) 45,X/46,XYmosaic(30:70ratio) balanced rearrangements(7%) robertsonian translocation[der(D;D)]
정자감소증(oligospermia) (under 10 million/mℓ sperm count)	6% 정도에서 비정상적인 핵형 47,XXY(12%) 47,XXY mosaics(7%) 47,XYY(12%) 47,XYY mosaic balanced rearrangements(58%) 46,X,del(Y)(q12) new mutation 46,XY/47,XY,+marker

2) 여성의 경우

난모세포에서 난포폐쇄가 일어나지 않기 위해서는 두 개의 X염색체가 모두 존재해 있고 활동성이 있어야 한다. 터너 증후군에서와 같이 X염색체가 단독으로 있는 경우 정상적인 원시난포를 가진 정상적인 난소가 생기지만 난포폐쇄가 빨리 진행됨으로써 난소기능부전에 이르게 된다. 조기난소기능부전을 보이는 가족에서 DNA교잡분석을 해보면 X염색체의 결정적인 부분이 Xq26-27부위에 존재한다는 것을 시사한다. X염색체의 중심체부위 부분 즉 단완의 p11 밴드서 장완의 q21 밴드까지가 난소기능에 핵심적이라고 생각되어진다. 대체로 Xp11에서 Xq21에 이르는 X염색체의 어느 부분이 소실되면 일차성무월경과 선조생식선이 생긴다. 반면에 X염색체의 단완이나 장완 중 상기 부분의 원위부에 소실이 생기면 이차성무월경이 발생하거나 정상적인 임신 능력을 유지하게 된다.

무월경의 경우 염색체이상

- 무월경의 경우 30~40% 여성에서 염색체이상을 동반한다.
- 일차성무월경(primary amenorrhea)은 터너 증후군(25%), 모자익시즘(40%), 46,XY (15%) 등이 원인이 된다.
- 이차성무월경(secondary amenorrhea)은 모자익시즘, 47,XXX 증후군 등이 원인이 된다.

3) 불임과 유전상담

불임이란 임신하지 못하는 것을 의미한다. 불임의 많은 원인들을 조사하는데 있어서 염색체검사는 중요한 부분이다. 특히 무정자(azoospermia) 환자 중 12%가 비정상의 핵형을 나타낸다. 성염색체이상으로 남자는 XXY, XY/XXY와 XYY 등을 그리고 여자는 터너 증후군을 볼 수 있다. 47,XXX여성은 불임이 될 가능성이 크며 46,XX 남성과 46,XY 여성에서도 불임이 된다. 상염색체이상도 드물게 불임의 원인이 될 수 있다. 복합염색체 재배열(complex chromosomal rearrangements: CCR)은 염색체절단이 3개 이상에서 발생하여 서로 염색체전좌가 일어난 것으로 표현형은 정상이며 흔하지 않다. 그러나 복합염색체 재배열은 환염색체와 마찬가지로 정모세포의 세포분열에 장애를 일으켜 무정자증의 원인이 될 수 있다(난자발생에는 정자발생보다 적게 장애를 일으킴). 두 염색체 특히 차단부 염색체 사이에 일어나는 상호전좌와 역위도 정자발생을 억제할 수 있다. 성염색체와 상염색체 사이의 전좌 특히 X염색체의 중요지역(critical region)에 절단이 발생하였을 경우와 일부 로벋슨전좌도 불임과 관계될 수 있다. 불임환자에서 그 원인이 염색체이상이라는 것을 밝힘으로서 성공할 수 없는 불임에 관한 불필요한 치료를 피할 수 있으며 환자에게 적절한 설명을 할 수 있다는 점에서 유용하다. 불임환자가 아기를 원할 경우에는 남성 불임환자에게 정자공여(donor sperm)로 인공수정을 그리고 여성 불임환자에게는 난자공여로 체외수정시술이 적절한 방법이다. 최근의 보고에 의하면 무정자증환자의 10%가 Yq11.23부위에 결실이 있으며 따라서 이 부분에 있어야 할 YRRM 또는 DAZ유전자가 소실된다고 한다. 무정자증 환자는 이 부분에 대한 분자유전학적인 조사가 필요하다고 할 수 있다.

VII 혈액질환별 염색체 이상

1. 염색체 검사 적응증

1) 임상적 적응대상

① 임상적으로 혈액질환이 의심되고 임파절, 비장 및 간이 커져 있을 경우
② 말초혈액소견이 골수이형성 증후군 또는 백혈병을 의심케 하는 경우
③ 원인을 알 수 없는 심한 빈혈, 혈소판 감소, 백혈구 감소가 있을 경우
④ 뼈의 방사선 소견에서 혈액질환이 의심되거나
⑤ 암의 전이여부 확인하고자 할 경우
⑥ 육아종(granuloma)의 세균학적 또는 병리조직학적 검사를 목적으로
⑦ 저장병(storage disease)나 골질환의 진단
⑧ 빈혈, 백혈병 등의 치료효과와 예후 판정
⑨ 다발성골수종의 진단이나 면역글로불린의 이상이 있는 경우
⑩ 철결핍성빈혈, 거구성빈혈 등 혈액질환의 추적검사, 골수배양, 세포유전학적검사

2) 주의해야 할 대상

혈우병(hemophilia) 환자에서는 응고인자를 보충해주고 실시하여야 하며, 그러나 혈소판감소증에 대해서는 혈소판수가 아무리 낮아도 골수검사를 시행할 수 있다.

2. 혈액질환에서의 염색체 변화

1) 특이적

(1) t(15;17)

급성전골수구성백혈병에 매우 특이적인 염색체 결함으로 90~100%에서 관찰되므로 진단에 도움이 된다.

(2) 단염색체 5와 5q-

염색체 결함5q-(절단점 5q31-5q35) 또는 (5q25-5q35)는 골수이형증과 급성골수성백혈병때 단독 소견을 보인다. 간혹 급성아림프구성백혈병과도 관련되어 보고되기도 한다.

(3) 단염색체 7과 7q-

단염색체 7은 모든 범주의 혈액질환에서 나타날 수 있으나 이차성이형성증에서 좀 더 자주 관찰된다. 혈액학적 소견상 범혈구감소증(pancytopenia), 체세포성골수(hypocellular marrow)에서 특징적이며 혈액질환과는 관계없이 예후가 불량한 것으로 알려져 있다. 특히 7q-(7q11.2)는 골수이형성 증후군에서 흔히 발견되는 변화로 부위에 밝혀진 종양억제유전자는 존재하지 않지만 이형접합자의 결손과 연관되는 종양억제유전가 존재할 것으로 추정된다.

(4) Philadelphia

Philadelphia[t(9;22)]전형적인 Ph와 Ph변이 사이의 예후의 차이는 없으며, Ph염색체는 흔히 동반되는 염색체 개수 변화로는 Y염색체의 완전소실, 8번 염색체의 삼염색체, 7번 염색체의 완전소실 등이 있다. Ph양성 클론이 지속되는 것이 일반적이므로 Ph양성 만성골수성백혈병에서 세포유전학검사는 향후 악성클론의 이차적인 염색체 결함이 추가되는지 확인하거나, 골수이식 전 항암요법을 받았을 경우 세포유전학적 관해를 보고자 할 때 추적 검사로 필요하다. 만성골수성밸혈병이 만성에서 급성으로 이행할 경우 환자의 약 70~80%정도에서 기존 Philadelphia염색체외에 추가적인 염색체변화양상을 보이며 그러한 변화로는 등완염색체 17, +19과 상염색체 8 등이 있으며 특히 만성골수성백혈병 아종 환자의 약 70%정도에서 이러한 4가지 중 하나의 염색체변화가 나타난다고 보고되어 있고 나머지 약 15% 정도에서 -7, -17, +17, +21, -Y, t(3;21)(q26;q22) 등의 변화가 나타난다. 또 이렇게 악성으로 변화를 보이는 경우 추가적 염색체 변화가 없는 경우보다 예후가 나쁘다고 알려져 있다(그림 7-1).

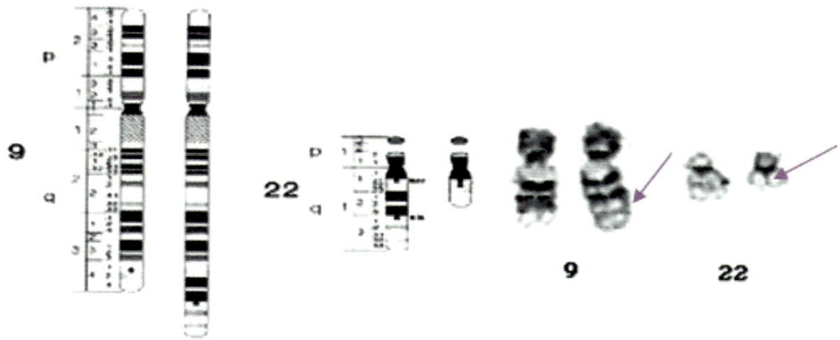

그림 7-1. 만성골수성백혈병에서 특이적으로 나타나는 Philadelphia염색체 t(9;22)

(5) 11q염색체 이상

11번 염색체의 이상은 급성림프아구성백혈병, 급성골수성백혈병, 악성림프종, 혼합백혈병의 일부에서 나타나는 염색체이상으로 이러한 변화가 있을 경우 혼합백혈병의 경우는 단염색체성의 특징을 지니는 경우가 많다.

(6) t(4;11)

염색체 4번과 11번간의 t(4;11)는 급성림프구성백혈병의 약 8%정도에서 나타나며 급성의 미분화백혈병환자의 상당수에서 나타나는 것으로 알려져 있다.

(7) t(9;11)

t(9;11)(p12;q23)은 매우 불량한 예후 인자이며 치료도중 재발하는 경향이 있다. 염색체 11q23은 분자유전학적으로 mixed lineage leukemia(MLL) 유전자가 코딩되어 있는 위치로, MLL유전자는 11q23이상을 지닌 급성백혈병의 90%이상에서 그 이상이 증명되며 불량한 예후의 지표이다.

(8) t(8;14)

t(14;19)는 현재까지는 만성림프구성백혈병에서 주로 나타나는 변화로 보고되어 있다.

특히 Burkitt 림프종과 급성림프구성백혈병의 L3 형의 경우 100%에서 8q24를 포함하는 염색체이상이 관찰된다. 이 중 t(8;14)(q24;q32)가 85%로 가장 많고, 이의 변이형인 t(8;22)(q24;q11)이 10%, t(2;8)(p12;q24)가 5%를 차지하며, 각각은 전체 악성림프종과 급성림프구성백혈병에서 5%, 1%빈도로 발견되는 매우 드문 염색체이상이다. 그리고 이들의 전위는 매우 불량한 예후 인자가 된다(그림 7-2).

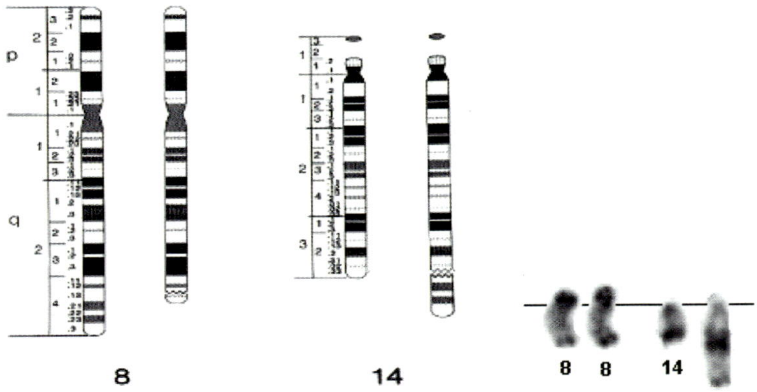

그림 7-2. 만성림파구성백혈병에 특이성을 보이는 t(8;14)

(9) t(8;21)

8번과 21번 염색체의 전좌은 급성골수성백혈병환자의 15~30%에서 나타내며, 환자의 평균 연령이 25~30세로 비교적 젊은 나이가 많은 것으로 보고되어 있다.

(10) inv(16)

inv(16)(p31;q22) 혹은 16q22가 관련된 염색체이상은 전체 급성골수성백혈병의 약 2%에서 관찰된다. 특히 급성골수성백혈병 M4Eo의 경우 50% 이상에서 발견된다고 하며, 이것이 유일한 이상일 경우에는 양호한 예후인자로 알려져 있다. 삼염색체 22는 급성골수성백혈병에는 드문 이상 소견이나 inv(16)과 그 변이가 있는 경우 흔히 같이 동반되는 소견이다.

2) 비특이적

비특이적 염색체이상은 혈액질환에서 자주 발생된다. 이러한 비특이적 염색체이상도

혈액질환의 진단과 예후, 그리고 치료방향을 결정하는데 중요한 지표가 될 수 있다.

(1) del(12)(p11), (p11p13), t(12)(p11)
(2) add(14)(q32) 또는 14q+
(3) 단염색체 7
(4) 삼염색체 8
(5) 삼염색체 21
(6) -Y
(7) i(17q)

3. 염색체분석의 임상적응용

혈액질환에서의 이상염색체의 관찰은 임상적으로 매우 중요하다. 특히 Philadelphia 염색체의 존재여부로 만성골수성백혈병과 다른 골수증식성 질환이 감별되며, 인터페론(interferon) 치료나 동종골수이식 후 백혈병세포가 잔존해 있는지를 알리는 중요한 지표가 된다. 이밖에도 다양한 염색체이상은 임상적으로 중요하다.

1) 양호한 예후군

t(8;21)/t(15;17)/inv(16)/t(16;16)/t(9;11)등은 유지강화요법(Intensive consolidation chemotherapy)으로 치료될 수 있다. 첫 관해상태에서 골수 이식을 시행하지 않고 2차 재발이 온 다음에 골수이식을 생각한다.

2) 불량한 예후군

5번이나 7번 염색체이상의 급성골수성백혈병과 t(9;22)/t(4;11)/t(8;14)를 가진 급성림프아구성백혈병은 상대적으로 예후가 나빠 보편적인 화학요법은 치료효과를 얻지 못하므로 1차 관해가 나타나면 곧 골수이식을 준비하게 된다.

VIII 염색체 분석

1. 염색체분석에 필요한 기구

1) 염색체영상분석장치

과거의 염색체 핵형분석작업은 현미경사진촬영, 현상, 인화, 사진 오려 붙이기 등의 과정을 거쳐야 했으므로 세포배양과 세포수집 후에도 많은 시간과 노력이 필요하였다. 그러나 최근 대부분의 세포유전학 실험실에는 염색체핵형분석을 위한 컴퓨터인 염색체영상분석장치(chromosome image processing system)를 이용함으로써 염색체 핵형분석이 보다 정확하고 신속하게 이뤄질 수 있다. 염색체영상분석장치(그림 8-1)의 구성은 광학현미경(100~1,000배), 컴퓨터, 프린터, CCD 카메라로 구성되어 있다. 이러한 염색체영상분석장치의 기능은 현미경하 중기상이미지를 현미경과 연결된 CCD 카메라를 통해 바로 염색체영상분석장치에서 영상 획득 및 이미지 처리, 핵형 분석, 결과지 편집 및 출력 등을 수행한다. 그러나 유념해야 할 사항은 이러한 염색체 영상영상분적장치는 자동염색체 분석장치가 아니므로 반드시 전문가의 검정과정을 걸쳐야 한다. 현재 상용화된 염색체영상분석장치로는 국내에서 개발된 GenDix사의 CHIPS와 국외 Applied Imaging사의 CYTO-VISION, PSI사의 PSI system 등이 있다.

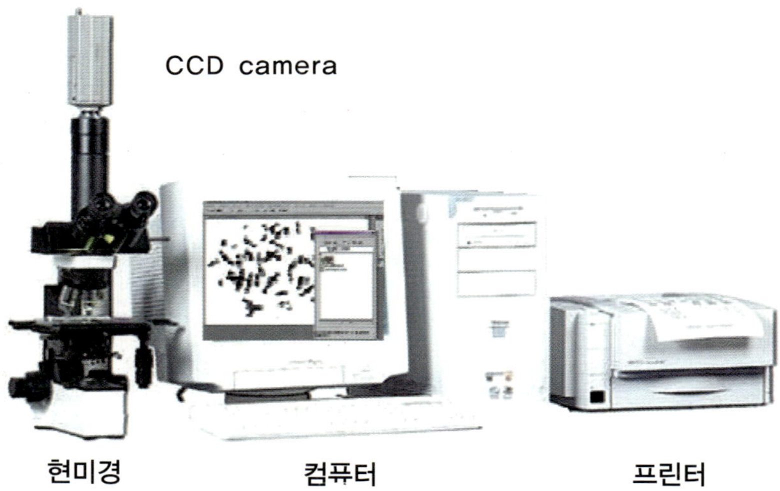

그림 8-1. 염색체영상부석장치의 구성. 광학현미경, 컴퓨터, 프린터, CCD camera로 구성되어 있다.

염색체영상분석장치 작업

염색체영상분석장치(GenDix's CHIPS)의 주기능은 이미지 영상획득(capture)과 처리(image process)작업이라고 할 수 있다.

(1) 주 화면(main window)

주 화면은 프로그램 사용을 위한 메뉴 막대와 기본 도구 막대[Standard Toolbar], 조작 도구 막대[Control Bar], 상태 막대[Status Bar], 이미지 창으로 구성되어 있다. 기본 도구 막대와 조작 도구 막대는 자주 사용하는 단축 아이콘들로 구성되어 있다. 도구 막대들은 메뉴[View-Toolbars]를 이용하여 필요에 따라 나타내거나 숨길 수 있다.

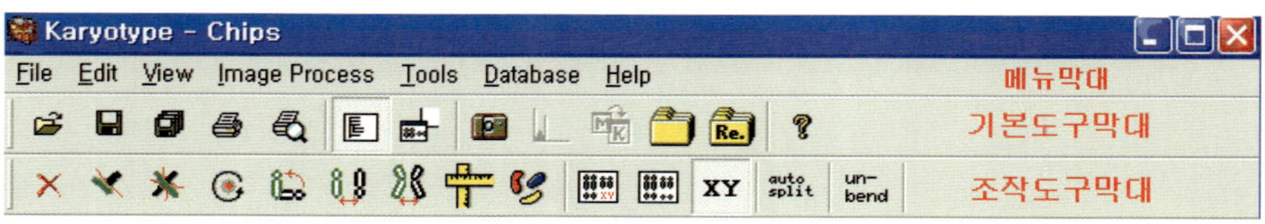

〈 주화면 창 〉

(2) 기본도구 막대(기본 영상처리)

각 아이콘은 이미지열기[open], 부분작업저장[save sur phase], 전체 작업 저장[save all], 인쇄[print], 인쇄 미리보기[print preview], 탐색창[navigator], 작은 이미지 창[small view], 영상 획득[capture], threshold[threshold], 핵형인식[karyotyping], 데이터베이스[patient library], 결과 입력[patient result] 순으로 구성되어 있다.

- 영상 획득[Capture]

이러한 4가지 이미지를 만드는 첫 번째 과정인 현미경으로부터 영상을 획득할 때 사용한다. 영상을 획득하기 위해서는 먼저 환자의 기록과 영상이 생성되어 있어야 한다. 영상 획득을 실행하면 그림 8-2와 같이 '영상 획득[image capture]' 대화 상자가 열리고 획득된 상을 기능에 따라 조작하고 저장하여 분석하기 위해서는 가장 좋은 영상을 획득할 수 있도록 해야 한다.

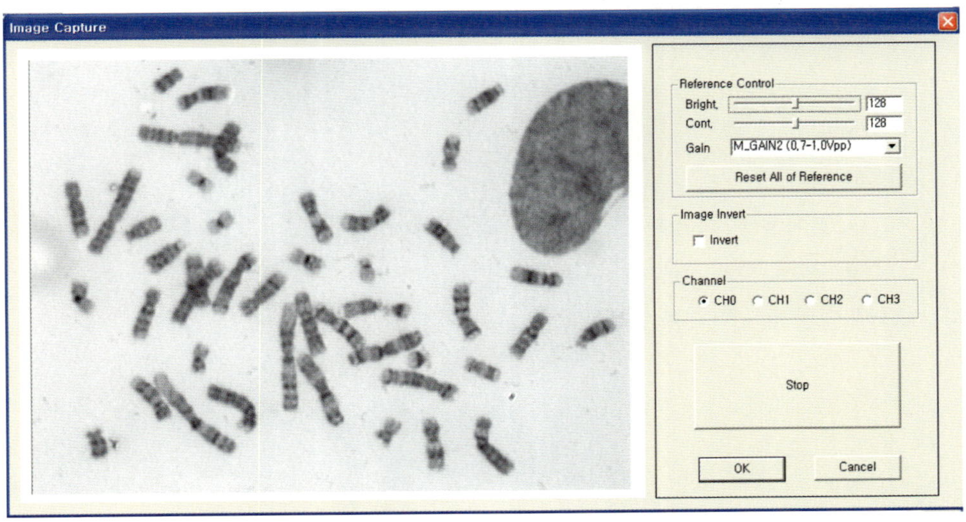

그림 8-2. 영상획득창(image capture)

- threshold

영상획득(capture)된 영상을 조절하는 기능으로 raw image에서 밝기, 대조로 이미지를 조절하여 염색체를 분리해 내는 기능이다. thresholding, brightness and contrast 탭을 각각 선택하여 이미지를 조절할 수 있으며 조절할 때마다 실시간으로 이미지의 변화를 볼 수 있다.

- 핵형인식[Karyotyping]

중기상(metaphase)를 핵형으로 인식변환시키는 과정이다. 한번 변환이 되면 컴퓨터가 염색체의 위치를 모두 기억하므로 핵형를 삭제한 후에 변환을 하더라도 이전과 동일하게 변환된다.

(3) 이미지 처리(image process)작업

이미지처리 작업은 핵형분석작업으로 중요한 의미가 있다. 즉 중기상이미지를 핵형이미지로 조작하여 핵형분석 보고서를 만드는 과정이라고 할 수 있다.

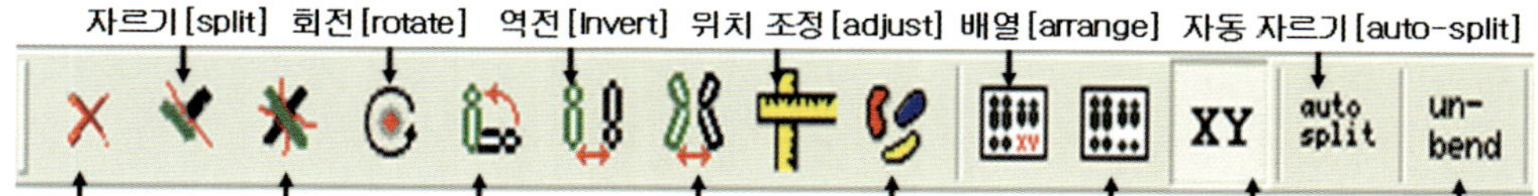

〈조작막대도구〉

- 삭제[delete]

염색체를 삭제하는 기능이다. 중기상(metaphase), 핵형에서 염색체를 선택한 후에 삭제 기능을 실행시키며, 염색체가 아닌 이물질등도 삭제할 수 있어 보다 깨끗한 영상을 만들 수 있다.

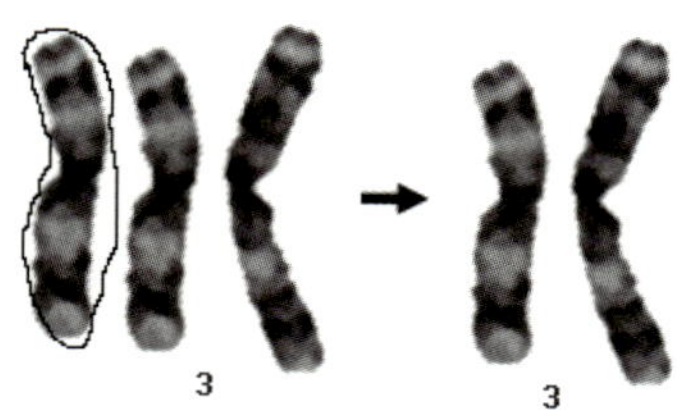

삭제(delete)

- 수동자르기[split] 및 자동 자르기[Auto-split]

자르기는 인접해 있는 서로 다른 염색체가 하나로 인식될 때 염색체를 분리하는 기능으로 수동자르기는 사용자기 선택하여 자르는 것으로 자동자르기보다 더 정확도를 요하는 경우에 주로 쓰이며, 자동 자르기는 염색체를 자동으로 분리하는 기능으로 인접한 염색체와 확연하게 구분 가능한 경우에 주로 쓰이며, 여러 개를 한꺼번에 선택하여 자르기도 가능하다.

자르기(split)

- 중첩[overlap]

대부분 중기상의 염색체에는 1개 이상의 중첩현상이 존재한다. 이러한 중첩으로 겹쳐진 중기상염색체를 중첩자르기 기능을 통해 두 개의 염색체로 복원하여 분리해 내는 기능이다.

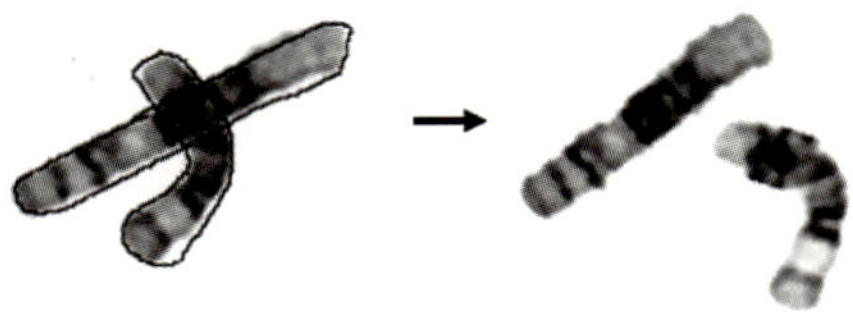

중첩[overlap]

- 회전[Rotate] 과 세우기[Erect] 그리고 역전[Invert]

모두 공통적으로 염색체를 회전시켜 비스듬하거나, 역방향으로 되어 있거나, 상하방향을 바꾸어져 있는 것을 정 방향으로 회전시키는 기능이다.

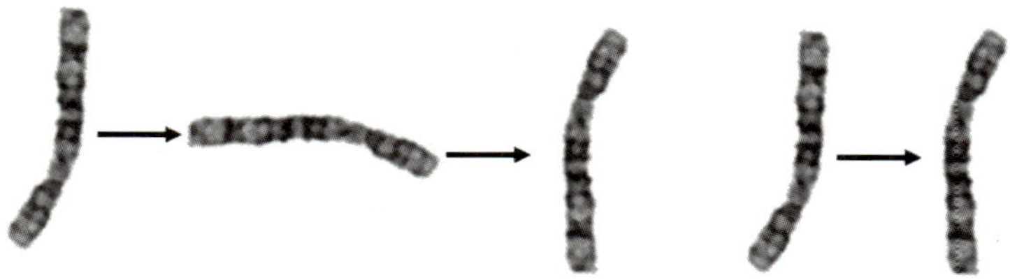

회전[rotate] 과 세우기[erect] 그리고 역전[invert]

- **좌우 뒤집기[reflect]**

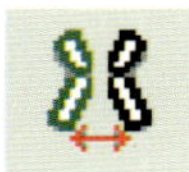

좌우 뒤집기는 핵형 이미지에서 염색체들을 좌우로 뒤집는 기능으로 두 개의 상동염색체를 서로 비교분석할 때 필요한 방향으로 돌려 서로 비교 분석이 용이하도록 하는 기능이다.

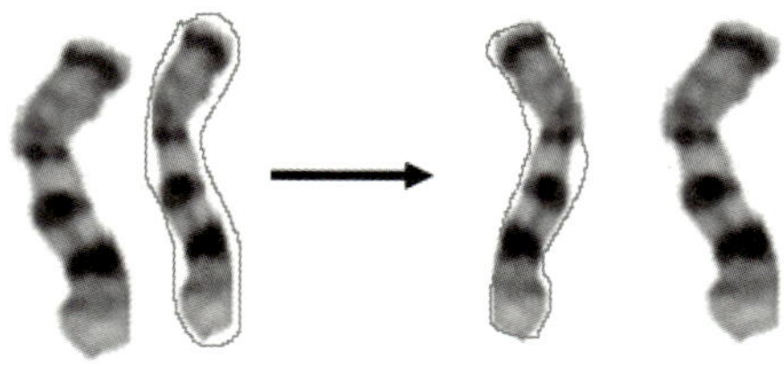

좌우 뒤집기[reflect]

- **펴기[un-bend]**

구부러진 염색체를 펼 때 사용하는 기능으로 핵형이미지에서 주로 사용하게 되는데 특별한 경우가 아니면 사용할 필요는 없다. 염색체핵형분석은 염색체 모양 그대로에서 분석하는 것이 좋다.

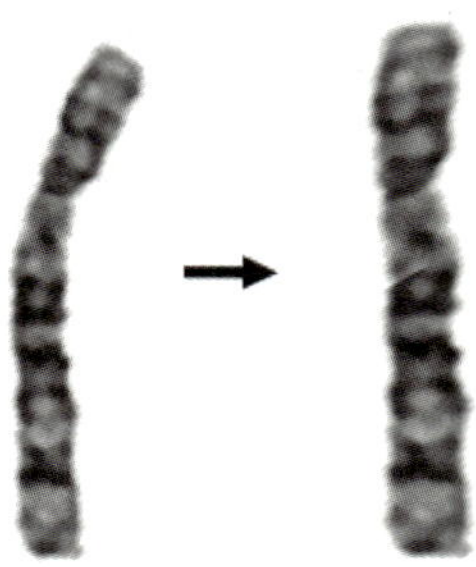

펴기[un-bend]

- 위치 조정[adjust]

위치 조정은 염색체의 동원체(centromere)를 맞추도록 하는 기능이다. 핵형 이미지에서 보다 좋은 이미지와 염색체분석시 기준점이 되는 동원체의 위치 맞춤은 반드시 필요하다.

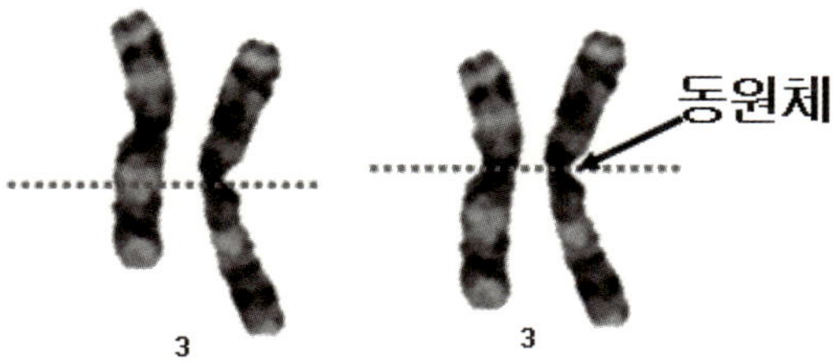

위치 조정[adjust]

- 색 입히기[Coloring]

색 입히기는 중기상(metaphase), 핵형 이미지상에서 염색체들의 분리 여부를 확인할 수 있는 기능이다. 염색체가 여러 개 뭉쳐 있으면서 같은 색으로 표현되면 서로 붙어 있음을 나타내고, 여러 색으로 표현되면 서로 떨어져 있음을 나타낸다.

색 입히기(coloring): 서로 겹친염색체(좌) 서로 분리된 염색체(우)

- 배열[arrange] 및 재배열[reset]

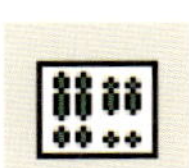 

배열은 이미 사용자가 위치를 바꾼 염색체들의 위치를 고정한 후, 정확히 번호가 맞지 않는 경우 정확한 번호에 맞도록 배열하는 기능이다.

재배열은 염색체들의 배열을 초기화하는 기능이다. 초기화를 실행하면 기존에 배열된 번호, 그룹이 완전히 초기화되어 염색체들을 크기 순서대로 다시 배열한다.

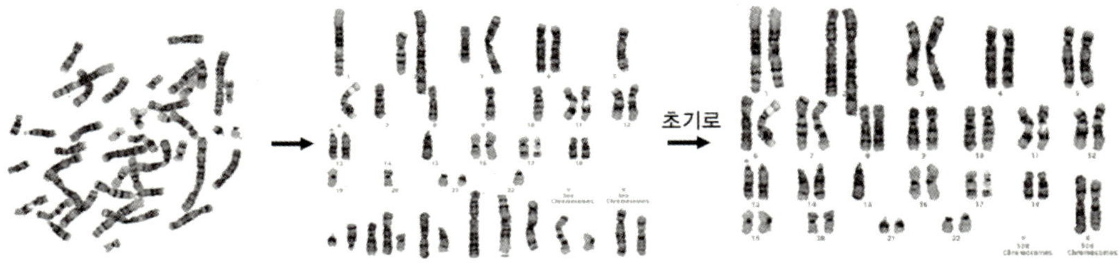

중첩[overlap]

- 성염색체[sex chromosome]

성염색체 기능은 성염색체를 숨기는 기능으로 성염색체들을 보이지 않게 할 수 있다. 기능을 다시 선택하면 성염색체들이 나타나며 핵형에서만 사용이 가능하다. 특히 이 기능은 산전 양수나 융모염색체검사에서 핵형의 성별을 법으로 부모에게 알려주지 않아야 하므로 핵형보고시에도 제외해야 하므로 설정된 기능중 하나이다.

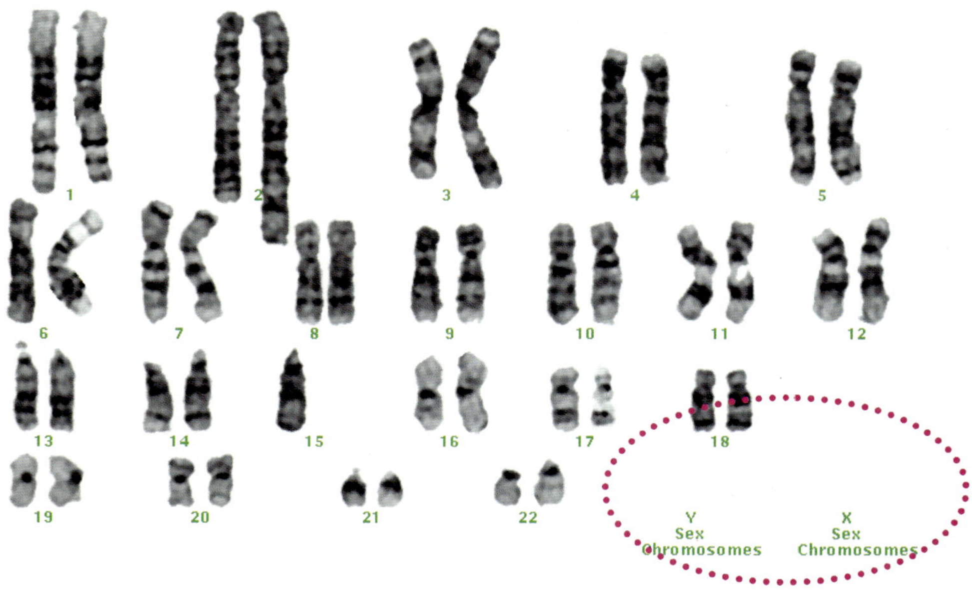

성염색체[sex chromosome] 제거

- 확대 보기[zooming] 및 염색체 세기[count chromosomes]

확대 보기는 중기상(metaphase), 핵형 이미지 등을 두 배로 확대하여 보여주는 기능, 염색체 세기는 metaphase에서 염색체의 수를 수동으로 세는 기능 등이 있다.

(4) 영상출력

데이터베이스화된 환자의 기록등과 함께 핵형 분석자료가 출력된다.

Chromosome analysis report

<table>
<tr><td colspan="5">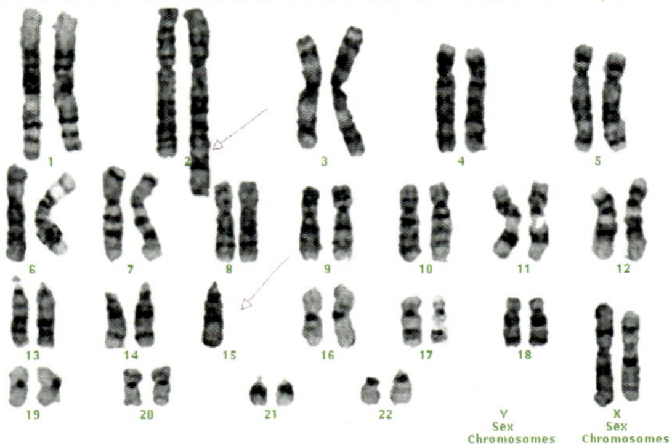
</td></tr>
<tr><td colspan="2">Name:(age)</td><td colspan="2">강OOF(10w's)</td><td rowspan="5">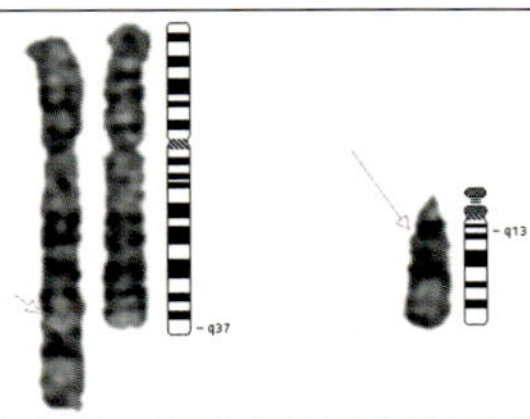</td></tr>
<tr><td colspan="2">Hospital No.</td><td colspan="2">06-00000</td></tr>
<tr><td colspan="2">Address</td><td colspan="2"></td></tr>
<tr><td colspan="2">Specimen</td><td colspan="2">CVS</td></tr>
<tr><td>Lab No.</td><td>13113</td><td>Room No.</td><td>opd</td></tr>
<tr><td colspan="2">Culture day</td><td colspan="2">2006년2월07일</td><td rowspan="4">Analysis from GTG-banding(400-500 banding Resolution)
Total cell study: 20cells
Karyotype: 45,XX,der(2)t(2;15)(q37;q13)</td></tr>
<tr><td colspan="2">Report day</td><td colspan="2">2006년2월17일</td></tr>
<tr><td colspan="2">Requested by</td><td colspan="2">OOOMD</td></tr>
<tr><td colspan="2">Reported by</td><td colspan="2">OOOMD</td></tr>
<tr><td colspan="2">Technologist</td><td colspan="2">OOOMT</td><td>Culture comments:
모든 분열세포에서 der(2)t(2;15)(q37;q13)이 나타납니다. 이러한 핵형의 경우는 15번 염색체 partial (q14-qter)이 2번 염색체로 전좌된 경우로 15번 염색체의 partial(pter-q13)이 monosomy가 되어 모계에서 기인된 경우는 Angelman syndrome, 부계에서 기인된 경우는 Prader-willi syndrome이 발생할 것으로 사료됩니다.</td></tr>
<tr><td colspan="5">세포유전학적진단: 현미경하에서는 미세한 염색체 결함이나 유전자수준에서의 이상을 발견하지 못하였을 가능성을 배제할 수 없다.
OO병원 세포유전학실</td></tr>
</table>

2) 도립현미경

도립현미경(Inverted microscope)은 배양용기(플라스크, 배양접시 등) 내에 배양하고 있는 세포를 관찰하기 위하여 광원이 위에 있고, 대물렌즈가 아래에 있는 도립현미경을 갖추는 것은 세포배양에서는 반드시 필요로 한다. 배율은 40~400배 정도라면 적당하다(그림 8-3 A).

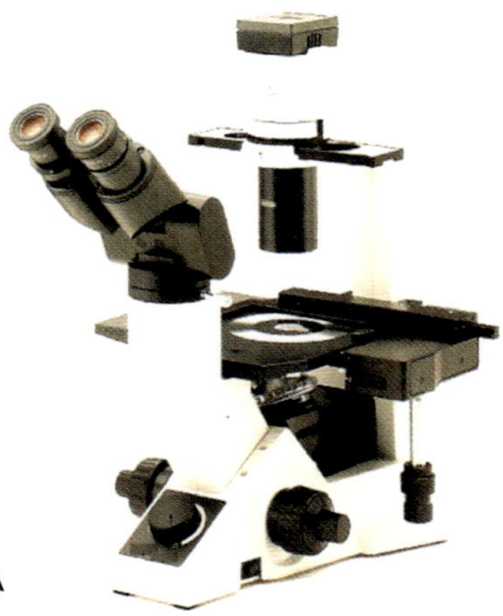

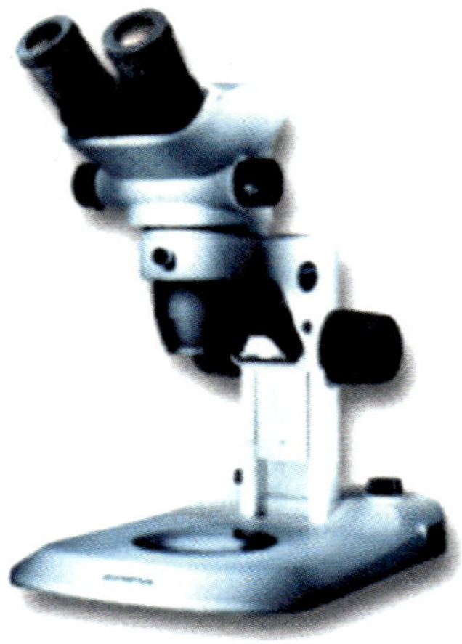

3) 입체현미경

입체현미경(Zoom Stereo Microscope)은 낮은 배율(100배 이하)에서 조직 관찰 등에 필요하며, 특히 세포유전학실에서는 융모막융모에 부착된 자궁내막탈락조직 등을 제거하는 과정에서 사용된다(그림 8-3 B).

4) CO_2 배양기

동물 세포 배양 기간 동안 배양액은 pH가 일정 수준으로 유지되어야 한다. 일반적으로 배양액의 한 성분인 $NaHCO_3$와 CO_2 기체와의 평형에 의해 배양액의 pH가 조절된다. 따라서 동물 세포 배양에는 CO_2 배양기가 필수적이다. 세포배양에 사용되는 CO_2 배양기의 대부분은 water jacket형으로서 문의 개폐에 따르는 온도변화가 작고 복귀속도도 빠르다.

배양기 내부 가장 아래에는 배양액의 습기 증발을 막기 위해서 가습통(vat)이 있어야 하며 늘 멸균수를 채워 넣어 내부 습도를 100%(90% 이상)로 유지한다. CO_2 배양기는 고온다습하여 잡균의 오염 가능성이 크다. 따라서 무균 상태를 유지하도록 주의해야하며 자주 청소할 필요가 있다. 배양기의 내부는 1% sodium dodecyl sulfate(SDS)로 닦고 건조시킨 후 70% 에탄올로 다시 한 번 닦아낸다. 또한 가습용 통의 물은 멸균수를 사용하고 방부제로 methyl p-hydroxybenzoic acid를 적당한 양으로 첨가하면 좋다.

5) 초음파세척기

초음파세척기(utrasonocleaner) 세척물을 수조에 침적시켜 초음파를 방사하여 세척하는 방식으로, 특히 배양액 제조용 유리기구 세척 등에 필수품이며 이때 사용하는 물은 반드시 증류수나 정류수를 사용하며 세척제로는 10% 7X 용액 등을 사용한다.

6) 무균작업대

무균작업대(clean bench)는 무균조작을 위한 작업대이며, HEPA 필터 및 송풍기를 사용하여 무균공기를 항상 내부로 보낸다. 무균작업대 내부에는 형광등과 자외선 살균등이 설치되어 있어야 하며, 사용 전 후에는 작업대를 70% 알코올로 닦아야 한다. 무균작업대 내에는 세포배양에 필요한 여러 장비, 즉 autopipettor, aspirator(배양액을 원심분리한 후 배양 상청액을 흡취하는데 사용한다), forceps, micropipetter, burner, pipette등을 둔다. 일반적으로 버너는 피펫과 배양용기의 입구를 화염멸균할 때 사용한다. 배양액을 흡입해 낸 후의 세포에 직접 자외선이 닿으면, 짧은 시간이라도 DNA가 손상을 입어, 세포가 죽는다. 배양접시 뚜껑이나 배양액을 통과하여 세포에 자외선이 미치는 경우는 없지만, 배양액의 성분이 분해되어 변질 될 수 있다. 그러므로 자외선 등의 작동은 작업시는 사용하지 않는 것이 인체의 피해나 세포의 피해를 막을 수 있다.

7) 증기멸균기

증기멸균기(autoclave)는 주로 프라스틱 용기나 액체를 소독할 때 사용하며, 사용 전에는 증기멸균기 압력용기 바닥의 물량을 확인한다. 물량을 확인하는 센서는 물의 전도율을 인식하여 작동하므로 증류수인 경우 물이 없는 것으로 인식하므로 수돗물을 넣는다. 소독과정은 온도를 121℃로 설정하여 15분 동안 작동시킨다.

8) 초순수 물 제조장치

동물세포의 배양액 제조에 사용하는 물의 순도는 매우 중요하다. 그러므로 동물세포를 실험할 때 사용하는 물을 고도로 정제하는 장치는 필수품이다. 그러나 현재는 주당 1회 정도 소독의 번거러움과 사용되는 소모품들이 고가여서 상품화된 2차 증류수이상의 물을 구입하여 사용하고 있다. 기구의 세척 등에 필요한 물은 일반용 정수기를 사용하는 방법도 있다.

9) 액체질소 보존통

세포의 장기 보존을 위해서는 액체 질소 보존통(LN$_2$ tank)이 필수품이다. 액체 질소 보존법에는 액체 질소 용액 내 보존(－196°C)과 액체 질소 증기 내 보존(-120°C)이 있다. 액체질소 용액 내 보존은 액체질소가 동결앰플 내에 침투할 경우 바이러스 등의 오염의 원인이 되고, 해동시에는 앰플 내의 액체질소가 기화하여 폭발할 위험이 있다. 이러한 이유로 액체질소 용액 내에 보존을 할 경우 냉동용 시험관을 사용하든가, 유리앰플에 봉합하여 사용하는 것이 바람직하다. 액체 질소 보존법은 거의 반영구적으로 보존이 가능하지만 일년에 한번은 해동하여 배양하고 다시 동결하도록 한다. 액체질소는 기화하여 감소하기 때문에 정기적으로 보충할 필요가 있다.

10) 배양용기

배양용플라스틱제 용기는 특수한 경우를 제외하고는 일회용을 이용하는 것이 세척, 멸균 작업등을 줄일 수 있는 장점과 오염원을 차단할 수 있다. 세포배양에 사용되는 용기는 배양접시, 플라스크, microwell plate 등으로 다양한 크기와 형상이 있으며 각각의 특징을 가지고 있다.

2. 샘플 채취

염색체검사는 샘플채취부터 세포배양(cell culture), 세포수집(harvest)과정으로 불리는 중기상유도(metaphase), 저장액처리(hypotonic solution), 세포고정(cell fixation), 슬라이드제작(슬라이드 making), 염색(staining)을 실시한다. 그리고 검경과정으로는 광학현미경 100배를 이용하여 알맞은 중기상세포를 선택하고 1,000배에서 염색체분석을 실시하며, 염색체영상분석장치를 통해 염색체지도를 완성하여 보고하는 과정을 걸친다(그림 8-4).

1) 샘플 종류

(1) 혈액질환 및 유전질환 샘플

① 골수

가장 좋은 골수샘플은 종양세포를 포함하는 것이다. 특히 악성림프종의 경우에는 침윤된 림프절생검조직이 가장 적절하다. 골수샘플은 골수증식성질환과 골수이형성 증후군, 만성림프구성백혈병과 급성백혈병을 가진 환자에서 필요하며, 만성림프구성백혈병과 피부 T세포 림프종인 경우에는 말초혈액 샘플이 더 유용하다. 무혈천자샘플인 경우에는 골수생

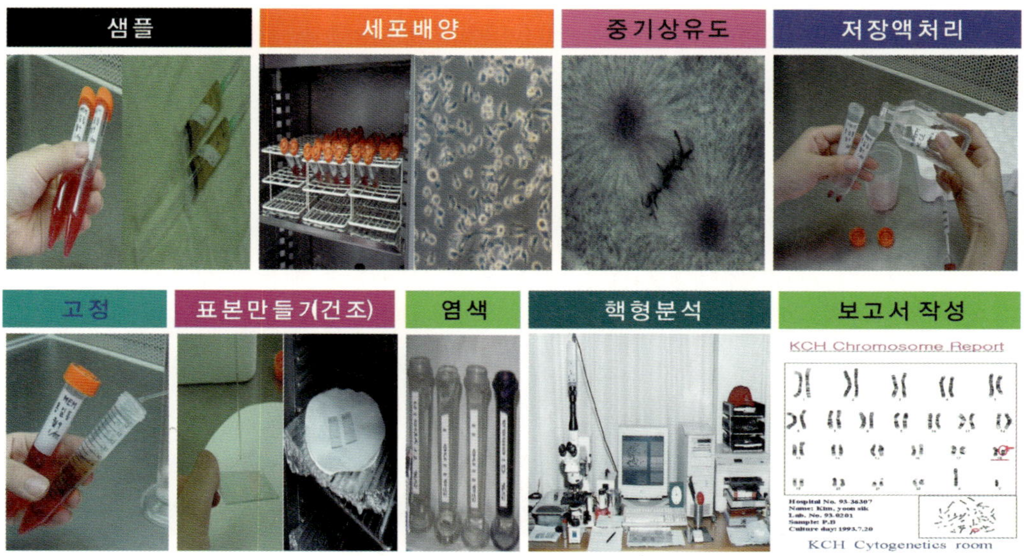

그림 8-4. 염색체검사 과정. 염색체 검사 보고서 작성까지는 혈액샘플의 경우 약 7~10일, 조직샘플(양수, 융모, 태아조직 등)의 경우는 약 10~15일 정도가 소요된다.

검이나 말초혈액 샘플로 염색체 검사를 할 수 있다. 골수를 침범한 질환일 경우는 골수샘플이 말초혈액 샘플보다 좋다. 혈액샘플의 단지 60% 정도만이 적절한 세포분열 중기 세포를 얻을 수 있으므로 일반적으로 95% 이상이 염색체 검사에 적절한 샘플을 제공해 주는 골수샘플이 진단적으로 보다 민감하다. 염색체 분석에서 혈액은 주로 상당히 진행된 질환에서 유익하며 골수를 이용할 수 없는 경우에 마지막 수단으로서 이용하는 것이 좋다.

배양을 위한 골수샘플은 1.0~2.0㎖ 정도면 적당하다. 대부분의 경우 0.25~0.50㎖ 이상이 있으면 성공적인 염색체 검사가 이루어 질 수 있다. 샘플은 살균 소독된 방법으로 얻어서 항응고제가 든 플라스틱 용기에 넣는다. 특히 골수샘플의 염색체 검사에는 신선한 샘플이 유용하므로 만약 골수샘플을 먼 거리의 세포유전학 검사실로 보내야 된다면 운송방법에 특별한 주의를 요한다. 일반적으로 골수세포는 배양조건과 처리되는 화학약품에 매우 민감하게 반응하기 때문에 주로 1~2일간의 짧은 배양기간을 통해서 세포 분열주기를 동시화(synchronization) 시키는데 주력하고 있다. 또한 골수세포는 분열 능력이 있기 때문에 배양하지 않고도 분석을 시행하는 직접법(direct)과 단기(short term) 배양법을 동시에 시행할 수 있다.

일반적으로 자체검사를 실시하는 병원에서는 골수 1.0~2.0㎖을 항응고제(sodium heparin 300IU)가 들어 있는 전 배양(preincubation)된 혈청이 들어있지 않는 배양액 10㎖에 혼합한 다음 바로 원심분리(경우에 따라서는 신선한 배양액으로 2~3회 더 실시)하여 배양하거나, 70% percoll용액으로 450×g에서 30분간 원심처리하여 골수세포만을 추출하여 배양에 이용할 수 있다.

② 말초혈액

적당량의 항응고제가 들어 있는 시험관에 말초혈액을 넣고 혼합하여 응고되지 않도록 한다. 경우에 따라서는 주사기에 직접 항응고제를 처리한 후 샘플을 채취한다. 말초혈액 중 염색체 분석을 위해서는 림프구(lymphocytes)라고 불리는 단핵구(mononuclear leukocytes)를 이용한다(표 8-1). 정상적인 말초혈액의 경우 백혈구 35% 정도가 림프구이다. 이중 55~75% 가량이 T-림프구이고, T-림프구가 PHA의 자극을 받아 DNA합성을 시작하고 세포의 분열증식이 일어난다. 채취한 혈액은 당일에 배양하지 못할 경우는 2~4℃에서 4~5일 정도 보관 후에도 배양이 가능하나 6일 이상 된 혈액은 사용하지 않는 것이 좋다.

표 8-1. 혈액량에 따른 항응고제량

	헤파린용량(1,000IU/mℓ)	혈액량
성인	0.02ml	1~2.0ml
어린이	0.02ml	0.5~1.0ml
신생아(발뒤꿈치)	헤파린 처리된 capillary 시험관 4개	

(2) 산전 염색체 검사 샘플

현재 다양한 샘플을 통해 산전 태아의 세포유전학적검사가 임신주수에 맞는 샘플을 이용하여 임상적으로 이용되고 있다(그림 8-5). 임상적으로는 착상 전에 유전질환 검사는 선천적 유전질환을 가진 경우에 한해 제한적으로 이용되고 있으며, 방법으로는 분열된 배아세포 난할 일부를 추출하여 FISH법을 이용하여 유전자 검사를 하는 방법이 사용되고 있다. 착상 후 산전임신유전질환의 검사를 위한 샘플로는 융모(임신 9~12주), 양수(16~20주), 태아제대혈(16주 이상)이 이용되고 있으며, 산모의 혈액에 존재하는 태아유핵적혈구(임신 12~18주 적기)를 이용한 유전자 이상과 혈장에 녹아 있는 DNA의 성분을 조사하여 검사하는 방법 등이 이용되고 있으나 검사상의 어려움과 검사결과에 대한 평가의 어려움이 있어 임상적용은 어려운 실정이다.

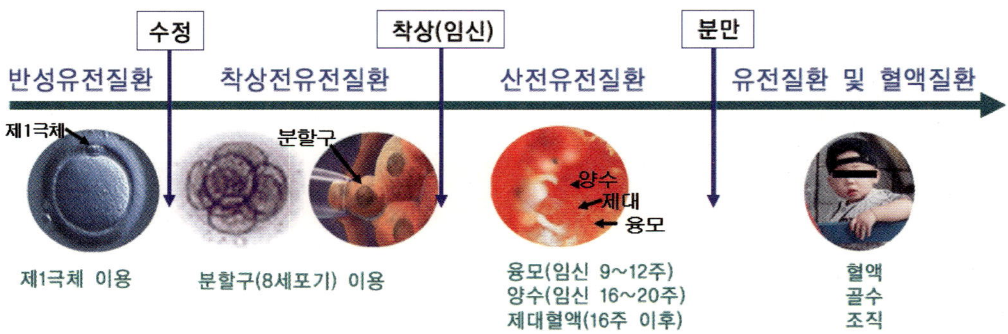

그림 8-5. 염색체검사 진단가능 시기에 따른 샘플의 종류. 반성유전질환이나 착상전유전질환의 경우는 FISH법을 이용하며, 산전유전질환이나 혈액질환 등의 경우는 일반적 염색체검사법이나 FISH법 그리고 분자유전학적검사법 등이 이용되고 있다.

① 양수천자

양수천자(amniocentesis)는 양수 중 생존 세포의 비가 최대이며, 양수를 안전하게 채취할 수 있는 만큼의 충분한 양수(200~250 ㎖)가 생성되어 있는 임신 16~18주에 시행하는 것이 가장 좋으나 임신 전반기(13~15주)나 후반기(20~30주)에도 시행할 수 있다. 양수천자에 의해 흡입된 양수는 노랗고 투명한 액체와 세포성분으로 임신초기에는 양막, 태반의 융모간강(intervillous space), 각질화가 일어나기 전의 태아피부를 통해 모체혈류로부터 유래하나 임신이 중기로 진행됨에 따라 태아의 비뇨기계, 호흡기계, 그리고 소화기계의 장기를 통해 만들어진다. 양수내의 세포농도는 임신이 진행되면서 점차 증가하나 임신 16~18주 사이에서 수거된 세포의 20~35%만이 세포배양에 쓰이게 되는 것으로 알려져 있다. 이들 세포의 약 70%는 영양배엽(trophoblast)에서 유래하며 나머지는 피부(skin), 방광(bladder), 상피세포(epithelia cells), 섬유결합조직(fibrous connective tissue)등의 섬유아세포(fibroblastic cell)에서 유래한다. 양수의 산도(pH)는 알칼리성이고, 단백질과 포도당도 포함되어 있다. 양수는 저속(500×g)으로 5~10분 정도 원심분리 한 후 침전물(pellet)의 세포를 취하여 배양하고, 상층액은 αFP나 ACE분석을 위해 사용되며, 때로는 배양액에 첨가해서 사용하기도 한다. 양수를 배양하면 배양된 세포 콜로니(colony)의 모양에 따라 그리고 성장능력에 따라 3가지 세포형태가 얻어지는데 섬유아세포(fibroblast cells), 상피세포(epithelia cells), 양수세포(amniotic fluid cells; amniocytes라고도 불리 움)로 나뉜다. 양수세포는 인간융모성성선자극호르몬(human chorionic gonadotropin; hCG)을 생산할 능력이 있고, 다핵(multinucleated)이 될 수 있다는 점이 섬유아세포나 상피세포 형태와는 다르다. 또한 양수세포는 태반(placenta)과 태아막(fetal membranes)으로 분화될 배외조직(extraembryonic tissue)인 영양배엽(trophoblast)로 부터 유래된다. 이 세 가지 세포 뿐 만 아니라 산모혈액(maternal blood)과 태아혈액(fetal blood)도 발견될 수 있는데 산모혈액속의 대식세포(macrophages)는 자연적으로 분열하는 능력이 없다. 또한 매우 급속히 자라는 세포군이 발견되면 무뇌증(anencephaly)이나 이분척추(spina bifida)일 가능성이 높다. 이런 경우 배양 시작 24~48시간에 아주 빨리 부착하지만 분열하지 않는 신경세포로부터 유래된 세포일 수도 있다. 보통 배양되는 양수에는 세포배양 후 자라난 콜로니(colony)의 분포를 보면 대략 섬유아세포가 10%, 상피세포가 25%, 양수세포가 65%정도로 알려져 있다. 이들의 성장 특성, 수명, 세포주기형태 등은 각각 다르다. 상피세포는 수명이 가장 짧고 천천히 분열하며 트립신(trypsin)처리에 의한 계대배양(subculture)이 잘 되지 않는다. 섬유아세포는 양수세포보다 천천히 자라지만 가장 긴 성장 능력을 가지며 그 수명이 40~50세대로 알려져 있다.

양수 채취시기 및 채취법

양수 채취시 주로 사용되는 방법으로는 복벽을 통한 양수천자로 임신 15~20주 사이에 시행하게 된다. 양수천자 전용의 천자 바늘이 상용화되어 이용되며, 주로 22G에 30㎖의 주사기를 연결하여 사용한다. 복벽을 통하여 천자할 때 초음파의 프로브(probe)를 사용하여 보통 20~30㎖정도를 뽑는다. 이때 모체세포 오염을 막기 위해 천자한 처음 1~2㎖은 버리도록 한다. 천자 후 꼭 태아의 심장박동을 다시 확인하는 것이 중요하며, 검사를 받은 산모에게도 같이 초음파를 보면서 태아의 심장박동을 보이도록 한다. 양수샘플은 채취 후 2시간 이내에 배양을 시작하는 것이 좋다. 24시간이 지나면 실패할 확률이 높다(그림 8-6).

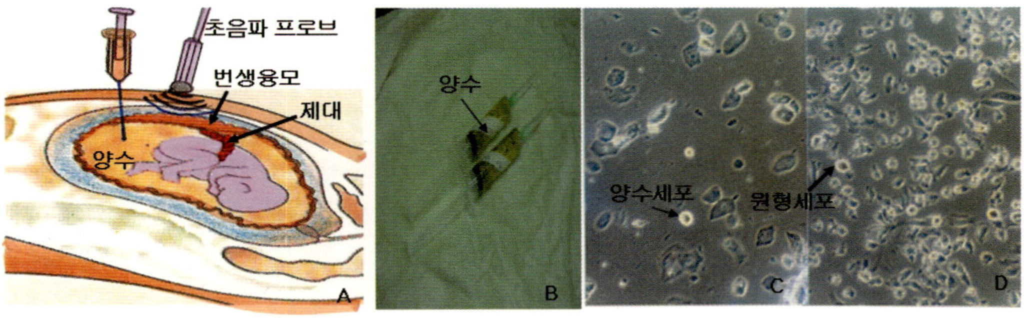

그림 8-6. 양수 채취법과 양수 샘플. 복부를 통한 양수채취법(A), 주사기로 채취한 양수 20~30㎖(B), 양수에 들어있는 양수세포(C), 10일째 배양된 양수세포(D)

채취된 양수의 문제점

양수가 채취되어 배양실로 의뢰된 경우는 양수의 양과 색상, 양수 속에 포함된 세포의 수 등을 기록하여야하며, 이상이 있을 경우는 반드시 담당책임자에게 알려 발생할 수 있는 문제점 등을 알려야 한다. 특히 양수에 혈액이 포함된 경우가 약 10%에서 나타나나 대부분 세포배양에는 큰 문제가 없다. 또한 양수천자시 산모의 혈액이 양수에 포함되어 있다하더라도 양수세포배양의 경우 7일 이상의 배양과 계대배양과정을 통해 혈액세포는 제거되므로 염색체 분석에는 영향을 미치지 않는 것으로 알려져 있다. 그러나 흑갈색의 경우는 배양실패를 가져올 수 있으며, 태아의 손실률이 20~30%로 보고되고 있다. 이는 과거 양수내 출혈이거나 혈색소 분해산물이 생성될 때 동반된 변성 양수 색조를 띤다. 특히 αFP치가 증가를 동반하면 거의 모든 예에서 예후가 불량하다(태아 사망, 자연유산,

무뇌아, 태아기형 등). 그러므로 양수의 색상에 이상이 있을 경우는 양수천자시 산모에게 양수색상의 이상 등을 알려 주는 것도 필요하다. 그리고 양수 속에 들어 있는 세포수가 극히 미량일 경우라도 대부분 세포배양은 가능하지만 경우에 따라서는 배양에 실패할 수 있으므로 보고하는 것이 필요하다.

세포배양의 실패

양수천자를 이용한 세포배양을 처음 시작한 시기에는 배양 실패율이 30%에 달했으나 현재는 오직 0.2~0.6% 정도의 배양 실패율을 보이는 것이 일반적이다. 그러나 100% 완전한 것이 아니기 때문에 검사 전 환자에게 미리 양수천자가 성공적으로 이루어졌다 하더라도 이것이 곧 100% 검사결과를 얻을 수 있다는 것과는 차이가 있다는 것을 이해시켜야 한다. 원인으로는 세균에 의한 오염, 샘플양의 부족, 검사실 배양환경의 부적합 등을 들 수 있다.

모체세포 오염

양수천자 후 발생하는 모체세포오염(maternal cell contamination)은 결과 판독에 많은 혼란을 초래하기 때문에 이에 대한 세심한 주의가 필요하다. 검사 대상자 중 약 0.3% 정도에서 발생하며 이를 예방하기 위하여 천자 후 처음 1~2㎖을 반드시 버려야 한다.

모자익시즘

모자익시즘(mosaicism)은 진성모자익시즘(true mosaicism)과 가성모자익시즘(pseudo-mosaicism)으로 구별되어야 한다. 진성모자익시즘과 가성모자익시즘의 구별은 배양시 여러 배양용기에서 같은 세포주(cell line)가 같이 발견이 되면 진성모자익시즘이라 간주하고 오직 하나의 배양용기나 하나의 콜로니(colony)에서만 발견이 되면 가성모자익시즘이라 판정하게 된다(표 8-2). 이러한 가성모자익시즘은 양수세포 배양의 1~3%에서 발생하며 태아의 실제 염색체 상태를 반영하는 것이 아니기 때문에 임상적 의미가 없다. 그러나 진성모자익시즘의 경우 그 임상적 중요성을 확인하기 위하여 추가 분석이 요구되는데 태아의 상태를 분명히 하기 위하여 양수와는 다른 조직에서 두 번째 검사가 이루어져야 한다. 약 70% 정도에서 양수에서 분석한 것과 같은 검사결과를 확인할 수 있으므로 모자익시즘인 경우 재검사를 꼭 고려하도록 한다.

표 8-2. 양수 배양세포 내에서 모자익시즘의 정의

배양법	모자익시즘의 정의
플라스크법	두 개 이상의 플라스크에서 동일한 염색체이상이 발견된 경우
in situ 법	한 개의 배양접시에서라도 두 개 이상의 콜로니에서 동일한 염색체 이상이 발견되는 경우

표현형 이상

염색체 결과를 분석하다 보면 어떤 염색체이상에 따른 표현형 상의 이상을 예측하기 어려운 수가 있다. 균형전좌(balanced translocation), 작은 부위의 역위(small inversion), 과잉의 표식자(supernumerary marker) 등이 관찰되면 이에 따른 표현형상 이상을 구체적으로 알기 어려우므로 먼저 이러한 소견의 중요성을 확인하기 위하여 부모의 염색체 검사를 시행하여 양수천자 염색체 결과와 비교하여 이러한 이상이 부모로부터 기인한 것인지 새로운(de novo)형인지를 먼저 확인한다. 만일 이것이 표현형 상 문제가 없는 부모로부터 유래된 것이라면 자손에서도 별 문제가 없겠으나, 부모에서는 발견되지 않는 경우라면 균형전좌와 역위, 로벋슨전좌(robertsonian translocation) 등의 약 4%에서 그리고 표지염색체의 약 15%에서 정도의 차이는 있으나 표현형상 이상이 존재하게 된다.

다태아에서의 양수천자술

쌍태아 이상의 임신에서 양수천자를 하는 경우 모든 태아로부터 양수를 얻도록 하는 방법으로 쌍태임신의 경우 복식 초음파를 통해 각각의 태아와 태반 및 양수를 확인하고 쌍태아간 태아막을 확인한다. 먼저 한쪽 양막강 내에서 양수천자를 시행하고 같은 양막강에서의 중복 양수천자 여부를 알기위한 방법으로 청색소(indigocarmine) 1㎖를 1:10의 농도로 양수내 주입하는 방법으로 다른 한쪽의 양수천자 시 양수에서 청색이 검출되는지를 확인하여 같은 방법으로 양수를 채취한다. 일란성 쌍태아의 경우에는 양막강을 함께 사용하고 있다면 양쪽 태아의 상태를 자세히 검사할 수가 없다.

조기양수천자

태령 15주 이전에 행하여지는 양수천자를 조기양수천자라 한다. 과거에는 천자의 어려움과 배양의 어려움으로 그 가치가 사장되어 있었으나 초음파의 발달과 배양기술의 개선으로 이제는 임신중기 양수천자에 못지않은 검사 방법으로 자리 잡아 가고 있다. 기술적으로는 태령 8주에서도 결과를 얻을 수 있으나 실제 대부분의 검사기관에서는 11주에서

15주 사이로 한정하고 있으며 특히 양막과 융모막이 서로 융합하는 13주부터 15주 사이가 가장 적기이다.

DNA 검사

양수천자를 통해 얻어진 양수세포로 DNA 검사법을 이용하여 많은 유전질환의 검사가 가능하게 되었다.

생화학적 표지물질 측정

양수에서 원심분리를 통해 침전된 양수세포들을 배양하고, 상층액으로는 생화학적 표지물질을 측정함으로써 태아질환을 진단하는 경우도 있는데 신경관결손의 진단을 위해 양수 내 αFP와 Acetylcholinesterase를 검사하는 것이다. 이 방법을 통하여 개방형 신경관결손의 99% 이상을 발견할 수 있다.

② 융모막융모

1968년 Mohr에 의해 처음 소개되었으나 높은 검사 실패율과 합병증으로 사용되지 않다가 초음파를 통한 기술이 도입되면서 1980년대 산전진단 세포유전학적검사 분야에 도입된 융모막융모생검(chorionic villus sampling; CVS)은 임신초기에 검사가 가능하면서 대상 세포의 특성상 양수내의 세포에서 보다 빨리 염색체 결과를 얻을 수 있어 그 효용성은 점차 증대되어 왔다. 그러나 이런 장점에도 불구하고 샘플 채취시 따른 유산 가능성과 까다로운 검사 방법, 결과 분석의 어려움 등이 있는 경우가 많아 쉽게 이러한 검사에 접근할 수 없도록 하는 요인이 되기도 하였다. 또한 검사 방법에 숙달이 될 때까지는 검사 후 합병증의 발생률이 양수천자에 비해 다소 높은 면도 있으나 경험이 쌓이게 되면 양수천자와 큰 차이 없이 검사가 가능하고 임신초기에 결과도 빨리 얻을 수 있다.

융모막융모 형성과정

수정란은 분할을 통해 최후에 배반포(blastocyst)가 형성되어 안쪽 배아세포군(inner cell mass)과 바깥쪽 배아세포군(outer cell mass)이 되며, 전자는 배아(embryo)로 분화하고 후자는 영양배엽(trophoblast)로 분화된다. 영양배엽은 탈락막(decidua)에 얕게 착상 6~9일째부터 세포영양막(cytotrophoblast)과 합포체영양막(syncytiotrophoblast)로 분화되어 일차성융모(primary villi)가 형성된다. 여기에 착상 9~18일 정도가 되면 중심부에 간엽조직 핵(mesenchymal core)이 생기면 이차성융모(secondary villi)가 되며, 착상 후 3주

(18~22일)가 되면 더 발달하여 혈관이 생성되면서 삼차융모(tertiary villi)가 된다. 8주가 되면 태낭은 융모막에 의해 완전히 둘러싸이게 되는데 피포탈락막(decidua capsularis)쪽의 융모는 퇴화하여 평활융모막(chorion lavae)이 되며 동시에 기저탈락막(decidua basalis)과 면하고 있는 부분은 번생융모막(chorion frondosum)이 된다. 궁극적으로 번생융모막 부분이 태반이 되며 융모막융모생검의 부위가 된다(그림 8-7).

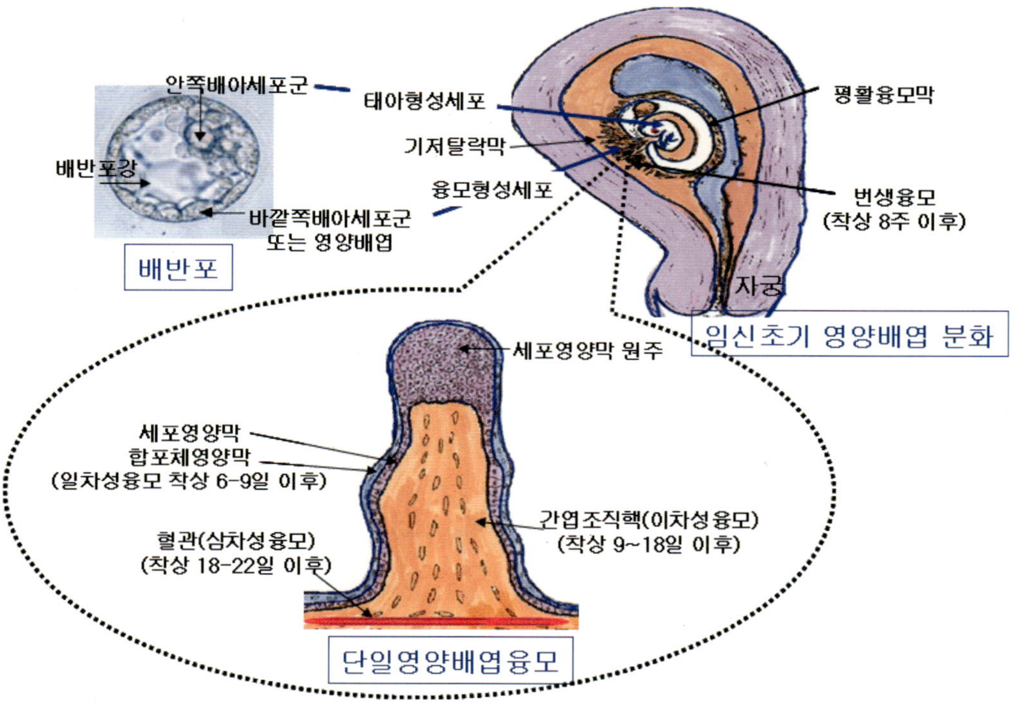

그림 8-7. 임신초기 영양배엽의 분화과정. 수정란 배반포의 안쪽배아세포군은 분화하여 태아로 되고, 바깥배아세포군은 분화하여 융모를 형성하게 된다.

융모막융모는 3개 층으로 이루어지며 가운데 부분인 간엽조직 핵은 태아의 조직과 완전히 일치하여 정확한 염색체 결과를 얻을 수 있기 때문에 장기배양법(long term culture)시 이 부분이 사용된다. 그 밖을 세포영양막이 싸고 있으며 유사분열이 가장 활발하게 일어나기 때문에 직접법(direct method, 1~2일 만에 염색체 결과를 확인할 수 있는 방법)으로 염색체 분석이 가능한 세포이다. 가장 바깥쪽은 합포체영양막에 둘러싸여 있다. 융모막융모생검 통한 염색체 분석법은 고령 산모 혹은 과거 임신에 이상이 있었던 경우, 가족력이 있거나 임신초기 검진에 고위험군(양성)으로 판정 받은 경우에 유용하게 쓰이고 있다. 융모막융모생검 염색체 검사에는 직접법과 장기배양법이 있다. 직접방법은 세포영양막을 이용하여 자연적으로 분열하는 세포에서 염색체를 관찰하는 것이고, 장기배양법은 간엽세포핵을 이용하여 염색체를 관찰하는 것이다. 전자의 경우 1~2일 이내에 결과를 볼 수 있으나 그 처리과정이 어렵고 염색체의 모양이 좋지 않기 때문에 수적인 이상을 관찰하는 데 좋으나 구조적 이상까지 보기에는 미흡한 면이 있다. 그러나 모체세포 오염은 거의 없기 때문에 장기배양법과 비교하기 위해서나 짧은 시간 내에 결과를 알고자 할 때 이용된다. 이에 반해 후자는 전자의 방법에 의해 얻은 염색체보다 그 모양이 훨씬 좋으며 태생학적으로 태아 자체의 염색체 구성과 조금 더 가깝다는 장점이 있다. 그러나 전자에 비해 배양기간이 다소 길고 모체세포 오염이 있을 가능성이 높은 단점도 아울러 가지고 있다. 따라서 이들의 장점을 모두 살려 각 샘플마다 이 두 가지 방법을 모두 쓰는 것이 바람직하다. 그러나 만일 샘플량이 충분하지 못할 경우(< 5㎎이하)는 장기 배양법을 사용하는 것이 좋다.

융모막융모생검법

복식초음파하에 자궁경관을 통한 접근 방법(transcervical CVS; TC-CVS)은 복부 초음파를 통해 자궁과 태아의 심박, 태반의 위치와 번생융모(chorion frondosum)위치를 파악하고, 소독액으로 질 속을 충분히 소독한 후 생리식염수로 소독용액이 남지 않도록 닦아낸 후 일회용 카테터를 자궁경관을 통해 직경이 1.5~2㎜의 번생융모에 삽입한 후 탐침(styler)을 뺀 후 30㎖주사기를 연결한 후 10~15㎖의 음압을 이용하며, 음압 상태로 3~4회 전후로 움직여 융모가 카테터를 통해 주사기 안으로 들어오도록 한다. 만일 실패시나 채취량이 적을 경우 재 시도는 3회까지로 한정한다. 샘플채취에 실패한 경우는 1주일 정도 지나서 재시도하는 것이 이상적이다. 복식초음파하 자궁경관을 통한 융모막융모생검의 금기사항으로는 급성단순포진성기염(herpes simplex genitalis), 자궁경관협착, 자궁기형, 자궁경부염증, 심한 자궁굴곡의 경우 등이 있다. 이러한 경우는 복부를 통한 융모막융모생검법(transabdominal CVS법; TA-CVS)을 이용하는데 초음파 감시 하에 소독 후 사용하며 혈관내카테터(I.V catheter) 17.5~19G에 30㎖주사기를 연결한 후 10~15㎖의 음압을 이용하며, 음압 상태로 3~4회 전후로 움직여 융모에 카테터를 통해 주사기 안으로 들어오도록 한다. 그밖에도 경질식융모채취법(transvaginal CVS; TA-CVS)이 있는데 이는 심한 자궁후굴로 인해 번생융모막이 자궁후벽에 위치한 경우 질(vagina)을 통해 바늘은 자궁후벽으로 삽입하여 융모막융모를 흡입하게 된다. 배양을 위한 융모막융모량은 중량 대조 사진과 비교하여 추산하며, 20㎎ 이상이면 적당하다(그림 8-8).

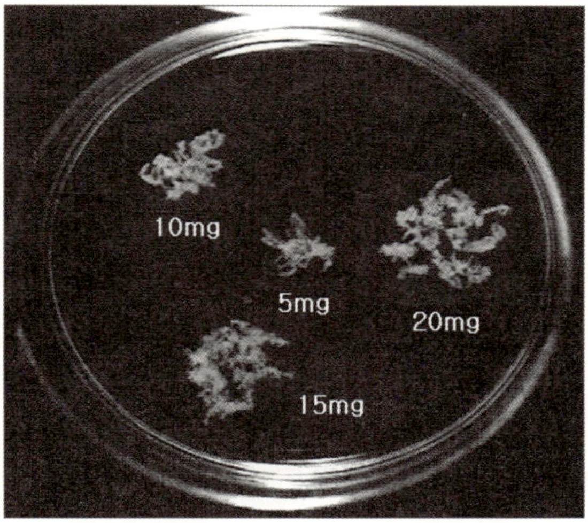

그림 8-8. 융모막융모샘플량 대조모형(60㎜ dish).

최소한 모세혈관이 함유하는 융모막융모가 5㎎ 이상 채취된다면 표본제작을 할 수 있고, 1㎎만 채취되어도 배양법에 의해 염색체 분석이 가능하므로 적은량이 채취되었더라도 반드시 배양을 실시하는 것이 좋다. 채취된 샘플은 배양용 배양액에 넣고 입체현미경(zoom stereo microscope) 하에서 융모막융모임을 확인한 후 융모 이외의 모든 샘플은 모두 확실하게 제거해야 한다.

염색체 검사를 위한 융모막융모의 조건

보통 임신 9~14주 사이의 임신초기에 시행하게 된다. 종전에는 임신 8~9주에도 시행하였으나, 임신 9~10주 이전에 융모막 채취를 시행할 경우 태아의 사지 결손과 연관이 있다는 문헌들이 있다. 국제적인 공동 연구 결과 임신 10주 이후에 융모막검사를 시행할 경우에는 융모막검사와 태아의 사지 결손(limb reduction defect; LRD)은 아무런 연관이 없다는 것이 밝혀졌다. 그러므로 불필요한 의료 분쟁을 피하기 위하여 근래에는 임신 10주 이후에 융모막 채취를 시행하고 있다. 만일 임신12이후는 태반의 위치가 자궁 내에서 점점 위로 올라감과 융모가 태반으로 변하는 과정에 의해 조직이 단단해짐으로 인한 채취상의 문제가 유발될 수 있다. 산모의 융모막융모 세포를 채취하여 배양액(헤파린 500IU

에 배양액 5㎖)이 들어있는 배양접시(60㎜ petri dish)에 받는다. 융모막융모의 채취시는 반드시 검사자가 산모 옆에서 입체현미경을 이용하여 융모막융모의 유무와 필요 샘플량을 확인하고, 샘플채취가 끝나면 배양실로 가져와 입체현미경을 사용하여 탈락막 등을 제거하고 융모막융모 세포만을 분리한다. 특히 타 검사센터로 옮길 경우는 오염되지 않도록 주의해야 하고, 채취 한지 하루 안에 배양실에 전달되어야 하며, 샘플 이동시는 실온에 보관한다(그림 8-9).

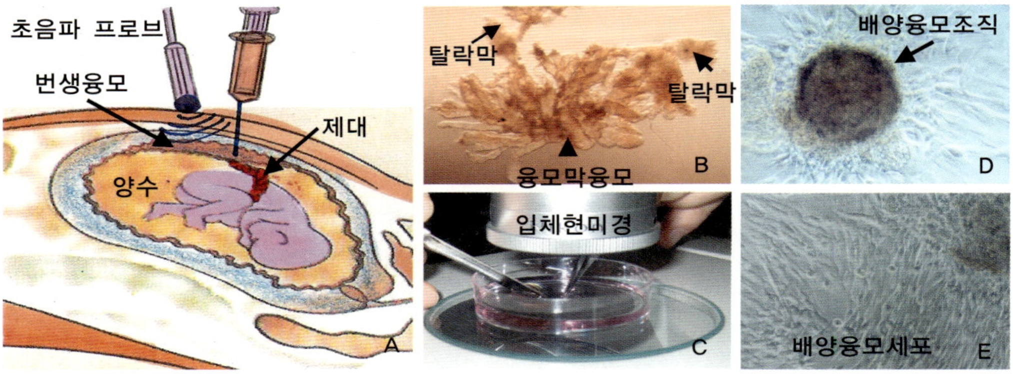

그림 8-9. 융모막융모채취법과 샘플. 복부를 통한 융모막융모생검법(A), 융모막융모(B), 입체현미경을 통한 진성융모 확인 및 탈락막 제거(C), 배양된 융모세포 10일째(D, E).

모자익시즘

현재 융모조직의 배양성공률은 약 99.7%로 보고 될 만큼 높지만 검사 받은 대상 환자의 1~2.5%는 세포배양 실패, 모체세포 감염, 모자익시즘(mosaicism), 모호한 결과 등을 으로 재검사가 요구된다. 특히 융모는 모자익시즘 중 가성모자익시즘(pseudomosaicism)이 빈발하여 융모를 통한 염색체 검사에서 문제가 되는데 대상의 1~2%정도에서 이러한 현상이 일어난다.

염색체 분석에 있어서 직접(direct) 검사방법에서 모자익시즘이 발견되고 장기배양법(long term culture)에서 모자익시즘이 발견이 안 되는 경우는 다시 검사할 필요가 없다. 그러나 장기배양법에서 모자익시즘이 발견되면 재검사 필요하며, 재검사의 경우는 같은 종류의 샘플 보다는 다른 종류샘플(양수, 제대천자 등)를 통한 재검사가 필요하다. 실제로 해보면 양수천자나 제대혈액검사에 의해 진성모자익시즘(true mosaicism)으로 확진되는 경우는 단지 0.2~0.4%정도로 보고되고 있다(표 8-3). 또한 융모를 통한 염색체검사에서 나타나는 현상중하나는 태반 국한된 모자익시즘(confined placental mosaicism; CPM)이 있다. 이러한 경우는 대부분 접합자가 이뤄진 후에 비분리현상(postzygotic nondisjunction)에 의해 태반(placenta)에 국한하여 나타나는 현상으로 보고 있다. 즉 태반에 국한하여 염색체이상(대부분 모자익시즘으로 나타남)이 관찰되고 태아의 혈액이나 조직 등에서는 정상핵형을 보이는 현상이다. 이 경우 태아에게 이상이 발생할 수 있다는 결과는 명확하지는 않으나, 몇몇 그룹에서 이들 사이에 명확한 관계가 있다고 보고하고도 있다.

표 8-3. 융모막융모배양세포에서 모자익시즘의 정의

- 직접배양법에 의한 정상영양세포막세포배양이나 간엽조직이외세포배양에서 적어도 2개 이상의 비정상염색체가 발견된 경우
- 간엽조직세포배양을 실시한 2개 이상의 배양용기에서 비정상염색체 이상이 발견되는 경우
- 직접배양법에 의한 정상영양세포막과 함께 배양한 간엽조직세포에서 적어도 1개 이상의 비정상염색체가 발견된 경우
- 간엽조직세포 배양한 하나이상의 콜로니에서 이상염색체가 발견되는 경우

모체세포의 오염

융모에는 모체의 오염이 빈번하게 나타날 수 있는 위험 요인이 존재한다. 만일 모체의 세포가 함께 배양될 경우는 융모세포보다 왕성하게 배양되어 성장하게 됨으로 인해 융모세포는 상대적으로 쇠퇴가 일어나게 됨으로 각별히 신경을 써야 한다. 특히 융모샘플 직후 융모조직과 모체 탈락막(decidua), 점액(mucus), 혈액(blood clot)등 모체 조직 제거에 신경을 써야 한다. 또한 모체의 오염으로 인한 진단에 오류를 방지하기 위해서는 직접법과 장기배양법을 함께 실시하는 것도 대안이 될 수 있다. 간혹 판독결과가 46,XY/46,XX 모자익시즘(mosaicism)이 관찰되는 경우가 나오는데 대부분 46,XY로 판명되고 있다. 그러나 정확한 검사를 위해서는 양수를 통한 재검사도 필요하리라 본다.

분자유전학적 검사

융모에서 얻은 DNA로부터 분자유전학적 검사를 하게 되는 경우에는 분자유전학적 한계를 분명히 해야 하며, DNA검출하여 분자유적학적 검사를 할 경우는 DNA를 융모에서 바로 추출하여 검사하는 방법과 배양하여 검사하는 방법을 병행하여 검사결과 일치를 확인하여야 한다(표 8-4).

표 8-4. 융모막융모에서의 진단 가능한 단일유전질환

단일유전질환
염색체의 구조나 숫자에는 이상이 없으나 염색체 안의 유전자 중 하나가 변이를 일으킬 경우에도 기형아가 태어난다. 현재까지 단일유전자에 의해 유전된다고 알려진 단일유전질환은 3,900여 종으로, 100명당 1명의 확률로 나타나고 있다.
- 상염색체우성질환
부모가 질병에 걸려 있으면 자녀의 50%에서 똑같은 질환이이 나타난다. 나머지 50%는 정상으로, 이들은 나중에 커서 결혼을 해도 다음 세대에서 질환이 나타나지 않는다. 성인형다낭성신종, 헌팅턴무도병, 근육긴장성장애, 불완전골형성증, 망막아세포종 등이 해당된다.
- 상염색체열성질환
부모가 모두 정상이지만 비정상적인 유전인자를 양쪽 부모 모두가 보유하고 있을 때를 말한다. 자녀의 25%는 정상으로 태어난다. 알파-1 항트립신결핍증, 알파와 베타 지중해빈혈, 겸상적혈구빈혈증, 다낭성섬유종, 선천성부신과형성, 페닐케톤뇨증 등이 해당된다.
- 성염색체반성열성질환
성염색체의 비정상적인 유전인자에 의해 유전된다. 남성에게만 나타나는 질환으로, 50%는 질병이 나타나고 50%는 정상아로 태어난다. 벡커와 뒤시엔느근위영양증, 혈우병 A와 B 등이 해당된다.
- 성염색체반성우성질환
세대마다 나타나며 여자에게 많이 발생한다. 비타민D에 반응하지 않는 곱추병 등이 대표적이다.

③ 제대천자

제대는 탯줄을 말하는 것으로 이 제대에는 3개의 혈관이 있는데 2개는 동맥이고 1개는 정맥이다. 제대천자(cordocentesis)란 초음파 유도 하에 주사바늘을 이용하여 이들 혈관에 접근하여 태아의 혈액을 뽑는 것을 말한다. 대부분 염색체 검사를 위한 제대천자 검사는 모자익시즘이나 양수검사 시기를 넘긴 경우와 초음파상 이상이 발견된 경우에 행해진다.

샘플시기

임신 16주부터 말기까지 가능하며 제대혈액은 전적으로 태아의 핵형을 보인다.

모체혈액과의 구별

제대천자를 하기 직전 산모의 혈액을 이용한 일반혈액검사(CBC)를 실시한 후 태아 제

대혈액과의 비교를 통해 태아 혈액유무를 판단할 수 있다. 그리고 태아적혈구용적(MCV)이 100 이상이면 태아의 혈액으로 판정할 수 있는 근거가 된다. 또한 태아혈액은 산(acid)에 잘 깨지지 않기 때문에 산모의 혈액과 구별이 될 수 있다. 태아의 혈액은 백혈구의 분포가 성인과는 매우 달라서 대부분이 림프구로 이루어져 있으며 호중구는 일부만 차지하고 있다. 이러한 경향은 제대 연령이 증가함에 따라 점점 성인과 비슷한 양상으로 변하게 된다. 양수와 혼합된 경우도 산모의 혈액과 혼합되지만 않는다면 위음성의 염려는 없다.

제대천자의 금기증

제대천자를 시행하는데 있어 절대적인 금기는 없으나 상대적인 금기증으로는 주로 태아에게 전염될 수 있는 경우이며 대표적인 것으로는 human immunodeficiency virus (HIV) 감염이 있는 경우를 들 수 있다.

제대천자 방법

주로 사용하는 방법은 초음파를 이용한 복부를 통한 제대천자(transabdominal cordocentesis)로 철저한 초음파 검사로 자궁 내 구조물들을 공간적 관계를 철저히 파악하고 천자를 시행할 제대 부위를 결정한다(그림 8-10). 항상 바늘의 전장이 초음파 화면에 보이도록 해야 하며, 바늘 끝이 정확히 보이지 않을 때는 절대로 바늘을 더 깊이 넣어서는 안된다. 바늘을 목표로 정한 천자 지점까지 진행시킨 후 제대 정맥을 찌른다. 이때 제대동맥을 찌르지 않도록 조심하여야 하며 제대동맥천자는 흔한 합병증인 태아서맥의 원인이 된다. 제대를 찌른 후 5분 이상 시술이 지속되거나 여러 번 천자를 시도하게 되면 그 때마다 초음파로 태아심장박동이 정상적인지 확인해야 한다. 샘플채취는 5㎖ 주사기를 바늘 끝에 연결하고 음압을 가하여 태아혈액이 나오는 지 확인한다. 처음 뽑힌 0.5㎖ 정도로 혈액이 나오는지 확인하고, 여기에는 바늘 안에 들어 있던 양수가 섞여 있을 수 있으므로 버린다.

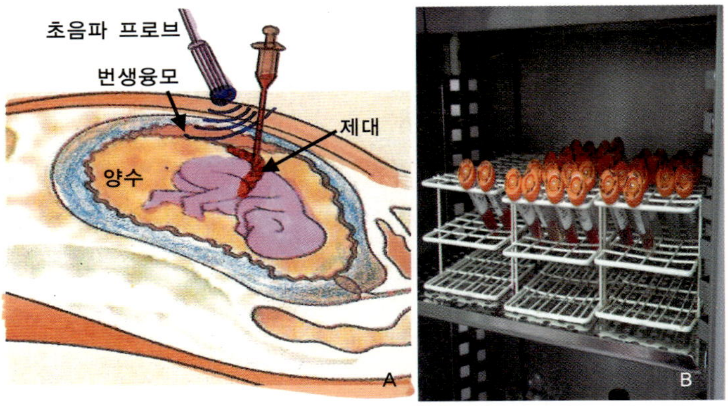

그림 8-10. 제대천자와 제대혈액배양법. 복부를 통한 제대혈액 천자(A)와 혈액세포배양법(B)으로 특히 혈액배양의 경우 45° 기울려 주는 이유는 배양기내 CO_2와 배양액과의 결합면을 넓혀 세포배양액내 완충작용을 돕기 위함이다.

합병증

태아 손실(3%내), 태아서맥(3~12%), 질출혈(50%정도), 제대혈종(cord hematoma: 15%), 태아-산모출혈(fetomaternal-hemorrhage: 40%), 조기 분만(preterm delivery: 5%) 등으로 알려져 있다.

④ 수활액낭종

수활액낭종액(cystic hygroma fluid)은 혈액배양시와 같이 수활낭종액에 세포분열촉진제재(PHA)를 혼합하여 배양을 실시한다. 그 이외는 양수세포 배양과 같은 방법으로 실시한다. 검사 결과는 45,X가 50~75% 정도를 보이며 삼염색체 21이 25%를 보이는 것으로 보고 되고 있다.

(3) 고형종양 및 피부, 유산물 채취

① 피부, 조직, 섬유아세포, 고형종양

여러 가지 연구 목적으로 이용될 수 있으며, 피부나 근막의 조직을 무균적으로 적출해서 항생제(400IU penicillin 그리고 400㎍/㎖ streptomycin에 약 5분간 헹군 후 생리식염에 철저하게 세척하여 무균적 배양)가 들어 있는 배양으로 수차례 씻고 배양한다. 배양 3~4일 후 역반사현미경으로 관찰하면 섬유아세포 증식을 확인할 수 있다. 종양세포는 정상 세포가 혼입되지 않도록 종양조직을 선택적으로 적출한다. 배양 방법은 섬유아세포 배양법과 비슷하다. 특히 배양은 샘플을 얻은 후 2시간 내에 배양해야 하며, 최대 12시간 내 배양하는 것이 좋다.

② 유산물

유산아 유산물의 염색체분석을 위해서는 세균오염 가능성 등에 주위를 기울려야 한다. 샘플 채취시 특히 모체의 탈락막을 제거하여 분리하여야 한다. 초기 유산시는 융모막융모가 분석에 유리하다. 체외 배양시 태아조직은 잘 자라지만 생리식염수 등에 담겨져 오래된 경우는 잘 자라지 않으므로, 될 수 있으며 샘플 즉시 배양에 이용하는 것이 좋다. 특히 흡입소파술의 경우는 조직의 구별이 어려우므로 육안적 혹은 입체현미경을 사용 융모막융모를 구별하여 배양에 이용하는 것이 좋다. 만삭에 사산된 경우는 태반조직의 일부와 다른 태아조직을 함께 검사 할 수 있다. 특히 자궁내 사망의 경우는 양수검사나 융모막검사가 높은 배양 성공률을 보인다. 그러나 자궁내에서 사망 한지 24시간 이상이 경과한 샘플은 배양에 실패할 확률이 높다.

2) 샘플 채취시 주의 사항

혈액 0.5~2.0㎖(골수일 경우 1.0㎖)를 채취해서 항응고제가 들어 있는 플라스틱 시험관에 즉시 옮기고 응고 방지를 위해 충분히 섞어 준다. 이 때 항응고제는 방부제가 들어 있지 않은 항응고제를 주로 사용한다. 단 방부제가 든 항응고제나 칼슘 고갈제로 항응고 처리한 샘플은 배양액으로 3회 정도 세척하여 사용 한다. 골수샘플은 샘플채취 당일 처리하는 것이 가장 좋지만 샘플의 운송 기간이 지연될 경우 냉장 온도(4℃)로 보관하면 24시간까지 보관이 가능하다. 그리고 골수를 배양액에 넣어 채취할 경우는 혈청이 포함되지 않는 배양액을 이용한다. 실온에서는 1일 정도 냉장에서는 3일 정도 보관이 가능하다. 양수, 융모, 조직 등의 경우는 바로 배양하는 것이 좋으나 여의치 않는 경우, 양수는 샘플 채로, 융모는 항응고제가 처리된 배양액에 조직이나 고형샘플은 무균 처리된 용기에 생리식염수와 함께 넣어 보관한다. 보관 온도는 냉장 온도로 보관하여 24시간 내 배양해야 한다.

3) 배양 실패 요인

① 혈액 및 골수

- 세균 등에 오염되면 배양이 실패하거나 판독시 장애가 된다.
- 방추사형성 방해물질인 부신피질호르몬 또는 항암제치료 중인 경우는 배양에 실패할

수 있다.

- 그 밖의 배양 장애를 주는 물질로는 알킬화 제재, DNA intercalator 등이 있다.
- 적혈구 용적이 클 때 적혈구가 용혈이 잘 안되어 염색체 분산이 방해된다.

② 양수, 융모, 조직

대부분의 배양에선 98%정도의 성공률을 보인다. 그러나 배양기의 문제, 배양액오염, 배양액 성분이상 등에 의해 실패할 수 있다(표 8-5).

표 8-5. 양수, 융모, 조직배양시 실패요인

- 샘플 내에 생존세포가 없는 경우. 이러한 경우는 양수세포는 임신 20주 이상 되는 경우에 간혹 발생할 수 있다, 융모나 유산물의 조직의 경우는 태아가 사망한지 24시간이 지난 후 이거나 세포를 냉동시킨 경우에 주로 발생될 수 있으며, 세포배양에 실패 할 수 있는 요인이 된다. - 샘플 내에 세포가 충분하지 않는 경우. 부착성세포를 배양할 경우는 일정농도의 세포가 필요하나 세포농도가 충분하지 않을 경우는 세포분열이 늦어지거나 잘 배양되지 않아 세포배양에 실패할 수 있다. - 혈액이 많이 포함된 세포의 경우. 이러한 경우는 대부분 샘플채취시 샘플채취 바늘이 태아 태반을 침범한 경우에 발생한다. 혈액양이 많지 않는 대부분의 경우는 부착성세포배양에 큰 영향을 미치지 않으나 혈액이 너무 많이 포함된 경우는 배양용기 표면에 혈구세포부착으로 인해 양수세포, 조직세포 등의 부착에 영향이 미칠 수 있다. - 진한 갈색의 경우. 특히 양수에서 나타나는 데 이는 과거 양수내 출혈이거나 혈색소분해산물이 생성될 때 동반되는 변성 양수색소일 경우로 특히 αFP치가 증가할 경우는 태아에서 매우 불량한 예후를 보일 수 있으며 세포배양도 잘되지 않는 경향을 보인다.

4) 샘플 대한 임상 소견 기록

혈액종양의 염색체 검사는 세포분열과 분화가 가능한 조혈전구세포, 즉 조혈간세포 및 아세포, 전골수구 등이 염색체 검사에 유효한 세포이므로 이들에 대한 정보가 필요하다. 샘플이 골수일 경우 적어도 세포 수가 2×10^6㎖이 되도록 조절하게 되며, 분열 세포 수가 적은 말초혈액인 경우는 일반혈액검사, 백혈구 감별 계산을 고려해서 세포 수를 조절해 준다. 따라서 검사실에서는 반드시 환자의 검사 데이터를 알고 세포배양을 실시한다. 특히 치료 중인 환자의 종양세포는 치료 전 세포와 흔히 다른 성상을 보이므로 정확한 환자 정보가 없다면 검사의 실패율이 높다. 림프계종양(ALL, Lymphoma)일 경우 고해상분염법(high-resolution banding technique)이 일반 G-분염법보다 배양 성공률이 떨어질 경우가 많아 배양 방법 선택을 위해서도 임상정보가 반드시 필요하다. 따라서 검사 의뢰서의 모든 내용을 자세하게 기록해 줄 것이 필요하다. 그밖에도 모든 염색체 분석 검사용 샘플은 검사 의뢰서를 이용하여, 염색체 검사에 필요한 검사결과, 추정 진단명, 가계도, 과거력 등을 상세하게 기록하여야 필요한 검사법을 선택하는 등 염색체 분석 검사에 도움이 될 수 있다.

실 습

염색체 검사과정과 샘플

학년반:	학번:	성명:

* 괄호안을 채워 보세요.

( )	( )	( )	( )
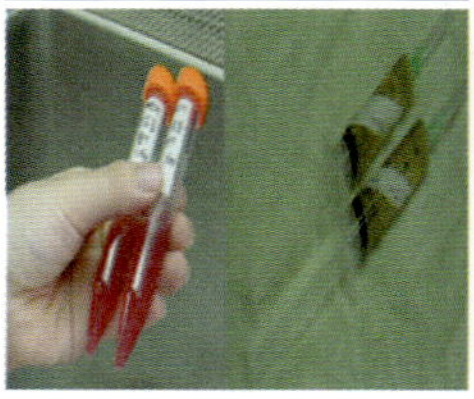		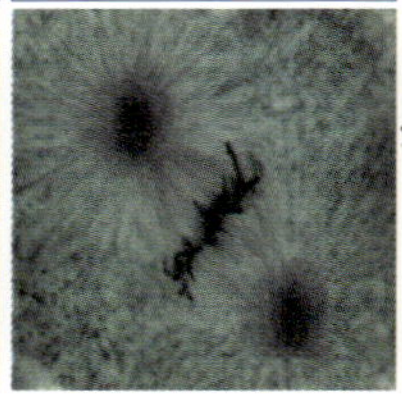	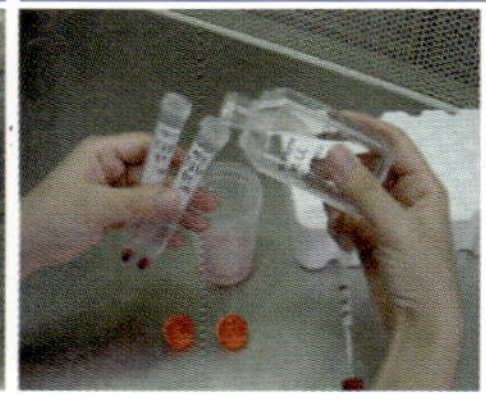

( )	( )	( )	( )	( )
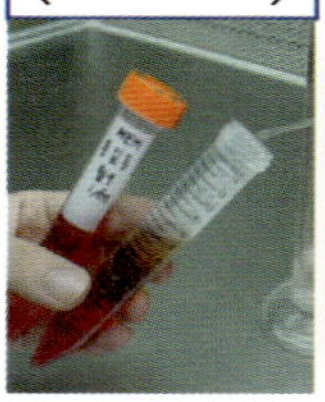	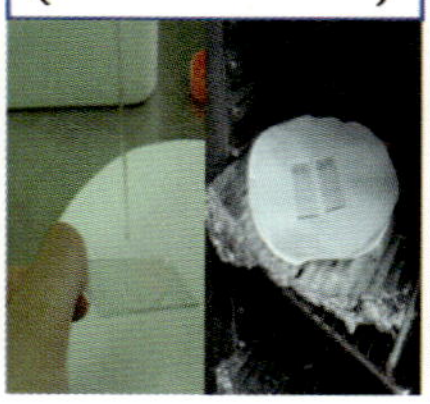	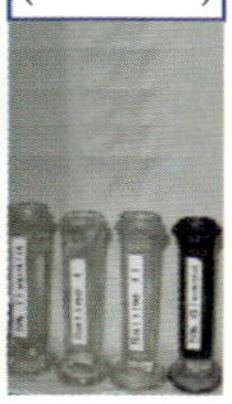	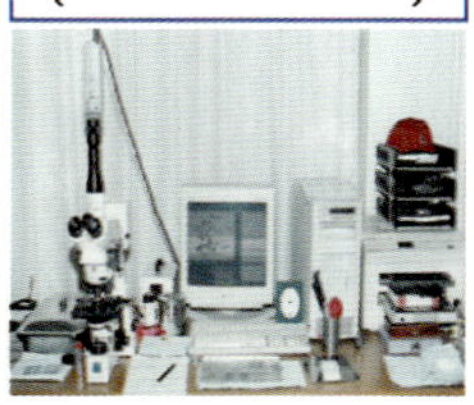	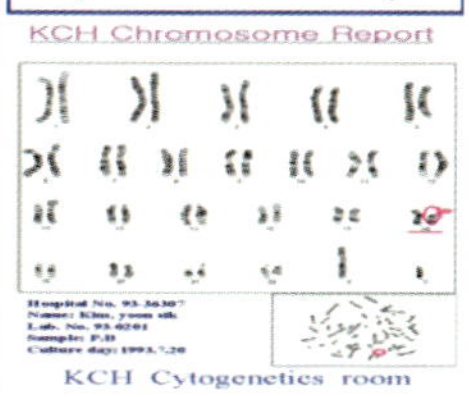

염색체 검사의 과정

검체에 따른 채취법

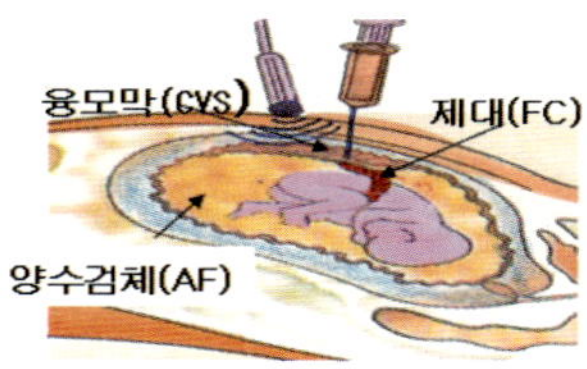

( )

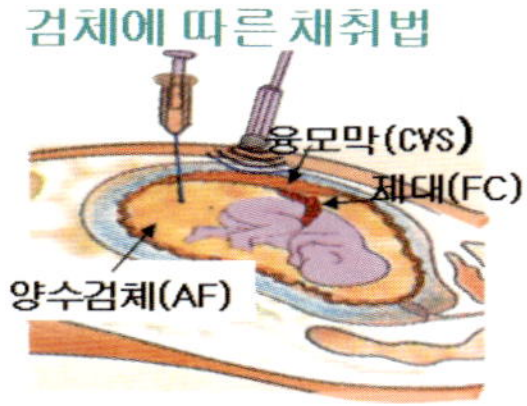

( )

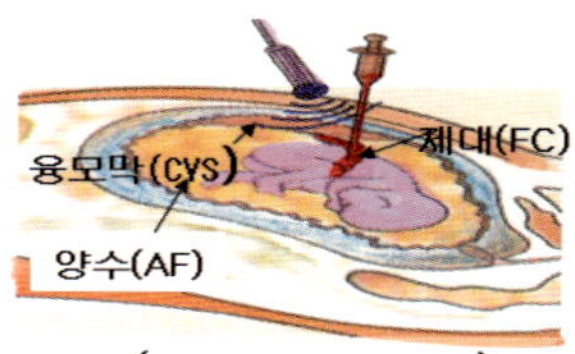

( )

융모막융모

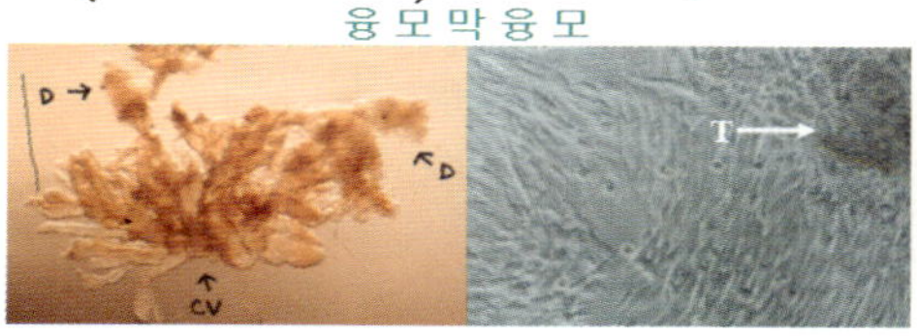

양 수

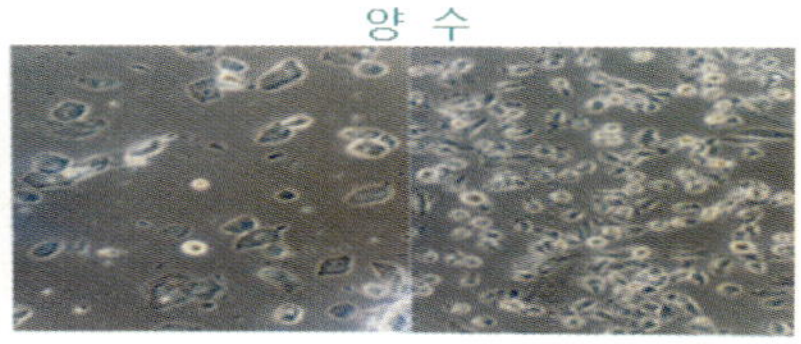

(D: CV: T:) (세포) (일째)

산전(태아) 샘플채취법과 샘플

설명:

실습일자: 월 일	지도교수 확인:

3. 세포배양 조건

1) 배양조건

(1) 배양시간

배양되는 세포마다의 특성에 따라 세포배양 시간은 다르다. 보통 양수세포 및 융모 등 조직 세포는 7~14일 정도가 소요되고, 림프구는 3일 정도가 소요된다. 림프구배양 경우는 분열지수(mitotic index)에 따른 적정배양시간은 약 68~72시간 정도이며, 배양 시작 후 첫 30시간 동안 DNA합성은 비교적 낮고 30~60시간 사이에 꾸준히 증가하게 된다. 분열최고조는 배양 후 60~70시간 사이로 나타나므로 최적세포수집점(harvesting point)도 이 때가 되지만 경우에 따라서 48시간 또는 96시간 배양하기도 한다. 48시간 배양한 경우 유사분열의 대부분은 1~2회 분열한 것이고 72시간의 경우는 3~4회 분열한 것들이다(그림 8-11).

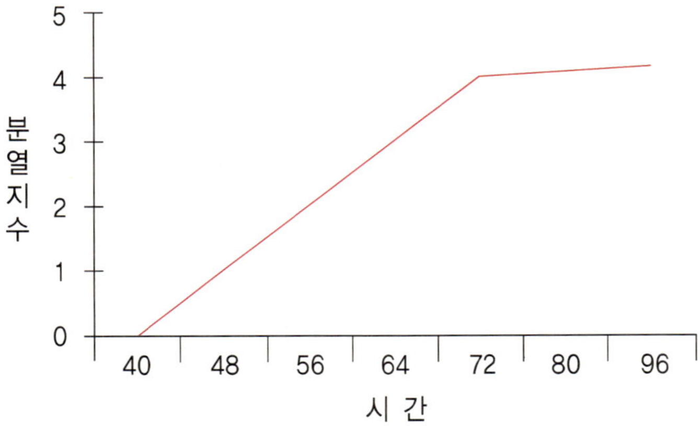

그림 8-11. 혈액 배양시간에 따른 분열지수

(2) 배양온도

배양 온도에 있어서 36.5~37.5℃가 가장 최적의 배양조건이다. 이보다 낮은 온도에서는 세포 수가 현격한 저하를 보이며 40℃가 넘으며 세포는 괴사된다.

(3) 배양용기

통상적인 장기간의 조직의 배양에 CO_2의 공급은 필수적이나 림프구배양에서는 최소한의 O_2공급이 될 수 있는 용량의 배양용기(25㎠ 배양 플라스크, 15㎖ 원추형시험관 30~60㎜ 배양접시)이면 무리 없는 배양이 행해질 수 있다(그림 8-12).

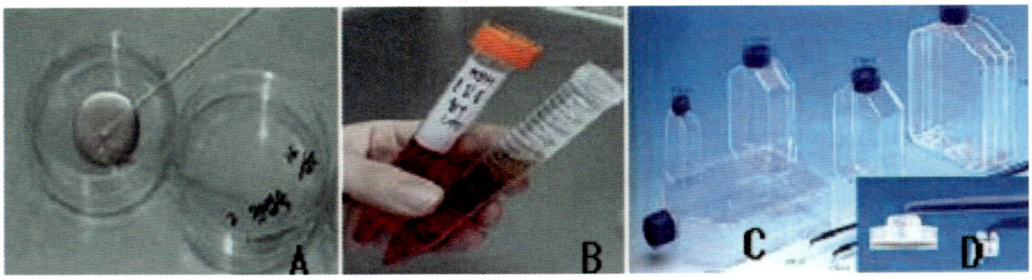

그림 8-12. 세포배양에 사용되는 일회용 배양용기. 배양접시(A), 15㎖ 원추형시험관(B), 플라스크(C), cell scraper(D)

2) 배양액

(1) 기초배양액

기초배양액에는 염류, 포도당, 필수아미노산, 비타민, 뉴클레오타이드, 비필수아미노산, phenol red, 성장인자, 호르몬, FBS 또는 FCS, 항생제 등과 98% 증류수를 포함하고 있다. 최근에는 상용된 배양액을 주로 사용된다.

동물 세포 배양액들은 D-glucose, L-glutamine, sodium bicarbonate, phenol red 등의 함량이 각각 다르다(표 8-6, 그림 8-13).

① medium 199(TC 199)

엽산이 결핍된 배양액으로 취약 X(fragile X sites) 염색체를 보기 위해 사용되는 배양액이다. 2~4% 혈청과 섞어 사용한다.

② MEM

주로 기초세포배양액으로 사용되며 minimal essential medium(MEM)에는 글루코스와 고농도의 아미노산 뿐만 아니라 비타민도 첨가되어 있다.

③ DMEM

동물조직세포배양을 위해서 Eagle's medium을 수정 보완을 거쳐 Dulbecco's Modified Eagle's medium(DMEM)으로 만들었다. 특히 부착성으로 골수세포 등을 배양할 때 주로 사용된다.

④ Ham's F-10, 12

동물세포와 림프구배양시 전처리 과정과 배양에 사용할 수 있는 혼합배양액으로, 특히 융모조직의 세척시 사용할 수 있는 배양액으로 사용된다.

⑤ RPMI1640

혈구세포를 체외(in vitro)에서 장기간배양하기 위한 것으로 Moore 등에 의해 Rosewell Park Memorial Institute에서 개발하여 RPMI라 명명하였으며, 아미노산과 바이타민을 적절하게 혼합하여 정상 또는 신생종양성세포배양 등의 현탁성세포를 배양하는데 널리 쓰인다.

⑥ Chang medium

- 태아조직세포배양에 효과적이다.
- 양수세포배양시 세포배양기간을 단축시킬 수 있다.
- 융모막융모 배양에도 사용된다.
- 유효기간은 3개월 정도 이다.

⑦ BioAMF-2

- 혼합배양액으로 양수나 융모, 조직배양에 주로 사용된다.
- 항생제가 들어 있으나 양수나 융모, 조직 등 배양시는 antibio-antimycotic을 배양 액 5ml에 50㎕와 FBS 500㎕을 추가 하여 사용하기도 한다.
- 유효기간이 길며(1년 정도), 사용이 간편하다(-20℃ 보관).

표 8-6. 각 배양액에 따른 기초성분의 조성

배양액 종류 (샘플)	D-Glucose (mg/ℓ)	L-Glutamine (mg/ℓ)	Phenol Red (mg/ℓ)	Sodium Pyruvate (mg/ℓ)	Sodium Bicarbonate (mg/ℓ)	pH
DMEM (골수)	4500.00	584.00 (4.0mM)	15.00	0.00(1mM)	3700.00	7.3 ± 0.3
199 (Fragile X)	1000.00	100.00 (0.685mM)	20.00	--	2200.00	7.3 ± 0.3
MEM (표준)	1000.00	292.00 (2.0mM)	10.00	--	2200.00	7.3 ± 0.3
Ham's F-10 (혈액)	1100.00	146.00 (1.0mM)	1.20	110.00(1mM)	1176.00	7.3 ± 0.3
Ham's F-12 (혈액)	1802.00	146.00 (1.0mM)	1.20	110.00(1mM)	1176.00	7.3 ± 0.3
RPMI 1640 (혈액)	2000.00	300.00 (2.05mM)	50.00	--	2000.00	7.3 ± 0.3

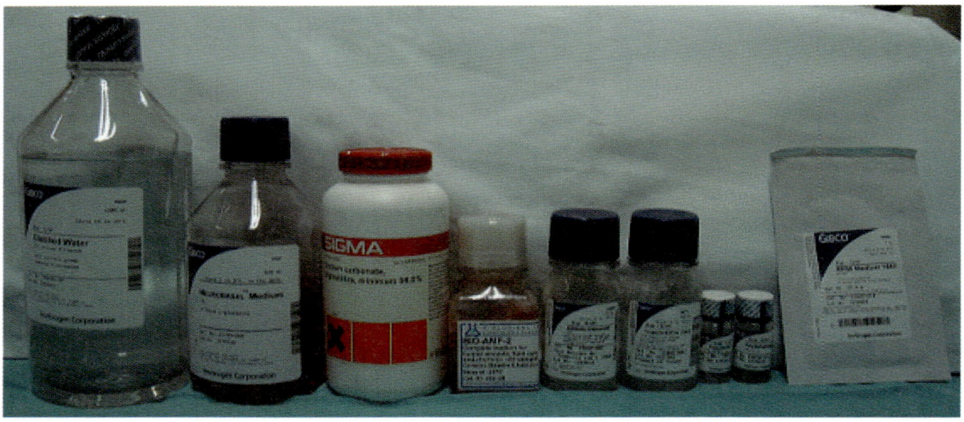

그림 8-13. 배양액 조성에 사용되는 시약들. 완성된 배양액(액화성)부터 배양액에 필요한 성분들이 혼합된 포(pak) 형태로 구입하여 순수물로 혼합하여 제조하여 사용한다.

배양액 교환

배양액색(phenol red; pH 7.4일 때의 연분홍색)

- 산성에서는 노랗게 변색된다.
  - 세포가 유산 등을 분비하기 때문에 점차 노랗게 변한다.
  - 대사가 왕성한 세포는 배양액이 빨리 노랗게 변한다.
  - 암세포는 정상세포보다 빨리 노랗게 변한다.

- 알칼리에서는 핑크색을 띤다.
  · 탄산가스의 공급이 안 될 경우

배양액 관리

- 거품은 단백질을 변질시키므로 배양액 중에 피펫에서 공기를 뿜어내어 거품이 발생하지 않도록 한다.
- 세포가 자라고 있는 배양접시에 배양액을 첨가하는데 사용한 피펫은 피펫 끝부분에 떠있는 세포나, 때로는 모르는 사이에 배양접시에 붙어있던 잡균이 묻어있을지도 모르므로 다시 배양액용기에 넣지 않도록 한다.

(2) 배양액 첨가물

① L-Glutamine

대부분의 세포주배양에 필수적이며 배양 세포의 에너지원, 질소원으로서 작용한다. 주로 사용되는 L-Glutamine은 29.2㎎/㎖에 0.85% NaCl이 들어있는 200mM(100×) 용액(liquid)이 사용된다. 사용상 주의할 점은 4℃에 보관하더라도 3주 뒤에는 80%정도만 남게 되고, 실온이나 배양기에서는 신속하게 파괴되지만 -10℃에서는 1년 정도 보관이 가능하다. 그러므로 혼합된 배양액(complete media)은 3주마다 L-Glutamine을 보충해 주어야 하며, 그렇지 않으면 새로운 배양액을 만들어 사용하는 것이 좋다. 모든 아미노산 농도가 최대 세포농도와 증식 속도에 영향을 주지만 이중에서 가장 중요한 요소는 L-glutamine이다. L-glutamine은 단백질 합성뿐만 아니라 D-glucose, pyruvate와 함께 주요한 에너지원으로 알려져 있다. 배양 세포는 2가지 경로로 에너지를 얻는데 한 가지는 D-glucose를 lactate로 전환(또는 CO_2로의 완전산화) 시키는 경로이고 나머지 또 한 가지 경로는 L-glutamine을 CO_2와 암모니아로 산화시키는 경로이다. 그러나 L-glutamine은 액체 상태에서 매우 불안정하다. 이러한 이유로 L-glutamine의 함량은 다른 아미노산보다 약 10배가량 높다. L-Glutamine이 세포에 의해 사용되면 세포에 유해한 암모니아가 발생하게 된다. 또한 대부분의 세포는 암모니아가 있더라도 견디지만 이 암모니아에 매우 민감한 세포들이 있을 수 있다. 이러한 경우 암모니아 발생이 적은 L-alanyl-L-glutamine (L-alanine과 L-glutamine의 dipeptide) 또는 glycyl-L-glutamine(glycine과 L-glutamine의 dipeptide)과 같은 dipeptide형태를 L-glutamine 대신에 사용할 수 있다.

② 혈청제재

혈청제재는 소(bovine)와 인간 등으로부터 추출하여 제조하여 사용할 수 있으나 제조 후 바이러스검사와 내독소검사 등을 걸쳐야 한다. 세포배양을 위해 최소한 10% 이상이 필수적이다. 4℃에서 4주, −20℃에서는 1년 이상 보존이 가능하다.

혈청의 종류

현재는 시판되어 주로 사용되는 것은 우태혈청(fetal bovine serum; FBS)과 우아혈청(bovine calf serum; BCS) 등을 사용한다.

우태혈청은 보편적인 세포증식에 사용되며, 우아혈청은 우태혈청을 필요로 하지 않는 곳에 사용된다. 우아혈청은 대개 16개월 된 송아지에서 혈청을 채취한 것으로 우태혈청에 비해 항체와 호르몬의 양에 차이가 있다. 우아혈청은 우태혈청에 비해 단백질의 양이 2배에 달하고 항체 또한 약 100배 정도 많이 함유되어 있다. 일반적으로 우태혈청을 더 많이 사용하고 있으나, 세포에 따라서는 우아혈청이 우태혈청에서보다 더 좋은 결과를 줄 수도 있다.

세포배양에서 혈청의 역할

혈청은 여러 물질이 혼합된 아주 복잡한 복합 산물이다. 세포 배양 실험에서 혈청은 기본 배양 배양액에 주요한 첨가제로 사용되고 있다. 혈청은 매우 광범위한 고분자 단백질, 저분자 영양분, 그리고 불용성물질들에 대한 운반체 등을 함유하고 있으며 호르몬과 부착인자와 같은 세포의 체외성장에 필요한 기타 성분들을 함유하고 있다.

혈청의 성분

혈청은 다수의 성분이 포함되어져 있는 복합 물질로서 그 조성과 함량이 완전히 밝혀진 것은 아니지만, 지금까지 알려진 것 중 일부를 언급하면 다음과 같다.

- 단백질

단백질은 혈청의 대부분을 차지하는 성분으로 혈청 내 조성 및 기능들이 완전히 밝혀진 것은 아니다. 세포 배양에 유용하다고 알려진 단백질로는 알부민, 글로부린, 세포 부착을 촉진시키는 fibronectin과 fetuin, 그리고 트립신을 억제하는 α2-macroglobulin, 철과 결합하는 transferrin 등이 있다.

- Polypeptide

혈액 채취 직후 원심분리로 세포를 제거한 혈청보다 자연적으로 응고된 혈청으로 세포를 배양하면 세포가 더 잘 증식된다. 이것은 혈소판에서 유리되는 polypeptide 때문인데, 이러한 polypeptide에 속하는 것이 platelet-derived growth factor(PDGF)이다. PDGF는 세포증식을 촉진하는 능력을 가지고 있어 섬유아세포와 신경교의 증식을 촉진한다.

- 호르몬

혈청 내에 존재하는 호르몬들은 세포의 증식에 많은 영향을 줄 수 있으며 동일한 호르몬이더라도 세포의 종류에 따라서 서로 다른 효과를 나타낼 수 있다. 혈청 내 호르몬들 중 대표적인 것이 인슐린(insulin)이다. 인슐린은 포도당과 아미노산의 세포내로의 섭취를 촉진하여 세포증식 촉진 효과를 나타낼 수 있고, IGF-1 수용체의 활성도에 의해서 그 효과를 나타낼 수도 있다. 태아 혈청에 존재하는 hydrocortosone은 FBS에서 그 양이 일정치 않은데, 세포의 유착과 증식을 촉진하는 역할을 한다. 그러나 hydrocortisone은 어떤 조건에서는 오히려 세포증식을 억제하고 세포 분화를 유발하기도 한다.

- 각종 영양소와 대사물질

아미노산, 당, 케토산, 지질, ethanolamine, phosphoethanolamine, 기타 영양소와 중간대사물질이 혈청 내에 존재하는데, 이러한 것들 또한 세포배양에 중요하게 이용된다.

- 각종 무기물질

소량의 미네랄 성분과 철분, 구리, 아연 등은 혈청 단백질에 결합된 상태로 혈청 내에 존재하는데, 특히 selenium은 GSH synthetase의 보조인자로서 유리기(free radicals)를 해독하는데 도움을 준다.

- 억제 인자

혈청 내에는 또한 세포증식을 촉진하는 인자들이 많지만 억제하는 물질들도 존재한다. 세포증식을 억제하는 인자에는 감마-globulin, TGF-β 보체(complement) 등이 포함된다.

혈청의 열불활성화

혈청의 열불활성화(heat-inactivation)는 보체계(complement cascade)를 불활성화 시키기 위해서다. 활성보체는 cytolytic events, smooth muscle의 수축, mast cell과 혈소판으로부터의 histamine 분비 유발, 림프구와 대식구의 활성화 등을 유발할 수 있다. 주로 면역학적 연구와 ES cell, insect cell, 평활근세포 배양에 사용한다.

[불활성화방법]

① 냉동상태의 혈청이면 상온에서 완전히 녹이고, 항온기는 56°C로 맞추어 놓는다.

② 혈청이 든 용기를 항온기에 담근 후 항온기내 물이 다시 56°C 될 때부터 30분간 방치한다.

③ 무균작업대(clean bench)에서 50㎖씩 멸균시험관에 나누어 담고 냉동 보관한다.

혈청 저장

혈청은 호르몬과 성장 인자 등 열에 약한 성분을 다량 함유하고 있다. 따라서 -20°C 이하의 온도에서 빛을 차단하여 저장하는 것이 좋으며, -40°C 이하의 온도에서는 PET 또는 PETG, 유리 등의 용기가 파손될 우려가 있으므로 주의한다. 단, 냉동 저장할 때 냉동고는 성애 제거 기능이 없는 것이어야 한다. 성애 제거에는 많은 온도 변화가 있고 잦은 온도 변화는 혈청의 품질에 영향을 줄 수 있다. 혈청을 녹인 후에는 즉시 사용하는 것이 좋고 녹인 혈청은 2~8°C에서 4주 정도 저장할 수 있다. 2~8°C에서 저장하는 동안 혈청 내의 단백질과 지단백질이 응집되어 침전물을 형성하거나 불투명하게 되기도 한다. 그러나 저장 기간 중에 생긴 침전물은 혈청의 성능에는 큰 영향을 미치지는 않는다. 혈청은 처음 용해하였을 때 적당량으로 소분하여 사용함으로써 반복적인 냉동-해동 과정은 되도록 피하는 것이 좋다.

혈청 해동방법

－20℃에서 보관중인 혈청을 녹일 때는 2~8°C에서 15시간정도 처리하거나 37℃ 수조에서 해동시킨다. 이때 반드시 정기적으로 흔들어 주어 혈청 성분의 농도 구배가 형성되지 않도록 해야 한다. 해동된 혈청은 2~8℃에서 4주간 보관하며 사용할 수 있다.

③ 항생제

주로 사용하는 항생제는 antibiotic-antimycotic(100×)용액을 사용하며, 여기에는 penicillin, streptomycin, amphotericin, fungizone 등이 포함되어 있다. 보관 온도는 －5~－20℃이다.

세포배양시 사용하는 항생제종류 및 농도

동물 세포배양시 세균(bacteria), 진균(fungi), 마이코플라스마(mycoplasma), 효모(yeasts) 등에 의한 오염은 빈번히 발생한다. 우선 이들에 오염되지 않도록 무균조작 및 무균 상태 유지에 주의를 기울이는 것이 가장 중요하다. 차선책으로 antibiotics와 antimycotics를 사용할 수 있는데 세포주에 영향을 줄 수 있으므로 신중히 사용하여야 하며, 그러므로 사용하기 전에는 반드시 가장 적정한 항생제 농도 등을 확인하여야 한다(표 8-7).

표 8-7. 세포배양에 사용되는 항생제의 종류 및 적정농도

항생제 종류	치료 가능 미생물	적정농도	37℃에서 유효기간(일)
Amphotericin B	Fungi, yeasts	2.5㎎/ℓ	3
Ampicillin	G(+), G(-)	100㎎/ℓ	3
Chloramphenicol	Bacteria	5㎎/ℓ	5
Chlortetracycline	G(+), G(-)	5㎎/ℓ	1
Ciprofloxacin	Mycoplasma	10~40㎎/ℓ	-
Dihydrostreptomycin	G(+), G(-)	100㎎/ℓ	5
Gentamicin	G(+), G(-), mycoplasma	50㎎/ℓ	5
Kanamycin	G(+), G(-), mycoplasma	100㎎/ℓ	5
Neomycin	G(+), G(-)	50㎎/ℓ	5
Nystatin	Fungi, yeasts	50㎎/ℓ	3
Penicillin	G(+)	100U/㎖	3
Polymyxin B	G(-)	50㎎/ℓ 또는 100U/㎖	5
Spectinomycin	G(+), G(-)	20㎎/ℓ	-
Streptomycin	G(+), G(-)	100㎎/ℓ	3
Tetracycline	G(+), G(-)	10㎎/ℓ	4
Tylosin	G(+), G(-), mycoplasma	8㎎/ℓ	3

④ 세포배양액 완충작용

세포 대사의 결과 발생되는 대부분의 대사산물은 산성이다. 모든 세포 배양 배양액에는 이러한 대사산물로 인해 발생되는 pH의 변화를 줄이기 위해서 완충 작용을 하는 물질이 최소 1가지 이상 포함되어 있다.

이상적인 완충작용은 특정 배양액에 주어진 pH를 지속적으로 유지할 수 있어야 하고, 배양액 성분과 화학적 반응을 하지 않아야 하고, 배양시 일어나는 화학적, 생화학적 반응을 방해하지 않아야 한다.

세포 배양액에서 1차적으로 완충작용을 하는 것은 sodium bicarbonate와 HEPES이다. 2차적으로 완충 작용하는 것은 무기 염류에 포함되어 있는 인산염으로서, 그러나 혈청이 배양액내에 포함되어 있을 때는 완충 작용 범위가 줄어든다. 배양액 첨가제인 혈청 또한 완충 역할을 한다. 세포 배양액에서 1차적으로 완충작용을 하는 sodium bicarbonate/carbon dioxide($NaHCO_3/CO_2$)는 아래와 같은 반응을 함으로써 세포내 pH를 유지한다.

$$NaHCO_3 + H_2O \rightarrow Na^+ + HCO_3^- + H_2O \rightarrow Na^+ + H_2CO_3 + OH^-$$
$$\rightarrow Na^+ + OH^- + H_2O + CO_2 \rightarrow \text{알카리도 증가}$$

세포 배양 배양액 내에 존재하는 sodium bicarbonate는 pH를 유지하고, 삼투압을 유지하며 에너지원을 제공하는 3가지 역할을 한다. sodium bicarbonate는 37℃에서 pH 6.3을 가짐으로 pH 7.0~7.5범위에서는 최적의 완충 작용을 하는 것은 아니며, 5~10% CO_2를 필요로 하는 단점이 있다.

이러한 단점을 보완하기 위해서 여러 가지 방법이 제시되고 있다. 예를 들면 Hanks' balanced salt는 sodium bicarbonate의 농도를 낮추어 후자의 경우를 보완하였다. sodium bicarbonate를 대신하여 Tris를 사용할 수도 있다. 그러나 Tris는 amine을 가지고 있어 화학 반응성이 높고, 세포 증식의 저해제로 작용할 수 있고, 생체막을 통과할 수 있고, 생체막을 통과할 수 있고, 온도에 따라 pH가 변화되는 단점이 있다.

⑤ Dulbecco 인산완충액

세포배양에서 주로 사용하는 등장액은 NaCl을 넣어 만든 Dulbecco's phosphate buffered saline(D-PBS)가 사용된다. 특히 세포배양에서는 2가 이온이 들어가 있지 않은(Ca, Mg-free)것을 사용하며, 이것을 D-PBS(−)라고 한다. 이러한 이유는 세포끼리의 접착이나 세포와 기질과의 접착에는 칼슘을 매개로 이용하는 것들이 있기 때문에, 배양액을 교체하거나 세포를 처리할 때에는 D-PBS(−)로 세정한다.

(3) 핵형분석을 위한 시약

① BrdU 사용액

5-Bromo-2'-Deoxyuridine[BrdU]을 사용하며, 100㎎의 BrdU를 33.4㎖의 HBSS에 녹인 후 여과시킨다. 여과한 용액을 0.5나 1㎖씩 분주해서 빛을 차단하여 냉동 보관한다. 사용

전에 녹인다. 한번 녹인 것은 14일 정도 사용할 수 있으며 사용한 것은 다시 냉동 보관한다.

② Ethidium Bromide(EtBr)

염색체 분석시 긴염색체(elongate)를 얻기 위한 목적으로 사용하며, 세포배양에 사용은 Ethidium bromide 5~10㎍/㎖(배양액)을 권장한다. 특히 발암물질이므로 피부에 닿지 않도록 주의를 요한다.

③ colcemid 용액

주로 염색체 검사에서 유사분열중기상 유도물질로 이용하며, Karyomax colcemid 용액(10㎍/㎖)을 주로 사용한다. 사용농도는 colcemid 0.02㎍/㎖(배양액)를 권장한다.

④ 저장액

0.075M 또는 0.068M 저장액은 증류수 1ℓ에 potassium chloride(KCl=74.56) 5.592g을 혼합한 후 하루 정도 실온 방치한 다음 냉장고에 보관하며, 사용 전에 반드시 배양기에서 전배양시킨다. 단 양수배양의 In situ법과 종양세포 세포수집시 저장액처리는 0.075M이 아닌 0.0375M을 이용한다.

⑤ Modified Carnoy 고정액

고정액으로는 클로로포름(Chloroform)이 제외된 변형 Carnoy 고정액으로 메탄올(99.%)과 빙초산을 3:1 또는 6:1의 비율로 혼합하여 사용한다. 세포고정은 1시간 전쯤 혼합하여 2~8℃에 보관한 후 사용하며, 사용 후 남은 액은 버리는 것이 좋다.

⑥ giant cell tumor conditioned medium(GTC)

골수세포 배양시 주로 사용한다.

⑦ 세포 해리제

배양용기벽에 부착하여 증식하는 세포를 계대배양하기 위해서는 세포와 세포간, 세포와 배양용기벽과의 접착을 떨어뜨려, 단일 세포로 된 현탁액으로 만든 후, 이것을 희석하여 배양한다. 즉 세포분해시약인 트립신을 이용하여 단백질에 의한 세포간의 접착을 제거해주고, EDTA로는 세포간의 칼슘이온작용인 세포상호작용을 막아 부착세포를 떼어준다. 일반적으로 부착력이 약한 양수나 융모배양세포는 EDTA가 없이 트립신만 가지고도 부착세포를 떨어지게 할 수 있으나 부착력이 강한 고형조직나 골수배양세포 등은 EDTA가 필요하다. 그리고 떨어진 세포반응을 중지시키는 데는 일반적으로 혈청이 들어가 있는 배양액을 사용하면 다시 배양된다.

2.5% 트립신 용액 (10X): 1㎖씩 분주해서 냉동 보관(-5~-20℃)하며, 사용 전에 분주한 것을 실온에서 녹인 다음 생리식염수 또는 D-PBS용액으로 10배 희석하여 사용한다. 주로 양수나 융모세포 계대배양에 이용한다.

트립신-EDTA 용액(10X): 1㎖씩 분주해서 냉동 보관하며 사용 전에 분주한 것을 실온에서 녹인 다음 생리식염수(또는 D-PBS용액)로 10배 희석하여 사용한다. 주로 고형종양세포나 골수세포 계대배양에 이용한다.

사용법

- 항온조에서 경우 녹일 경우 녹는 즉시 트립신이 자기 소화하는 것을 피하기 위해 빨리 항온조에서 꺼낸다.
- 트립신은 온도가 높을 때 효력을 잘 나타내지만, 37℃로 될 때 까지 기다리지 않아도 된다. 실온정도로 따뜻해졌을 때 사용하도록 한다.

⑧ phytohemagglutinin M form(PHA)

karyomax phytohemagglutinin M form은 붉은 신장모양의 콩(red kidney bean)에서 축출한 물질로 당단백질로서 세포막에 붙어서 세포막의 막 투과성을 높여 줌으로써 세포내 고분자물질의 합성을 촉진시키는 것으로 알져 있다. 이러한 작용에 의해 림프구의 유사분열 자극제로 쓰이며, 적혈구를 응축하는 작용을 한다. PHA-M form를 림프구배양에 주로 쓰며, 제조 후(－5~－10℃에서 냉동 보관) 1달이 경과하면 유사분열촉진능이 30% 정도 감소한다. PHA영향은 첨가 여부에 따라 중기상의 분열 촉진에 매우 큰 영향을 미치고 이의 첨가 함량은 5%정도로 나타났다. PHA첨가 후 첫 24시간에 RNA합성이 현저히 증가하고 림프구는 interleukin-2나 림프구성장인자(lymphocyte growth factor)를 생산하여 더욱 더 유사분열을 자극하고 이후로는 더 이상 PHA가 필요치 않게 된다. 림프구는 4~5세대 후에는 퇴화되며 더 이상 분열하지 않는다. 경우에 따라서는 배양액의 종류나 다른 요소들이 유사분열촉진능에 영향을 줄 수도 있다.

⑨ Gurr buffer 정제

증류수 1ℓ에 Gurr buffer 정제(pH 6.8) 1개 넣고 용해시켜 사용한다. 염색체염색시 Giemsa용액을 희석할 때 사용된다.

⑩ Giemsa 염색액

G-분염을 위해 사용되는 염색체 염색액이다.

⑪ heparin

염색체검사를 위한 항응고제는 주로 sodium heparin을 사용해야 하며, EDTA 등과 같이 lithium이나 보존제(방부제)가 포함된 제품은 피해야 한다.

⑫ high resolution banding 표본

methotrexate, thymidine, BrdU로 DNA합성을 억제함으로써 얻어지는 세포를 synchronization시키는데 사용되고 있다

Methotrexate(MTX; DNA합성 세포의 유사분열상태를 S단계로 유지하는 제재)

- 낱개로 분주하여 암소(호일 등으로 포장)에 냉동보관 한다.

MTX 저장액(10^{-3}M)

MTX[(+) Amethopterin] ———————— 1.0㎎

증류수 ———————————————— 2.2㎖

MTX 사용액(10^{-5}M)

MTX 저장액(10^{-3}M) ———————— 0.1㎖

증류수 ———————————————— 9.9㎖

Thymidine(MTX작용을 해체하는 역할을 함)

Thymidine 사용액(10^{-3}M):

Thymidine 2.5㎎을 10㎗ 증류수에 희석한다.

⑬ mitomycin C

mitomycin C 사용액(MMC 염색체 절단을 위해)

a. MMC 2.0㎎을 4.0㎖ 증류수에 녹인다.

b. a 1㎖에 증류수 24㎖를 섞는다.

c. b 1㎖에 증류수 9.0㎖를 썩어 최종용액(2㎍/㎖)을 만든다.

⑭ collagenase type II(또는 IV)

사용액 Collagenase 용액(0.8%)

Collagenase II ———————————— 120.0㎎

DNaseI(optional) ———— 0.3㎎
Culture medium ———— 15.0㎖

(4) 배양액 사용법

상용화된 배양이나 제조해서 사용한 배양에 기초배양액 이외에 FBS나 Glutamine 등과 같은 보충물질을 첨가하여 사용하게 된다.

① 양수, 조직, 융모용 배양

기초 배양액(chang media 등) ———— 100.0㎖
FBS ———— 10.0㎖
antibio-antimycotic ———— 1.0~2.0㎖(계절에 따라 변화)

② 혈액, 골수 배양

supplement media(113.0ml)제조

- RPMI 1640media ———— 80.0㎖
- FBS ———— 25.0㎖
- L-Glutamine ———— 2.0㎖
- antibio-antimycotic ———— 1.0㎖
- Phytohemagglutinin(골수배양에는 제외) – 4.0㎖(배양 직전에 넣어 사용할 것)

  반드시 제조 후는 0.22~0.45㎛ 필터를 사용하여 여과 후 사용한다.

(5) 배양액 제조(Ham's F-10, RPMI1640, MEM)

모든 시약제조작업은 무균작업대에서 실시한다.

① 각 배양액 분말(media powder) 1봉지를 멸균된 증류수 500㎗에 녹인다.

② FBS 100㎗를 준비한다(사용시 넣어도 됨).

③ $NaHCO_3$ 각 포장지에 표기된 용량(Ham's F-10 1.2g MEM 2.2g T.C199 2.2g RPMI1640 2.0g)을 100ml 멸균된 증류수에 녹인다.

④ penicillin-streptomycin 10㎖ 또는 antibio-antimycotic 20㎖를 준비한다.

⑤ HEPES 6.0g을 증류수에 50㎖에 녹인다(필수 시약은 아님).

⑥ ①~⑤를 혼합하여 확실하게 녹인 후 최종 1ℓ를 만든 다음 실온에 2시간동안 방치

한다.

⑦ 삼투압을 측정해 280~300Osmol/kg로 조절한다.

⑧ 0.22㎛ 필터로 여과한 후 5~100㎖씩 분주한 후 냉장 보관하여 사용하며 유효기간은 6개월 정도 안정적이나 FBS와 혼합한 경우는 1개월 정도 안정적인 것으로 알려져 있다.

(6) 세포배양을 위한 최적의 환경

① 오염요인 제거

미생물(microorganisms)은 대부분 배양하는 세포보다 빠르게 자란다. 그리고 그들은 대부분 독소를 생산하여 염색체배양에 악영향을 미칠 뿐 아니라, 오염은 염색체 퍼짐(spread)을 좋지 않게 작용한다. 한번 오염되면 다시 환원하기는 거의 불가능하다.

플라스크나 배지의 오염 현상

- 면실이나 털실모양이 출현하면 균류(fungus)에 오염된 것이다.
- 미세한 과립덩어리들이 출현하면 세균(bacteria)과 효모(yeast)에 오염된 것이다.
- 오염된 샘플은 원칙적으로 미생물실에서 그림염색(Gram stain)을 하여 오염균을 동정하여 대처한다.

오염된 샘플의 처리 방법

모든 작업은 무균작업대에서 오염된 배양액을 제거하고 버린다. 약 2.0㎖의 D-PBS용액으로 세포를 2~3회 씻어주고 오염원에 맞는 항생물질을 넣고 재배양을 실시한다. 그러나 대부분 한번 오염되면 다시 세포를 되살리는 것은 거의 불가능하므로 오염에 최대한 주의해야 한다.

오염된 세포에 항생제 처리방법(필요한 것만 추가함)

- gram positive와 gram negative 세균을 제거를 위해 Nystatin을 배양액 50㎖에 2.5㎖ 농도로 혼합하여 사용 한다.
- gram positive와 gram negative 세균을 제거를 위해 Gentamicin을 배양액 50㎖에 0.05㎖농도로 혼합하여 사용 한다
- 균류와 효모 제거를 위해 Fungizone을 배양액 50㎖에 0.50ml농도로 혼합하여 사용

한다.

- 균류와 효모 제거를 위해 Antibiotic-antimycotic(100X) 배양액 50㎖에 0.50㎖농도로 혼합하여 사용한다.

(7) 배양액검사

배양액 일부(2㎖)를 세균오염 여부 확인 위해 혈액 배양용 thioglycolate media에 넣어 10일간 37℃배양한다.

(8) 배양액 보관

기초 배양액 제조 후 배양액은 냉장고에서 대개는 6개월에서 1년 정도 보관될 수 있지만 혈청성분이 첨가된 혼합배양액은 4℃에서 4주 정도 보존 할 수 있다.

① 농도계산

주로 사용하는 농도 표시법: molar, percent %, "X"배 저장액

Molar 농도

1Molar 용액은 1 ℓ 의 용매에 용질의 분자량에 해당하는 gram수가 녹아있는 용액이다.

예) 3M NaCl 용액 100ml을 만들려면

58.456(NaCl 분자량)g×3moles×0.1 ℓ =17.53g

따라서 17.53g을 물에 녹여 최종량이 100ml가 되도록 하면 된다.

percent(%) 농도

percent(w/v): weight(g)가 100㎖속에 녹아있는 용액

percent(v/v): volume(v)이 100㎖속에 섞여있는 용액

ex) 1% agarose TAE buffer만들기

1g의 agarose를 TAE buffer에 녹여 100㎖로 만들면 된다.

"X" 배 저장액

5×, 10× 등의 "×"배 용액은 상용액보다 5배, 10배의 농도를 가진 용액으로 실험에 사용할 경우에는 1×로 희석해 사용한다.

ex) 20㎕ 제한효소혼합액(restriction enzyme mixture) 만들기

10× 완충액을 2.0㎕ 넣고 최종량이 20㎕가 되도록 한다.

② 저장액으로 사용액 만들기

분자생물학 실험실에서 사용되는 시약은 몇 가지의 저장액을 이용하여 사용액을 만드는 경우가 많다.

ex) 1M Tris용액과 0.5M EDTA를 이용하여 TE 완충액(10mM Tris, 1mM EDTA) 100ml를 만든다고 가정하면

$Ci \times Vi = Cf \times Vf$ ―――――――― 공식을 이용한다.

C : concentration V : volume

i : initial f : final

풀이) 1 M Tris용액 : 1,000mM × ?㎖ = 10mM × 100㎖

0.5 M EDTA용액 : 500mM × ?㎖ = 1mM × 100㎖

→ 실린더에 1M Tris용액 1㎖와 0.5M EDTA용액 0.2㎖를 넣고 100㎖선까지 증류수로 채운다.

3) 세포수집 과정

(1) colcemid 처리

염색체 중기상 유도를 위하여 방추사와 동원체의 분리를 억제물질인 colcemid는 방추 alkaloid계의 colcemid(또는 colchicine)의 투여 농도 및 재배양시간이 중기상의 수에 매우 큰 영향을 미친다. 고농도의 처리는 세포분열의 중단을 야기시키고, 반면 적정 수준 이하는 중기상을 적절히 억제하지 못하는 현상이 유발된다. 따라서 최대의 중기상을 유도하기 위해서는 배양액 ㎖당 colcemid 0.05~0.1㎍ 또는 colchicine 10㎍ 농도가 가장 바람직한 것으로 사료된다. 한편 colcemid 투여 후 재배양시간은 중기상의 모양에 매우 큰 영향을 미치는바 짧은 시간의 재배양은 중기상의 수가 적은 반면 상대적으로 긴 염색체(밴드 수가 많은) 양상을 보이고, 보다 긴 배양시간은 중기상의 유도는 증가되는 반면 염색체의 모양은 상대적으로 응축되어 짧은 양상을 보이게 된다. 따라서 최적의 중기상을 얻기 위해서는 혈액의 경우 colcemid 투여 후 30~40분 정도가 적당한 것으로 알려져 있다. 골수는 10분 정도 처리, 양수, 융모세포, 조직 등은 30분에서 4시간 정도, 고형종양의 경우는 15시간 정도 처리한다.

(2) 저장염류처리

저장액의 삼투압을 이용하여 세포내로 물을 이동시켜 세포의 부피를 팽창시키고, 중기상 염색체의 분산(spreading)을 유도함과 동시에 염색체길이를 늘리는 과정으로 세포수집시 중기상의 형태에 가장 큰 영향을 미치는 요인으로 여겨진다. 저장액의 성분 및 처리온도, 습도, 처리시간이 염색체의 형태에 가장 민감한 반응을 보이는 바 실온과 상대습도가 항상성을 유지하지 못하는 실험실에서는 세심한 주의가 요구된다. 처리온도는 30~35℃, 상대습도는 60%에서 가장 바람직한 결과를 얻을 수 있었다. 처리시간은 상기한 조건에서 15~20분이 적절한 저장액 처리상태가 됨에 따라 조건이 일정하지 못한 실험실에서는 37℃의 항온수조에 약 25~27분간 처리함이 가장 좋은 결과를 얻을 수 있을 것으로 생각된다. 저장액 처리시간을 너무 길게 하면, 세포가 지나치게 팽창되고 세포막이 파괴되어 중기세포의 손실을 가져올 수 있으며, 저장액처리가 충분하지 못 할 경우는 세포가 팽창하지 못하고 염색체의 분산이 적절하게 이루지지 못하여 염색체가 뭉치게 되고 염색체의 길이도 짧아져 염색체의 해상도가 좋지 않다. 특히 신생아 말초혈액이나 제대혈액검체는 적혈구수치가 높고 세포막이 저장액에 대한 저항성이 높은 특징을 가진다. 처리하는 저장액 양은 그다지 중요하지 않다. 단지 골수라든지 제대혈액, 양수, 융모 등에는 많은 양(12㎖ 정도)을 처리한다. 이 때까지는 세포가 살아 있으므로 오염에 주의해야 하며 저장액 처리 후 심하게 흔들면 세포가 파괴되어 마지막 단계에서 불안전한 중기상태를 나타나게 된다.

(3) 염색체 고정

염색체고정 과정에서는 단백질과 핵산의 변성과 침전을 일으킨다. 이 과정은 염색질을 강화하고 염색체 형태의 질을 향상시키며, 세포막이 깨지는 것을 방지하여 염색체가 흩어지는 것을 막아 준다. 그리고 적혈구 파괴를 일으킨다. 염색체 분석과정 중 저장액 처리된 샘플의 고정을 위해서 이후 고정과정이 수행되어야 한다. 염색체 세포의 고정처리를 위하여서는 일반적으로 변형 Carnoy 고정액이 가장 많이 이용되고 있다. 특히 고정처리 방법에 따라 염색체의 형태에 매우 큰 영향을 미치게 된다. 고정처리시 급격한 고정액주입은 염색체들의 수축을 유발하므로 방울방울 떨어뜨리며 혼합하는 방법을 취하는 것이 좋다. 또한 슬라이드상의 이물질의 최소화를 위해서는 최소한 3회 이상의 새로운 고정액의 반복 처리가 요구된다. 특히 슬라이드를 만들고 남겨진 세포현탁액은 고정액에 담겨진 채로 뚜껑을 잘 막으면 1~2개월간 냉장고(-20℃)에 보관이 가능하다. 경험에 의하면 표본제작은 당일 하는 것이 가장 좋은 중기상을 얻을 수 있다.

(4) 표본제작

적절한 저장액처리와 고정처리 후 가장 좋은 상태 염색체 중기상의 관찰을 위해서는 슬라이드상에서 최적의 퍼짐을 유도하여야 한다. 슬라이드상에 적절한 퍼짐을 위한 조건을 보면 세포막의 파열은 떨어뜨리는 높이에 의해 유도되는 바, 이는 최소한 25㎝ 이상의 높이만 유지하면 큰 차이가 없는 것으로 보인다. 일차적인 건조를 위한 실험실의 조건은 슬라이드에 세포를 떨어뜨린 후 건조 방법에 따라 염색체의 질(quality)에 많은 영향을 미친다. 슬라이드를 만드는데 50~60%의 습도와 온도는 24~27℃가 적당한 것으로 알려져 있다. 매우 건조한 환경에서 슬라이드를 만들게 되면 염색체가 슬라이드상에 너무 많이 퍼지게 된다. 이러한 경우에는 가습기 또는 온수조를 이용하여 습기를 공급 해주거나 잠시 동안 슬라이드를 냉장고에 넣어 준 후 슬라이드 만들 수 있다. 또한 매우 습한 날씨의 경우에는 염색체가 잘 퍼지지 않게 되기 때문에 이때에는 슬라이드 위에 고정된 세포 방울을 떨어뜨린 직후 40℃ 항온판 위에서 얹어 두어 말리면 된다. 이때 온도가 너무 뜨겁지 않게 주의해야 한다. 일차로 건조된 슬라이드를 이차적인 건조는 낮은 온도에서 건조 지킬 경우 매우 늦은 건조 양상을 보이며 이럴 경우 염색체 주위에 세포질이 많이 남아 있는 수가 있다. 그러므로 바람직한 염색체 양상을 유지하기 위한 슬라이드 건조는 약 45℃정도의 슬라이드 warmer를 이용하거나 56~60℃ dry oven에서 16~24시간 둔다. 실온에서 건조시킬 경우는 2~3일간의 건조시간이 필요하다. 급하게 처리해야 할 경우는 90℃에서 60분간 dry oven에서 건조시켜 사용한다. 특히 슬라이드를 완전하게 건조를 시키지 않을 경우 숙성(aging)이 되지 않아 염색시의 트립신작용이 잘 일어나지 않는다.

4. 세포배양

- 세포배양의 모든 과정은 무균상태에서 시행되어야 한다.
- 배양액은 사용직전에 37℃로 전배양시킨다.
- 혈액이나 골수세포 배양시 하루에 1~2회 정도 가볍게 흔들어 준다.
- 배양액 색깔의 변화(검정색이나 노란색 또는 뿌옇게)는 오염을 의미하므로 바로 새로운 샘플을 얻어 재배양해야 한다.

1) 림프구배양

항응고제(헤파린 10~25IU/㎖, 다량의 들어가는 것은 배양에 좋지 않음)를 미리 시험관에 넣는 다음 말초혈액을 넣고 혼합하여 응고되지 않도록 한다. 경우에 따라서는 주사기에 직접 항응고제를 처리한 후 채취한다. 말초혈액 중 염색체 분석을 위해서는 림프구를 이용한다. 정상적인 혈액의 경우 백혈구의 35% 가량이 림프구다. 이중 55~75% 가량이 T-림프구이고, T-림프구가 유사분열촉진제(PHA)의 자극을 받아 DNA합성을 시작하고 세포의 분열증식이 일어난다.

(1) 분열촉진에 의한 배양

① 혈액배양

a. 배양용기(15㎖ 원추형시험관)에 표 8-8과 같이 넣고 배양용기 입구와 뚜껑을 알코올 램프로 소독 후 뚜껑을 덮는다.

표 8-8. 말초혈액배양을 위한 배양액과 첨가물

	샘플(㎖)	배양액(㎖)	FBS	PHA	L-Glutamine
말초혈액	성 인: 0.1~0.3 어린이: 0.1~0.2 신생아: 0.1	5.0	0.5㎖	0.15㎖	3주 이상 된 배양액에는 0.05㎖ 첨가

b. 샘플을 넣은 배양용기에 이름을 적고난 후 CO_2 배양기(CO_2 incubator)에서 66~72시간 배양한다.

만일 염색체의 길이를 늘이고 싶으면 colcemid처리 1시간 전에 EtBr 5~7.5㎍를 처리한다(EtBr 10㎎/㎖일 경우 3㎕/5㎖).

② 취약 X 배양법

시약 준비

5-Fluorodeoxyuridin(FUdR): 4×10^{-7}M

Thymidine: 1.3㎎/10㎖

a. 취약 X 증후군(fragile X 증후군) 의심 환자 샘플의 경우는 T.C 배양액 3개에 일반 혈액배양(표 8-8)과 같은 방법으로 96시간 배양한다.

b. 약 41시간 후에 2개의 시험관에 0.05㎖ FUdR를 넣고 하나는 0.05㎖ Thymidine용액(배양액 5㎖일 경우) 넣고 계속 배양한다. colcemid 처리를 2~5분 동안만 처리한다.

c. 세포수집을 실시한 다음 G-분염을 관찰 하고 일부는 일반 염색(2% Giemsa)을 하여 염색체 분석을 실시한다.

③ Fanconi 빈혈진단을 위한 배양법

a. 표 8-9와 같이 준비된 방법에 의하여 3가지 방법으로 배양한다.

b. 72시간 정도에 세포수집 한다.

c. 분석 방법은 기준(control)과 대조하여 10배 이상의 전좌, dicentric, ring, 수적이상 등을 나타내 것으로 양성을 판정한다.

표 8-9. Fanconi's anemia 진단을 위한 배양액과 첨가물

	샘플(㎖)	배양액(㎖)	FBS	PHA	항생제	Mitomycin C 농도
말초혈액	성 인: 0.2~0.3 어린이: 0.1~0.2 신생아: 0.1	4.5㎖	0.6㎖	0.1㎖	0.05㎖	1번 시험관: 10㎍/㎖ 2번 시험관: 50㎍/㎖ 3번 시험관: 대조

(2) 비분열촉진 배양

① 고농도 백혈구가 포함된 혈액배양

백혈구 정상치보다 높게 나오면 항상 혈액질환으로 판단하고 배양한다.

전혈로부터 백혈구 분리

a. 5㎖의 신선한 전혈을 10㎖ 배양액이 들어있는 시험관 벽면을 이용하여 흘러 밑으로 가라앉게 한다.

b. 700×g로 20분간 원심분리(적혈구-백혈구-혈청-배양액 순으로 분리)를 실시한다.

c. pasteur 피펫을 사용 백혈구층만을 분리해 낸다.

d. 분리된 백혈구를 다른 새 배양기로로 옮겨 10㎖ 배양액을 더한 후 혼합하고 다시 450×g로 10분간 원침시킨다.

e. 상층액은 제거하고 침전된 백혈구 층만을 다시 신선한 배양액에 넣고 450×g에서 10분 동안 재원침 시킨다.

f. 침전된 백혈구를 배양에 이용한다.

농축된 백혈구 배양법

a. 분리된 백혈구에 배양액을 가한다. 이때 세포의 농도는 배양액 1㎖당 10^6개 세포농도로 조절한 후 세포배양용기(15㎖ 원추형시험관)를 이용하여 배양한다.

b. 만성골수성 백혈병이나, 급성백혈병(acute leukemia)이 의심될 경우 단기배양법(short

term culture) 즉 PHA를 넣지 않고 24~48시간만을 배양하고, 만성림프구성백혈병(CLL)인 경우는 배양액에 PHA를 넣은 후 5일간 장기배양 한다(이유는 leukemic B-cell lymphocytes의 경우는 매우 낮은 자연적인 유사분열현상을 나타낸다).

② 골수세포배양

배양 전처리과정

a. 척추나 장골 등에서 채취한 골수 0.3~2.0㎖를 항응고제(sodium heparin, 300unit)가 들어 있는 37℃ 배양된 배양액 10㎖에 넣고 원심분리하여 세포를 씻어낸다(신선한 배양액으로 2~3회). 이러한 과정은 세포막에 존재하는 세포표면의 다당류와 chalone 들을 제거해 주는 것이 염색체의 질을 높여 줄 수 있다.

b. 마지막 원침이 끝난 침전물(골수혈액)을 70% percoll용액위에 조심스럽게 올려놓고 700×g로 10분간 원심분리(밑층부터 적혈구, percoll용액, bone cell층)하여 골수세포만을 추출하여 배양한다.

- 골수세포는 배양에 앞서 어떤 혈액질환인지를 정확히 파악하고 혈액질환에 맞는 배양법을 선택하여 배양하여야 한다(표 8-10).
- 단기법과(short term culture)와 직접법(direct)을 병행 실시하여야 한다.
- 만일 샘플이 충분하지 않을 경우는 단기배양을 실시한다.

표 8-10. 혈액질환별 샘플의 종류와 배양법

질 환	샘플의 종류	배양법
악성림프종	림프절생검조직	조직 배양법
골수증식성질환	골수	무자극, 단기배양
골수이형성 증후군	골수	무자극, 단기배양
급성백혈병	골수	무자극, 단기배양
만성림프구성백혈병	말초혈액, 골수	세포분열 물질(PHA), 3일 배양
급성림프구성백혈병	골수	직접법(채취 후 즉시)
피부T세포 림프종	말초혈액	단기배양법(short term culture 24~48시간)
급성골수구성백혈병	골수	직접법(X) 무자극, 단기 배양
기타 혈액질환	골수, 말초혈액	무자극, 단기 배양

직접배양법(direct culture)

a. 먼저 15㎖ 원추형 시험관 A, B를 준비한다.

15㎖ 원추형 시험관 A에 10㎖ 저장액과 0.1㎖ colcemid용액을 혼합한다.

15㎖ 원추형 시험관 B에 10㎖ 배양액에 9㎕ EtBr(10㎎/㎖)과 0.1㎖ colcemid용액을 혼합한다.

b. 각각의 15㎖ 원추형 시험관에 골수 7~9방울 넣고 잘 혼합한다.

c. 15㎖ 원추형 시험관 A는 배양기에서 30분 동안, 15㎖ 원추형 시험관 B는 배양기에서 60분 동안 배양한 후 원심분리 후 세포수집(세포가 약함으로 vortex 사용 금지)한다.

단기배양법(short-term culture)

a. 먼저 15㎖ 원추형 시험관 A, B를 준비한다.

15㎖ 원추형 시험관 A에 10㎖ RPMI1640을 담든다.

15㎖ 원추형 시험관 B에 10㎖ RPMI1640과 1.0㎖ GTC배양액 담고 혼합한다.

b. 각각의 15㎖ 원추형 시험관에 골수 7~9방울 넣고 잘 혼합한다.

c. 15㎖ 원추형 시험관 A는 배양기에서 24시간 동안, 15㎖ 원추형 시험관 B는 배양기에서 48시간 동안 배양한 후 9㎕ EtBr(10㎎/㎖) 용액과 0.1㎖ colcemid 용액을 혼합하고 60분간 배양기에 넣어 배양한 다음 세포수집(세포가 약함으로 vortex 사용 금지)한다.

2) 양수, 융모, 조직배양

(1) 양수세포 배양

- 일반적으로 배양기간은 10일 이내로 하는 것이 좋은 결과를 얻을 수 있다.
- 배양액을 갈아 줄때는 한 번에 전부 교체 해주는 것보다는 2/3 정도를 빼고 신선한 배양액으로 교체하는 것이 좋다.
- 배양 초기에 배양액을 적게 넣어 농도를 증가 시키는 것도 배양에서 세포의 콜로니(colony) 성장을 돕는 방법이 될 수 있다.
- In Situ배양법은 적은 양수세포로 배양을 시작하거나 특수한 연구를 목적으로 할 때 매우 유용한 방법이 될 수 있다.

① 배양

a. 준비된 배양액(5~10㎖)을 상온이나 배양기(37℃)에서 전 배양시킨다.

b. 양수를 멸균된 2개의 15㎖ 원추형 시험관에 옮기고 환자 이름 등을 적은 다음 원심분리(450×g로 6~7분간)한다.

c. 4개의 TC 플라스크(25㎠)에 환자이름, 날짜, 샘플번호, 이름 등을 적는다.

d. 멸균된 pasteur 피펫을 사용해서 침전물만을 남기고 나머지 상층액은 버리고 각각 원추형시험관에 배양액(3~5㎖)을 넣어 침전물과 피펫으로 부드럽게 잘 섞어 준 후 준비된 플라스크 각각에 넣어 준다. 이때 플라스크의 입구와 뚜껑을 알코올램프로 살짝 소독한 다음 뚜껑을 닫아 준다.

e. 플라스크의 바닥에 양수세포들이 고루 잘 퍼졌는지를 도립현미경에서 관찰한 후 플라스크의 뚜껑을 열어 준 다음(뚜껑에 필터가 설치된 제품은 뚜껑을 열어둘 필요 없음) 두개 이상의 배양기에 나누어 배양 한다.

f. 약 5~6일 후 플라스크 바닥에 부착세포 콜로니 형성 정도를 도립현미경에서 확인하여 세포가 플라스크의 바닥에 부착되었으면 기존의 배양액의 반 혹은 전부를 버리고 전 배양된 새 배양액으로 교체해준다.

g. 계대배양 전까지 일주일에 2~3회 정도 배양액을 갈아준다.

모체혈액세포(maternal blood cells) 오염

양수에는 종종 혈액이 함께 채취되는 경우가 있다. 이 혈액이 태아에게서 얻어진 혈액이면 문제가 없으나 모체혈액일 경우는 문제가 될 수 있다고 의심해 볼 수 있으나 혈액은 배양되는데 한계가 있다. 혈액은 분열촉진물질제가 없이는 세포분열이 거의 이뤄지지 않지만 만일 분열이 이뤄진다 하더라도 혈액세포는 7일 동안은 세포분열을 하지만 그 이상은 배양하면 배양되지 않는다. 그러므로 양수는 보통 이 기간보다 더 긴 기간을 배양함으로 문제점이 없는 것으로 알려져 있다. 또한 성숙된 모체대식세포(maternal macrophages)는 trypsinization처리에 의해 제거되므로 일반적인 양수 배양법에서 모체혈액세포 오염은 문제점이 될 수 없다. 단지 양수내 혈액세포는 양수 내 세포들이 용기표면에 달라붙는 것을 방해할 수 있어 문제가 될 수 있다. 그러나 모체조직(maternal tissue cell)은 양수세포와 같이 배양될 수 있으므로 문제가 될 수 있다. 그러므로 반드시 양수 채취시 처음 채취된 양수 2㎖는 버리고 다른 주사기를 가지고 다시 받아야 한다.

② 계대배양

양수세포 배양에서 계대배양(subculture)이란 0.25% 트립신을 이용하여 뭉쳐있는 콜로니들을 플라스크표면에 단일층(monolayer) 균일하게 퍼뜨려 주는 방법이다. 배양액내 혈청은 antitrypsin의 효과가 있으므로 trypsinization을 위해서 먼저 플라스크의 배양액을 버리고 세포가 있는 플라스크표면을 D-PBS나 생리식염으로 씻어준다. 그리고 0.25% 트립신으로 2~5분간 처리한 다음 플라스크바닥을 손바닥 등으로 쳐 주면 세포가 바닥에서 떨어진다. 바닥에서 떨어진 세포들을 새 플라스크로 옮기고 혈청이 들어 있는 새 배양액으로 희석하여 트립신의 작용을 중지시키고 세포들을 플라스크바닥에서 자라게 해주는 과정이다. 이때 세포 수를 알맞게 조절해 주어야만 배양실패를 방지하고, 플라스크 바닥에 세포들이 잘 부착하여 세포분열이 왕성해지고, 이때 얻어진 중기상으로부터 양질의 염색체를 많이 얻게 된다.

방법

a. 트립신 0.25%를 준비한다(트립신 2.5%를 원추형시험관에 1㎖씩 분주해서 냉동 보관하고 이를 사용 전에 녹여서 생리식염 9㎖을 혼합하여 0.25%트립신을 만든다).
b. 섬유아세포가 충분히 플라스크 바닥에 50%이상 생기면(배양 후 8~12일 정도) 플라스크의 배양액을 버리고 생리식염 2~3㎖을 10㎖ 주사기로 취하여 플라스크에 넣고 세척해 준다(2회).
c. 세척한 생리식염은 버리고 트립신 0.25% 0.5~1㎖을 플라스크에 넣는다. 도립현미경에서 트립신작용을 관찰한다. 그 동안 2차 배양할 새 플라스크를 준비하여 한다.
d. 세포가 트립신작용에 의해 어느 정도(2~10분) 플라스크 바닥에서 떨어지면 손바닥으로 두드려서 모든 세포들을 플라스크바닥으로부터 떨어뜨린 후 이를 새로운 플라스크로 옮겨 준다.
e. 각 플라스크에 배양액을 3~5㎖정도 피펫으로 넣어 주고 뚜껑과 플라스크의 입구를 알코올램프로 소독하여 닫은 후 아래위로 세게 흔들어서 배양액과 잘 섞어 준다.
f. 배양액과 잘 섞였는지 세포양은 적당한지 등을 도립현미경으로 확인한 후 배양기에서 24시간 동안 배양한다.
g. 24시간동안 배양 후 세포의 부착여부를 확인한 다음 배양액을 갈아준다.
h. 트립신 처리 후 보통 2일째(배양액을 갈아준 다음날)에 원형세포가 도립현미경 100배상에서 20개 이상의 세포가 관찰되면 세포수집을 한다. 이때 충분한 원형세포가 관찰되지 않는 경우는 1~2일 후에 세포수집을 한다.

(2) 양수세포 In situ배양

① 배양

a. 준비된 배양액을 배양기에서 전처리 한다.

b. 양수를 멸균된 원추형시험관로 옮겨서 환자 이름(labelling)한 다음 450×g로 6~7분 동안 원심분리 한다.

c. 원심분리하는 동안 coverslip kit를 준비한다. 샘플(A.F 20㎖) 하나당 coverslip kit 수는 4개를 기준으로 하며 보통 6개 보다 많게 준비한다. 준비한 coverslip kit의 배양접시 뚜껑에 환자 이름, 일련번호, 날짜 등을 기록한다.

d. 원심분리한 양수를 멸균된 pasteur 피펫으로 0.5㎖ 정도만 남기고 상층액을 버린다. 여기에 1.5㎖의 배양액을 넣고 부드럽게 섞어 준 다음 0.5㎖씩을 각 coverslip 위에 나누어 배양한다.

e. 배양접시의 뚜껑을 덮은 후 2개 이상의 배양기에 나누어 24시간 배양한다.

f. 24시간 배양 후 coverslip위에 2㎖의 배양액을 멸균된 피펫으로 첨가해준 다음 배양기에서 배양한다.

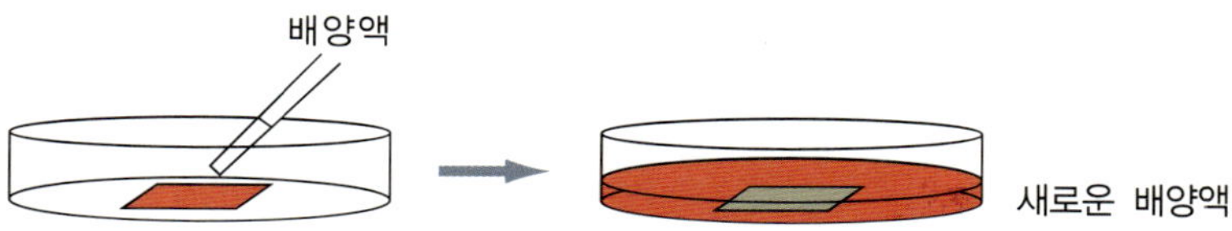

g. 3~4일 후에 배양 상태를 확인한다. 배양이 거의 안되었거나 배양 상태가 안 좋으면 배양액을 반만 피펫으로 버리고 전 배양된 새로운 배양액을 피펫으로 넣어 주고 배양이 잘 되는 경우에는 배양액을 전부 버리고 새로운 배양액을 피펫으로 넣어 준다. 샘플에 혈액이 많이 섞였거나 세포수가 너무 많다 싶으면 원래의 배양액을 버리고 새로운 배양액을 2㎖ 넣고 조심스럽게 세척해준 후 버리고 새로운 배양액를 넣어 준다.

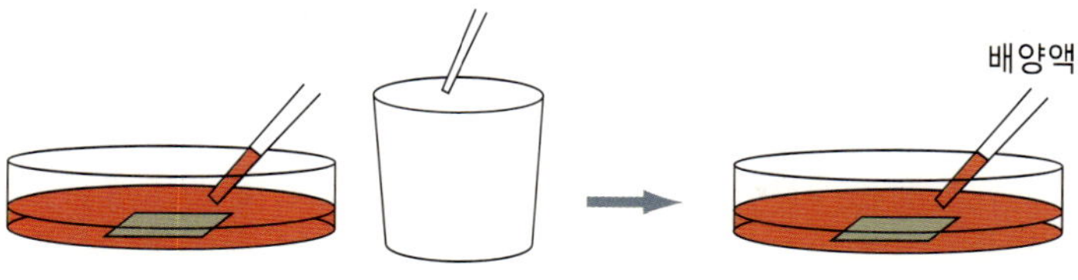

배양액 교환

h. 2~3일 간격으로 세포상태를 도립현미경으로 확인하며 세포수집 전까지 배양액을 갈아준다. 보통 배양 시작 후 7~9일 쯤 세포수집을 하거나 계대배양을 실시한다. 보통 원형세포가 있는 5~6개 3~5㎜ 콜로니(colony)가 관찰되면 세포수집을 하게 된다. 단, 1개 콜로니라도 10㎜ 이상(500개 이상 세포) 큰 모양이면 계대배양을 할 수 있다.

② In situ 계대배양

a. 0.05% 트립신을 만든다(2.5% 트립신을 생리식염으로 1/50로 희석한다).

b. 배양액를 멸균된 피펫으로 버리고 D-PBS(또는 생리식염)로 세척 한 후 버린다.

c. 0.05% 트립신을 10㎖ 주사기(21G)로 5방울을 떨어뜨리고 37℃ 슬라이드 warmer에 2~3분 동안 둔다.

d. 현미경으로 관찰(수분 동안)하여 세포들이 coverslip의 표면에서 떨어지는 것이 확인되면 coverslip 하나당 0.5㎖씩의 배양액을 멸균된 피펫으로 넣고 부드럽게 섞어 준 다음 세포현탁액 0.5㎖씩을 새로운 coverslip으로 옮긴다. 처음 배양용기에도 새로운 배양액을 넣어 준다.

e. 24시간 배양(37℃, 5% CO_2) 시킨다.

f. 24시간 배양 후 coverslip을 확인하여 세포수집하고 만일 시기가 안 됐으면 2㎖의 배양액을 보충 해주고 매일 확인하여 알맞은 세포수집시기를 결정한다.

(3) 정상조직 세포배양

- 정상조직 세포배양 위해서는 살아있는 세포이어야 하며, 사산태아의 경우는 최소 24시간 내에 샘플을 채취해 배양해야 성공할 확률이 높다. 또한 오염되지 않는 세포여야 한다.
- 조직량은 적은 양으로도 배양이 가능하며 배양시 필요한 농도는 배양용기바닥에서 일정량이 관찰될 정도면 된다.
- 정상조직들은 매우 빠르게 자라므로 보통 24시간부터 많은 세포들이 바닥에서 관찰된다.

① 배양

a. 생리식염에 담겨진 조직을 멸균된 배양접시로 옮겨 멸균된 외과수술용칼날로 충분히 다져준다.

b. 다져진 조직에 소량의 배양액을 넣어 섞어 준 다음 바늘을 뺀 1㎖ 주사기로 2개의 플라스크에 나누어 넣어 주고 각각 배양액을 4~5㎖씩을 추가해 넣어 준다.

c. 두개 이상의 배양기에 나누어 뚜껑을 살짝 연채로 배양한다.

d. 플라스크바닥에 세포가 부착되면 배양액을 교환해 준다.

e. 계대배양 전까지 일주일에 2~3회 정도 배양액을 갈아준다.

f. 양수와 같은 방법에 의해 2차 배양을 실시한다.

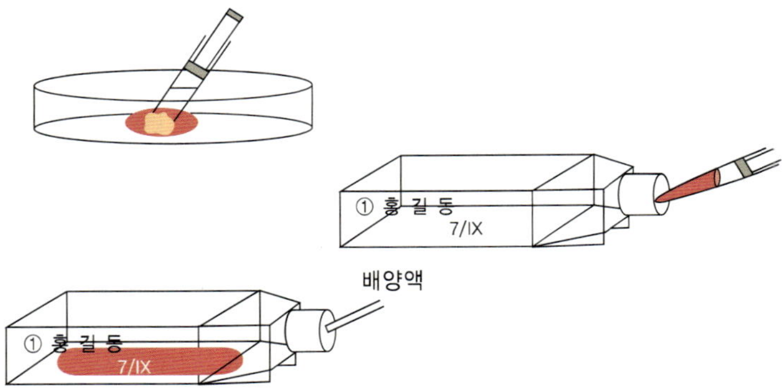

(4) 융모막융모 배양

- 충분한 시간을 가지고 채취된 샘플로부터 입체현미경(stereo microscope)하에서 융모막융모(chorionic villi)만을 선택하는 것이 가장 중요하다.
- 샘플채취시 검사자도 함께 참여하여 진성융모막융모의 채취유무와 샘플량 등을 확인하여 주는 것이 꼭 필요하다.

① 장기배양(long term culture)

a. 채취된 융모막 샘플을 배양액(5㎖)이 담겨 있는 멸균된 60㎜ 배양접시에 항응고제(헤파린 0.1㎖)를 첨가하고 채취한 융모를 넣고 입체현미경하에서 확인하다.

b. 필요한 융모가 채취되면 배양실로 바로 옮겨 입체현미경하에서 융모막융모를 확인하고 핀셋과 주사기 바늘 등을 이용하여 융모막융모만을 선택하여 골라낸 후 새로운 용기에 옮겨 놓고 외과용수술칼날로 충분히 다져준다.

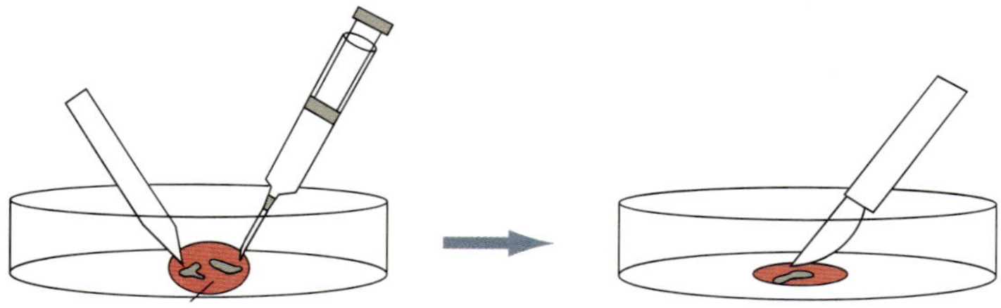

융모막융모를 배양할 때 외과수술용 칼날로 다져주는 대신에 collagenase 사용하는 방법을 사용할 수 있다. 사용법은 Collagenase type IV(100IU/㎖) 1.5~2㎖에 융모를 넣고 혼합한 후 30분 동안 정치한 다음 피펫팅하여 단일세포현탁액(single-cell suspension)을 만든다. 단일세포현택을 배양액을 이용하여 세척한 후 배양한다.

c. 소량의 배양액을 넣어 섞어 준 다음 바늘을 뺀 1㎖ 주사기로 2개 플라스크에 나누어 넣어 주고 각각에 배양액을 4~5㎖씩을 더 넣어 준다.
d. 두개 이상의 배양기에 나누어 뚜껑을 살짝 연채로 배양한다.
e. 플라스크 바닥에 세포가 부착되면(보통 4~6일) 3~4일 간격으로 배양액을 교환해주며, 플라스크 바닥에 40~50%정도 부착되면 계대배양을 실시한다. 그 외 세포수집과정은 양수와 동일하다.

② 직접배양법(direct culture)

a. 35㎜ 배양접시에 3㎖ 배양액을 넣고 약 1~2시간 전 배양한다.
b. 채취된 융모를 전 배양된 배양액에 넣고 배양기에서 12~16(또는 48시간)시간 배양한다.
c. 0.2㎖의 colcemid(10㎍/㎖)를 배양접시에 첨가하고 1시간 배양한다.
d. 부착된 침전물만을 남기고 배양액을 조심스럽게 제거(조직이 제거되지 않도록 조심)한다.
e. 저장액 3㎖을 가한 후 20분 정도 배양기에 보관 후 저장액제거 후 고정용액을 1방울씩 천천히 첨가한다.
f. 고정액이 들어있는 저장액을 곧바로 흡입하여 버리고 2차 고정하고 약 10분정도 방치, 그리고 다시 한 번 고정액 처리 후 고정액을 완전히 제거하고 1~2분정도 정치시켜 잔유 고정액을 증발시킨다.
g. 0.2~0.5㎖의 60% acetic acid를 3분정도에 걸쳐 첨가하고(아주 천천히) 약5분간 가볍게 배양접시를 흔들어 준다. 이때 해리된 세포들을 배양접시를 기울고 1㎖ 주사

기를 이용 흡입(아주 천천히)한다.

h 흡입한 0.1~0.2㎖ 정도 세포액을 가온(40℃)된 슬라이드 위에 놓고 끝이 굽은(bent tip) pasteur 피펫을 이용하여 세포액을 펼쳐준다(슬라이드 위에서 떨어뜨리면 세포막이 약해 염색체들이 혼합되는 현상이 나타난다).

i. 완료된 슬라이드는 즉시 hot plate(40℃)위에 두고 20~30분간 건조한다.

(5) 종양세포 배양

a. 종양세포(solid tumors tissue)를 멸균된 배양접시에 옮기고 입체현미경하에서 외과수술용칼날로 잘게 잘라준다.

b. 잘게 자른 조직을 0.8% Collagenase Type II용액 1.5-2㎖에 고형조직이 충분히 담기도록 한 다음 3시간(또는 15시간) 동안 정치한다. 그리고 피펫팅하여 단일세포현탁액(single-cell suspension)을 만든다. 단일세포들을 배양액을 이용하여 세척한 후 배양한다.

c. 세척한 단일세포에 소량의 배양 배양액을 넣어 섞어 준 다음 썩어주고 바늘을 뺀 1㎖ 주사기로 2개 플라스크에 나누어 넣어 주고 각각 배양액을 4~5㎖씩 넣어 준다.

d. 두개 이상의 배양기에 나누어 뚜껑을 살짝 연채로 배양한다.

e. 플라스크 바닥에 세포가 부착되면 배양액 교환은 3~4일 간격으로 실시하고 2차 배양, 세포수집과정은 양수와 동일하다. 단 세포수집과정 중 colcemid(0.01㎍/㎖)처리시간은 15시간 정도로 길게 처리한다.

3) 세포수집

- 잘못된 세포수집이나 실험실사고 등에 대비해 배양 중인 세포 전부를 한꺼번에 세포수집을 하는 것보다는 나눠서 하는 것도 좋은 방법이다.

(1) 혈액과 골수

a. 68~72시간 배양한 각 샘플에 10㎖ 주사기로 colcemid 2방울(0.05㎖)씩 넣고 잘 섞어 준 다음 30~40분 동안 배양시킨다. 배양하는 동안 반드시 저장액도 함께 배양기에 넣고 전처리시킨다. 단 골수세포는 10분정도만 처리한다.

b. 배양 후 꺼내 6~7분 동안 원심분리(450×g) 시킨다.

c. 원심분리 후 상층액은 피펫으로 버리고 미리 전 배양시킨 저장액을 각 시험관에

2~3㎖ 가량 넣고 침전물을 섞어 준 후 저장액 총량이 6~8㎖이 되도록 더 넣어 준 다음 부드럽게 피펫팅해주고 20~25분 동안 배양시킨다.

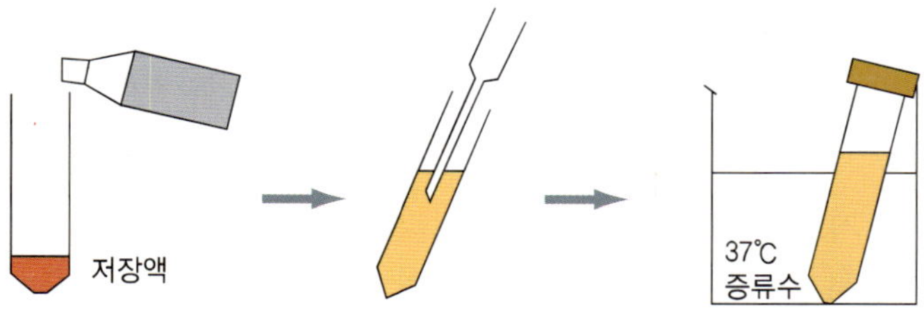

d. 저장액 처리된 세포에 전고정을 위해 Carnoy 고정액(methanol : acetic acid = 3:1 또는 6:1)을 0.5㎖씩 각 시험관에 넣고 위 아래로 흔들어 섞어 준 후 6분 동안 원심분리 시킨다.

e. 침전물만을 남기고 상층액을 피펫으로 버리고 각 시험관에 Carnoy 고정액을 2~3㎖를 넣고 잘 섞어 준 후 총량이 5~6㎖이 되도록 Carnoy 고정액을 더 넣고 강하게 피펫팅해준다. 피펫팅 후 15~20분 동안 냉장시킨다.

f. 냉장된 시험관을 꺼내 원심분리한 후 상층액은 피펫으로 버리고 Carnoy 고정액 3㎖을 넣고 강하게 피펫팅 한다. 이 샘플을 2~8℃에서 보관한 후 다음 날 원심분리하여 슬라이드를 만들고, 세포수집 당일에 끝낼 경우는 f 과정을 3~5회 더 실시하여 고정한 후 슬라이드를 만든다.

(2) 양수, 융모, 조직

① 장기배양법 세포수집

세포수집을 하는 시기는 매우 중요하다. 보통 계대배양 2일째에 하지만 중요한 기준이 되지 못하고, 중요한 기준은 원형세포의 숫자다. 보통 도립현미경 100배에서 20개 이상의 원형세포가 관찰되면 실시한다.

a. 세포수집 할 플라스크에 10㎖ 주사기(21G)로 colcemid를 6~8(0.15㎖)방울 떨어뜨리고 3~4시간 동안 배양시킨다. 배양하는 동안 반드시 저장액도 함께 배양기에 넣고 전처리시킨다.

b. 배양시킨 플라스크 안의 배양액을 원추형시험관으로 옮긴 후 원심분리 한다. 그동안 플라스크의 전배양된 저장액을 2~5㎖ 넣고 플라스크 바닥에 부착세포들을 scraper로 가볍게 긁어낸다.

c. 원심분리한 상층액은 피펫으로 버리고 긁어낸 세포들을 피펫으로 세포침전물이 들어있는 원추형시험관에 혼합하고, 총량이 10~12㎖이 되도록 저장액을 더 넣어 준 후 부드럽게 피펫팅 해준 다음 20분 동안 배양한다.

d. 저장액 처리된 세포에 전고정을 위해 Carnoy 고정액(methanol : acetic acid = 3:1 또는 6:1)을 0.5㎖씩 각 시험관에 넣고 위 아래로 흔들어 섞어 준 후 6분 동안 원심분리 시킨다.

e. 침전물만을 남기고 상층액을 피펫으로 버리고 각 시험관에 Carnoy 고정액을 2~3㎖를 넣고 잘 섞어 준 후 총량이 5~6㎖이 되도록 Carnoy 고정액을 더 넣고 강하게 피펫팅 해준다. 피펫팅 후 15~20분 동안 냉장시킨다.

f. 냉장된 시험관을 꺼내 원심분리한 후 상층액은 피펫으로 버리고 Carnoy 고정액 3㎖을 넣고 강하게 피펫팅 한다. 이 샘플을 2~8℃에서 보관한 후 다음 날 원심분리하여 슬라이드를 만들고, 세포수집 당일에 끝낼 경우는 f 과정을 3~5회 더 실시하여 고정한 후 슬라이드를 만든다.

② In situ법의 세포수집

a. coverslip kit에 있는 배양액을 버리고 새 배양액 2.5㎖을 피펫으로 넣어 준다.

b. 10㎖ 주사기(21G)로 colcemid 4~5(0.1㎖)방울을 넣고 3시간 동안 배양시킨다. 배양하는 동안 반드시 저장액(0.0375M)도 함께 배양기에 넣고 전처리시킨다.

c. 배양접시에 담긴 배양액을 버리고 전배양시킨 저장액을 넣고 실온에서 20분간 둔다.

d. 전고정을 위해 저장액에 0.5㎖의 Carnoy 고정액을 넣고 2분간 실온에 둔다.

e. 전고정된 배양접시 용액을 버리고 Carnoy 고정액 2㎖을 넣고 20분간 실온에 둔다.

f. e번 단계와 방법으로 실시하며 실온에 20분간 둔다.

g. e번 단계와 방법으로 실시하며 실온에 20분간 둔다.

h. 3차 고정이 끝나면 고정액을 피펫으로 coverslip을 습도 40~50%에서 aquarium pump로 고정액을 부드럽게 불면서 건조해준다.

고정액 제거시 주의할 점

가능한 한 많은 고정액을 제거해야 한다. aquarium pump를 써서 coverslip 위에 공기를 통과 시킬 때 중심부는 약하게 주변부는 강하게 해서 coverslip이 안에서 밖으로 또는 한 슬라이드에서 다른 슬라이드로 건조될 수 있게 한다. 습도가 너무 낮으면 팽팽하게 건조되어 세포막이 중기상염색체 주변에 남아 있게 된다. 반면에 습도가 높으면 세포들이 흩어져 버린다. 최적의 습도는 43~48%이고 건조시간은 30초 정도가 좋다. 배양접시 안의 coverslip을 떼어 슬라이드위에 봉입하고, 실온에서 1~2시간 건조시킨 후 건조기(60℃)에서 15시간정도 건조시킨 다음 GTG-분염을 하여 검경한다.

③ 종양세포의 세포수집

종양세포들은 원형세포 숫자가 매우 낮게 보인다. 그러므로 도립현미경 100배상에 적은 숫자(5개 이내)여도 세포수집을 실시한다.

a. 배양된 플라스크에 BrdU 25㎕와 colcemid 25㎕를 넣고 18~20시간 동안 배양 시킨다. 배양 끝나기 1시간 전 부터 저장액(0.0375M)도 함께 배양기에 넣고 전처리시킨다.

b. 배양시킨 플라스크 안의 배양액을 15㎖ 원추형시험관으로 옮긴 후 원심분리 한다. 그동안 플라스크의 전배양된 저장액을 2~5㎖ 넣고 플라스크 바닥에 부착세포들을 scraper로 가볍게 긁어낸다.

c. 원심분리한 상층액은 피펫으로 버리고 저장액을 넣고 긁어낸 세포들을 피펫으로 세포침전물이 들어있는 15㎖ 원추형시험관에 혼합하고, 총량이 10~12㎖이 되도록 저장액을 더 넣어 준 후 부드럽게 피펫팅해 준 다음 20분 동안 배양한다. 이때 주의할 사항은 0.0375M 저장액에 20분 이상 두지 않도록 한다.

d. 저장액 처리된 세포에 전고정을 위해 Carnoy 고정액(methanol:acetic acid = 3:1 또는 6:1)을 0.5㎖씩 각 시험관에 넣고 위 아래로 흔들어 섞어 준 후 6분 동안 원심분리 시킨다.

e. 침전물만을 남기고 상층액을 피펫으로 버리고 각 시험관에 Carnoy 고정액을 2~3㎖를 넣고 잘 섞어 준 후 총량이 5~6㎖이 되도록 Carnoy 고정액을 더 넣고 강하게 피펫팅 해준다. 피펫팅 후 15~20분 동안 냉장시킨다.

f. 냉장된 시험관을 꺼내 원심분리한 후 상층액은 피펫으로 버리고 Carnoy 고정액 3㎖을 넣고 강하게 피펫팅 한다. 이 샘플을 2~8℃에서 보관한 후 다음날 원심분리하여 슬라이드를 만들고, 세포수집 당일에 끝낼 경우는 f 과정을 3~5회 더 실시하여 고정

한 후 슬라이드를 만든다.

5. 표본제작

1) 표본제작 준비

(1) 슬라이드 준비

① 500㎖ 비이커에 슬라이드를 엇갈려 세운 후 50% 질산을 슬라이드의 라벨 부분 아래까지 잠기도록 부은 후 실온에서 150분가량 둔다.

② 50% 질산을 병에 다시 붓고 슬라이드는 하루 이상 충분히 물을 통과 시킨다. 50% 질산은 2~3회 정도 사용할 수 있다.

③ 충분히 물통과를 시킨 슬라이드는 한 장씩 흐르는 물에 polyglove를 낀 손으로 표면을 씻어서 비이커에 엇갈려 세운다.

④ 다 씻어 세우면 1차 증류수를 채워 주고 호일(foil)로 비이커를 덮은 후 냉장 보관한다.

(2) 슬라이드 표본

① 2차 고정액 처리 후 15시간(overnight) 냉동시킨 샘플이나 3~5차 고정처리한 당일 샘플을 원심분리 시킨다. 경우에 따라서는 당일 슬라이드를 만드는 것이 좋다.

② 상층액을 피펫으로 침전물 2배 정도만을 남기고 버린다. 피펫의 끝으로 침전물과 남은 상층액과 혼합하여 부드럽게 섞어 준다.

③ 냉장 보관된(wet cold) 슬라이드를 다시 한번 증류수로 세척한 후 건조한 실온(dry room temperature)에서 45°정도 기울여 들고 피펫으로 세포수집한 샘플 1~2방울을 떨어뜨린 후 공기건조시키거나 건조기(60℃)에서 건조시킨다. 떨어뜨리는 높이는 20~25cm정도면 충분하다. 골수세포의 경우는 슬라이드에 세포를 떨어뜨린 후 뒷면을 문질러 퍼짐을 유도할 필요가 있다.

④ 슬라이드는 샘플 하나당 3~4장(1장은 일반 염색, 3장은 GTG-분염) 만든다.

2) 건조

- 슬라이드건조는 중요한 부분 중의 하나이다. 건조가 잘되어야 중기상 염색체에 트립

신작용에 의한 밴드가 확실해 질 수 있다.
- 실온에서 공기건조시킬 경우는 3~4일 정도가 소요된다.
- 건조기(60℃)에서 건조시킬 경우는 16시간 전후(overnight)로 건조시킨다.
- 응급의 경우는 dry oven(90℃)에서 60~90분 동안 건조시킨다.

3) 염색

(1) 일반염색(Giemsa staining)

① coplin-jar에 인산완충액 36㎖과 Giemsa stain 용액 4㎖을 넣어 10%의 Giemsa 염색용액을 만든다.
② 완전히 건조된 슬라이드를 10% Giemsa stain 용액에 넣고 5~10분 동안 염색한다.
③ 염색이 끝나면 수돗물로 슬라이드를 세척한 후 공기건조 시킨 다음 현미경 관찰한다.

(2) G-분염법[GTL(G)—밴딩이라고 불림]

기전

가장 보편적으로 이용되는 G-분염법(G-밴딩)은 GTL(G)－밴딩이라고도 불리며 Giemsa/트립신/Leishman밴딩의 약자인데 Q-분염법 이후 G-분염법이 개발되었는데 G-분염법은 1970년 Giemsa박사에 의해 고안되었다. G-분염법의 기전(mechanism)은 아직까지 명확히 알려지지 않고 있으나 처리과정 중 염색질들이 특정 부위에서 더욱 강하게 응축되어 나타나는 결과이거나 염색체를 구성하는 단백질, 즉 히스톤단백과 비히스톤단백들의 변형된 결과 또는 DNA와 히스톤단백간의 상호작용으로 생성된 결과로 해석하고 있다.

이 염색법은 결과적으로 트립신을 사용하여 염색체를 구성하는 히스톤단백을 부분적으로 소화시키게 되는데, 즉 트립신에 의해 염색체가 느슨하게 풀어지고 노출된 DNA를 Leishman 염색액으로 염색하는 원리이다. 결과적으로 나타나는 밴드 각 염색체에 특이하게 나타나고, 같은 쌍의 염색체를 감별할 수 있게 된다. 또한 G-밴드의 경우 표본 형태로 영구보존이 가능하고 처리 과정상의 큰 어려움이 없음에 따라 일반 임상 진단을 위하여 보편적으로 널리 사용되고 있는 방법이다(그림 8-14).

방법

- 트립신의 반응은 조직의 종류, 개체 및 고정된 슬라이드의 보관 기간에 따라 매우 달

리작용하므로 첫 샘플을 우선 처리하여 기준을 잡는 것이 바람직하다.

- 트립신용액 및 Giemsa용액은 사용직전 제조하고 한번 사용 후는 버리는 것이 좋다.
- PBS, 생리식염, Gurr 완충액은 온도가 일정한 냉장고에 보관하여 사용한다.

그림 8-14. G-분염법 염색에 사용되는 시약

① 완전히 건조된 슬라이드를 stain-jar에 펴 놓고 3분 동안 H_2O_2 처리를 해준 다음 생리식염으로 세척하여 공기 건조 시킨다.

② coplin-jar에 D-PBS 38㎖을 넣고 미리 녹여 둔 트립신 2.5%를 2~3㎖ 첨가한다.

③ 2개의 coplin-jar에 0.9% 생리식염을 각각 40㎖씩 넣는다.

④ coplin-jar에 Gurr 완충액 36㎖과 Giemsa염색액 4㎖을 넣어 10%의 Giemsa염색액을 만든다.

⑤ H_2O_2 처리한 슬라이드가 완전히 건조되고 트립신이 충분히 전 배양(실온)되면 슬라이드를 15~25초(In situ의 경우 30~50초)정도 트립신 처리를 한 후 생리식염 I(4℃), 생리식염 II(4℃)에 세척해주고 5~10분 동안 10% Giemsa염색액에서 염색한다. 반드시 트립신 처리시간은 한 장 정도의 대조(control) 슬라이드를 만들어 조정하게 된다.

⑥ 염색이 끝나면 수돗물로 슬라이드를 세척 후 공기건조 시킨 다음 현미경으로 관찰한다.

(3) Q-분염법

기전

Caspersson 등(1968)이 처음으로 quinacrine mustard를 이용한 Q-분염법을 소개되었으며 이는 형광현미경하에서 형광물질은 영구적 염색이 아니므로 일정 시간 후에는 형광성이 없어져버리는 애로점이 있으나 처리는 간편하다.

방법

① 냉장 보관한 Quinacrine dihydrochloride용액을 상온에서 전배양 시킨 후 coplin-jar에 40㎖정도 넣고 염색한다.
② 슬라이드를 Q-완충액으로 세척해 준다.
③ 슬라이드 위에 cover glass를 기포가 생기지 않도록 덮어 준 다음 여과지로 조심스럽게 눌러 Q-완충액을 제거해 준다.
④ 형광현미경으로 관찰한다.

(4) R-분염법

기전

R-분염법은 G-분염법의 역(reverse)으로 나타는 밴드양상을 얻을 수 있는 것으로 큰 의미는 없으나 특정목적에 따라 이용되기도 한다. 이들 중 염색체의 말단부결손(distal deletion)이나 전좌(translocation)만을 인지하기 위해서는 R-분염법의 변형 방법으로 T-분염법이 소개되고 있는데 이는 주로 염색체의 끝부분만을 특이적으로 염색하는 방법이다.

방법

R-분염법은 슬라이드를 89℃ 항온수조에서 7분~2시간(또는 1주정도 aging)정도 처리한 후 Giemsa 염색을 하여 G-밴드와 명암이 바뀐 밴드를 만드는 방법이다.

(5) C-분염법

기전

C-분염법의 처리과정 중 염색체 내 이질염색질(heterochromatin)으로 구성되지 않은 부분은 선택적으로 유실이 되므로 남은 부분만 염색되는 양상으로 이는 연속적인 2회의 처리과정 중 산(acid)의 처리로 정화(depurant)가 일어나고, 알카리(alkali)의 처리로 변성

(denature)이 됨으로서 DNA가 유실되어 버린다. 상염색체의 동원체부위와 Y염색체의 말단 끝(distal end) 부위가 이질염색질 양상을 나타내게 된다(그림 8-15).

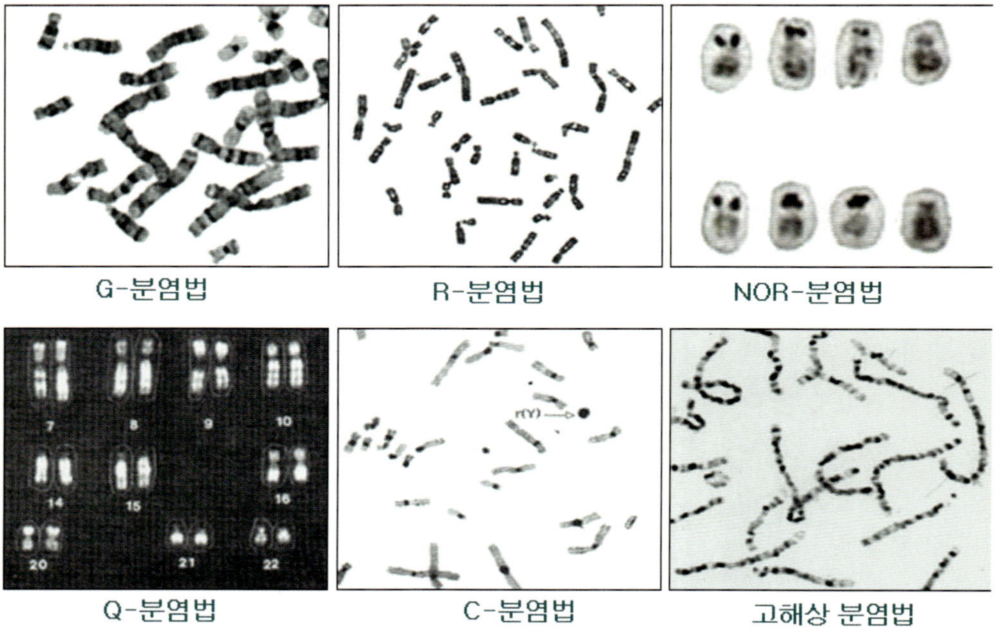

그림 8-15. 여러 가지 분염법에 의한 염색체 형태

방법

주의 사항

- C-분염법을 위한 처리된 슬라이드는 최소 7~10일 정도 실온에서 보관된 것이 바람직한데 이는 슬라이드 처리과정 중 민감한 반응으로 인해 본래의 염색체 형태 자체를 유지하지 못하기 때문이다.
- C-분염법에 중요한 과정은 알칼리의 처리과정으로서 처리시간 등이 형태에 민감하게 반응한다, 이도 조직의 종류 및 보관 기간에 따라 양상이 다르므로 한 샘플의 처리 후 기준을 정하는 것이 바람직하다.
- 2×SSC의 처리시간은 큰 영향이 없는 것으로 보여 지고 배양기에서 15시간 정도 배양시켜도 무방하며 차라리 더 나은 양상을 보인다.
- $Ba(OH)_2$의 처리 후 세척시 슬라이드 상에 이물질 제거가 잘 되지 않는 경우가 있는

데 이때는 0.01N HCl용액에 살짝 헹구어 주어도 무방하다.

- 인간 염색체의 C-분염법은 모든 염색체의 동원체부위와 Y염색체의 말단부의 q완 (distal long arm) 부위에 나타나고, 특히 1번, 9번 및 16번의 동원체부위에는 두드러진 양상을 보인다.

① 최소 1~2주 정도 보관하여 고정시킨 슬라이드를 이용한다.
② 0.2N HCl에 1시간 정도 정치한다.
③ 증류수로 철저히 수세 후 건조한다.
④ 5% $Ba(OH)_2$ 용액에 30~40분간 침지하여 실온에서 정치한다.
⑤ 증류수로 철저히 수세 후 70% 알코올에서 100% 알코올로 통과 이후 건조한다.
⑥ 60℃ 항온수조에 2×SSC용액에 2시간 침지한다.
⑦ 증류수에 철저히 수세 후 건조한다.
⑧ 5% Giemsa(Sorensen's buffer pH 7.0 혼합)용액에 15~20분간 염색한다.

⑹ NOR-분염법

기전

간기에 핵인(nucleoli)을 형성하고 유지하는 특정염색체 지역을 nucleolar organizer regions 또는 nucleolus organizing regions(NORs)이라 부른다. 그것들은 ribosomal RNA의 큰 조각(28S)에 대한 다수의 DNA 서열 또는 유전자들로 구성되어 있다. N-분염법으로 염색된 중기 염색체들에서, 어둡게 염색된 지역들은 차단부(acrocentric)염색체들의 단완의 2차 수축(constrictions)에서 보인다. 이 염색된 지역은 여러 크기의 하나 또는 두 개의 점으로 보일 수 있다. 따라서 N-밴드는 ribosomal cistron의 위치와 일치하게 된다. 일반적으로 D, G 그룹은 모두 단완에 NOR 지역을 가지고 있다. NOR-분염법은 개인별로 특이한 양상을 보이며, 다형성(polymorphism)을 밝히는 표지로 이용되고 있다. 실제로 NOR-분염법은 차단부 단완부위에서의 다형성과 전위 여부를 밝히는 데 이용되고 있다.

시약

2% gelatin 용액

- gelatin 2g

- 증류수 100㎖
- formic acid 1㎖

10~15분 동안 지속적으로 저어서 gelatin을 녹인 다음, 0.45㎛ 필터로 여과한 후 상온 또는 4℃에 둔다. 2~3일 동안 사용 가능하다.

50% $AgNO_3$ 용액

- $AgNO_3$ 5g
- 증류수 10㎖

0.22㎛ 필터로 여과 한 후, 어두운 용기에 넣어서 2~5℃에 보관한다. pH 6.8 인산완충액으로 2% Giemsa염색용액을 만들어 사용한다.

방법

① Gelatin 2방울과 $AgNO_3$ 4방울을 슬라이드에 떨어뜨린 후, 슬라이드를 기울여서 용액을 섞은 다음 coverslip으로 덮는다(공기 방울이 생기는 것을 피한다.). 거꾸로 24×50 coverslip에 gelatin과 $AgNO_3$용액을 떨어뜨려 슬라이드를 위에서 덮는 방법도 있다.

② 용액이 황금빛 갈색으로 바뀔 때까지, 슬라이드를 70℃ 슬라이드 warmer에 둔다(1~2 분 내에 슬라이드 색깔이 변한다.).

③ 약 2분 후에, 증류수로 씻어주면서 coverslip을 제거하고 과도하게 염색된 부분을 씻어낸다.

④ 2% Giemsa염색 용액으로 20초 정도로 대조염색한다.

⑤ 증류수로 세척 후, 공기 건조한다.

⑥ 현미경으로 관찰한다.

⑺ 고해상 분염법

기전

고해상 분염법(high resolution banding)은 배양시 세포들을 동시화(synchronize)시켜 보다 높은 분열지수(mitotic index)를 유기시키는 방법으로 세포의 분열상태를 S단계(stage)로 억제시키고(MTX), 일정시간 후 thymidine-rich 배양액의 첨가로 이 상태를 풀어주는 것이다, 또는 전중기(prometaphase) 상태로 유지하는 것이다(표 8-11).

방법

주의 사항

- MTX 처리 전의 배양시간은 일과시간(work schedule)에 따라 48시간 정도를 하여도 된다.
- MTX 첨가 후 배양은 반드시 암소에서 행한다.
- colcemid의 처리 후 재배양시간이 염색체의 응축(condense)에 영향을 미치므로 짧게 할수록 긴 전기상(prophase) 염색체의 형태를 얻게 된다.
- thymidine의 처리 후 배양은 최소 5시간 이상이 요구되므로 5~10시간 정도가 바람직하다.
- 이러한 방법은 거의 모든 세포 배양에 공히 적용되나, 골수세포 배양의 경우 이의 세포 주기가 길므로 thymidine의 처리 후 배양시간을 최소 7~11시간 정도로 연장함이 바람직하다.

① 말초혈액 배양에서와 동일하게 배양한다.

② 37℃에서 72시간 배양한다.

③ 10㎖ 배양액 당 MTX사용액(10^{-5}M) 0.1㎖ 첨가한다.

④ 37℃에서 17시간(overnight) 배양한다.

⑤ 450×g로 8분간 원심분리 후 배양액 제거한 후 첨가물(혈청 등이) 첨가되지 않은 배양액으로 2회 원심분리법으로 수세 한다.

⑥ 10㎖ 혼합배양액을 넣고 잘 섞은 다음 여기에 0.1㎖ thymidine 용액(10^{-3}M)을 첨가한다.

⑦ 37℃에서 5~6시간 배양한다.

⑧ 0.02㎖ colcemid(10㎍/㎖) 첨가 후 5~15분간 재배양한다.

⑨ 세포수집은 림프구 배양과 동일하다.

⑩ G-분염법은 전항과 동일하다.

표 8-11. 염색 방법의 특징과 목적

염색법	특징	목적
G-분염법 (Giemsa banding)	가장 많이 이용되는 방법. 염색체 각각 특유 명암 밴드로 식별	염색체의 수적, 구조적 이상 확인
C-분염법(constitutive heterochromatin banding)	주로 염색체 1, 9, 16번의 이질염색질(constitutive heterochromatin)부위의 이상을 명암으로 확인	동원체 부위의 존재와 이질염색질의 해석
Q-분염법(Quinacrine mustard banding)	형광색소인 quinacrine mustard(QM)로 염색하여 형광현미경으로 관찰하며, 염색체상에 형광도가 다른 밴드 모양 관찰됨	Y염색체 장완 원위부의 구조와 변이 상태를 관찰하기에 유용
R-분염법 (reverse banding)	G-분염법의 염색 명암과는 역(Reverse)의 밴드로 관찰됨	핵소복제 X염색체의 관찰 및 말단 부위의 결실 여부 확인
NOR-분염법(nucleolus organizer region banding)	D군 및 G군 염색체의 부수체(satellite) 부분을 염색하는 방법	핵소체 형성 부분(nucleolar organizer regions)의 구조적 이상을 확인
고해상분염법 (high-resolution banding)	세포분열 전기-전중기의 가늘고 긴 염색체에 Giemsa 염색을 시행하여 미세한 구조적 이상을 검출하는 방법	염색체의 미세한 결손 및 중복 등을 확인

4) 봉입

(1) xylene에 담가 둔다(만일 오일이 묻었으면 1~2분 동안 담가 둔다.).

(2) 봉입제를 cover glass위에 1~2방울을 떨어뜨린 후 염색용 슬라이드를 위에서 덮는다.

5) 핵형분석

- 현미경의 저 배율(100배)에서 분석할 중기상을 선별한다.
- 알맞은 중기상을 찾으면 오일을 떨어뜨린 후 고배율(1,000배)에서 염색체의 개수 등을 확인한 후 분석작업에 들어간다.

실 습

세포배양과 세포수집, 염색		
학년반:	학번:	성명:

* 한가지 검체를 선택하여 배양, 세포수집, 염색하여 현미경으로 관찰해보고 중기상이미지를 그려 보세요.

설명:	
실습일자: 월 일	지도교수 확인:

IX 세포의 냉동보존, 계대배양 및 계수

배양되어진 동물세포는 낮은 온도를 이용하여 장기간 냉동 보존할 수 있다. 냉동온도는 일반적으로 －90℃의 냉동기(deep freezer) －70℃의 dry ice, －196℃의 액화질소탱크에 보관할 수 있다. 세가지 모두 수개월까지는 생존율이 비슷하지만 1년 이상의 보존에서는 액화질소(－196℃)보존 하는 것이 가장 안전한 것으로 알려져 있다. 세포를 저장할 때는 세포의 종류마다 약간씩 다르지만 밀도(5×10^6~1×10^8cells/㎖)로 저장하며, 보통 세포손상이 일어나는 한계치는 대략 20% 정도이다.

1. 냉동 방법

1) 동결억제제

세포동결보존시 발생하는 손상으로부터 세포를 보호하기 위한 하나의 방법은 동결보호제(cryoprotectant)를 동결배양액에 넣어주는 것이다. 동결보호제의 역할은 세포막에 투과성이 좋아서 세포내로 들어가 동결건조를 예방하고 농축된 세포질내의 세포기관이나 생물학적으로 중요한 분자를 보호할 수 있어야 하며, 세포내 얼음 결정형성을 방지할 수 있어야 하고, 또한 세포에 독성이 적어야 하고, 용해도가 좋아 한다. 냉동보존에 이용되는 동결보호제제로는 5~10% glycerol, dimethylsulfoxide(DMSO), 1,2-propane-diol, sufrose, methanol, glucose, proline, galactose, lactose, glycine betaine, fructose등이 사용된다(표

9-1). 동결억제제의 역할은 세포내에 생성되는 얼음결정형성을 억제해 줌으로써 해빙시 세포생존율을 향상시키고자 사용된다.

표 9-1. 동결보호제의 구성 성분

구성 성분	용량
세포배양액 (우태혈청 또는 우혈청 20~25% 포함)	95ml
glycerol(또는 DMSO)	5~10ml

2) 사용 방법

(1) 냉동법

① 부착성 세포일 경우 배양된 세포에 트립신-EDTA(1×)로 처리한 후 세포를 때어주고, 부유성배양일 경우에는 원심분리하여 세포를 모은 후 신선한 배양액을 5~10㎖ 첨가하여 세포를 준비한다.

② 다시 원심분리로 침전물을 제외하고 상층액을 제거한다.

③ 침전물에 동결억제제를 일정량(1㎖정도 충분히 잠기도록) 넣고 혼합한 후 동결용 시험관에 넣고 이름 등을 기록한 후 냉장고에 1시간 동안 보관하여 분당 1~2℃씩 온도를 낮춘 후 액화질소 탱크에 넣고(액화질소에 넣지 않고 액화질소 10~15cm 위에서) 하루 밤 동안 정치하여 둔다.

④ 다음날에 동결튜브를 액화질소 내에 넣고 보관한다.

(2) 동결보존된 세포 해동법

① 배양할 배양액을 37℃로 준비한다.

② 동결튜브를 꺼낸 후 10~30초 동안 실온에서 방치한다.

③ 37℃ 항온수조에 넣어 녹인다.

④ 70% 에틸알코올로 동결튜브를 소독한다.

⑤ 동결억제제가 1㎖일 경우 배양액 9㎖을 추가한 후 배양한다(경우에 따라서는 세포를 배양액으로 수세하여 배양할 수 있다).

2. 계대배양

세포 농도가 1.5×10^6 cells/㎖ (1:5~1:10 계대 배양 후 2~4일) 전후에 도달되면 계대배양 한다. 계대배양 할 때는 배양액 20%에 새로운 배양액 80%를 넣어 1:5로 계대배양하며, 3~4회 계대배양 할 때마다 전체 배양액을 새로운 배양액으로 바꿔주는 것이 바람직하다.

1) 부착세포

(1) 특성

대부분의 고형 조직 유래의 세포는 단층(mono layer)으로 부착하여 증식한다. 이러한 세포는 대부분 약한 음전하를 띤 유리 용기에 부착하여 증식하며, 적당한 전하를 띄도록 처리된 polystyrene과 같은 플라스틱 용기에 부착하여 증식하기도 한다. 부착세포에는 섬유아세포, 내피세포, 상피세포, 간엽세포 등이 해당되고, 섬유아세포들의 생존에 필요한 주요 요건은 부착과 세포의 펴짐에 필요한 기질만 제공된다면 세포 밀도가 낮아도 생존할 수 있다. 그러나 상피세포는 최적의 생존과 성장을 위해서는 적당한 세포와 세포의 연결도를 필요로 하므로 세포 밀도가 비교적 높아야 한다. 계대배양시에는 단백질의 분해와 Ca^{2+} 킬레이트화(chelation)를 필요로 하는 경우가 많다. 그러나 킬레이트제(EDTA 등)의 사용 여부 및 단백질분해제(트립신, pronase 등)의 처리 강도와 방법은 세포에 따라 다르므로 세포에 따라 적당한 방법을 취해야 한다. 일반적으로 부착 세포를 계대 배양할 경우에 배양액을 제거하고 단층세포를 탈착하기 위해서 트립신을 처리하며 일부 부착 정도가 약한 세포는 세포 부착면 바닥 쳐줌으로써 탈착할 수 있다. 세포의 탈착 후 세포를 모아서 적합한 배양 배양액에 희석하여 배양한다. 그러나 예외적으로 일부 단층 세포들은 트립신처리로 충분히 탈착되지 않는다. 이러한 단층 세포에는 pronase, dispase, collagenase와 같은 강력한 protease를 처리하여야 한다(표 9-2). 세포생존도(cell viability)가 70%이하일 경우에는 저속원심(450×g 5분간)하여 상층을 제거하고 새로운 배양액으로 잘 혼합한 후 재배양 한다.

표 9-2. 다양한 배양용기에 따른 첨가하여야 할 배양의 량과 계대배양에 필요한 트립신의 용량

배양용기	배양면적 (㎠)	배양액의 량 (㎖)	1X 트립신 또는 1X 트립신-EDTA 용액 량(㎖)
Microwell plates			
96well	0.32	0.3	0.2
24well	2.0	0.5~1.0	0.3
12well	3.8	1~2	0.5
6well	9.6	2	0.5
Culture Dishes			
35㎜	9.6	2	0.5
60㎜	21	5	0.5
100㎜	55	8~10	1
150㎜	145	15~25	3
Flask			
12.5㎠(T-12.5)	12.5	2~3	0.3
25㎠(T-25)	25	2.5~5	0.5
75㎠(T-75)	75	10~15	2
175㎠(T-175)	175	15~30	3
225㎠(T-225)	225	50~70	5

(2) 계대배양 방법

① 배양액을 제거한다.

② Ca^{2+}와 Mg^{2+}가 포함되지 않은 D-PBS를 이용하여 세포 윗층에 남아있는 배양액(혈청성분을 제거해야함)을 씻어 낸다(1~2회 정도).

③ 세포해리제(cell dissociation reagent)로는 트립신 또는 트립신-EDTA, EDTA 용액으로 처리한다.

④ 세포분해제를 제거하고, 배양 용기에서 세포가 탈착 될 때까지 상온 또는 37°C에서 2~10분간 정치한 다음 배양용기 밑바닥을 손바닥으로 쳐주면 세포들이 탈착됨이 관찰된다.

⑤ 현미경으로 세포의 탈착을 확인한 후 새로운 배양액으로 세포와 혼합한다. 이때 새로운 배양액에 혈청이 포함되어 있다면 위의 트립신을 완전히 제거할 필요가 없지만 혈청이 들어있지 않는 배양액이나 단백질이 들어 있지 않는 배양액을 사용할 경우는 트립신 억제제를 사용하거나 D-PBS(-)등으로 여러 번 세척하여 트립신을 제거한 후 새로운 배양액으로 혼합한다.

⑥ 세포수를 측정한다.

⑦ 적절한 세포 밀도가 형성되도록 세포 현탁액을 취하여 새로운 배양액으로 희석한 후 배양한다.

2) 부유세포

백혈병세포와 복수종양세포들은 지속적으로 부유 상태로 증식하며, 필요에 따라서 부착 세포이더라도 기계적으로 부유상태를 유지하며 증식시킬 수 있다. 부유세포배양은 세균과 유사하게 계대 배양을 한다. 즉, 탈착 과정(트립신처리 등)을 필요로 하지 않으며 전체적으로 부착보다 시간이 더 적게 소요된다. 세포를 유지하기 위해서는 주로 배양 세포를 희석시킴으로서, 또는 계대배양 없이 단순히 배양액의 양을 증가시킴으로써 지속적으로 배양할 수 있다. 부유배양에서는 배양액의 희석을 지속적으로 하여 세포농도가 항상 일정하도록 유지할 수 있다면 세포 증식의 정상상태에 도달할 수 있는데 이 정상상태의 달성은 부착 세포 배양에서는 쉽게 이루어질 수 없는 특징이다.

3. 세포수계수와 생세포수

1) 세포수계수와 생세포수

세포수 계수시 생세포의 계수의 방법은 Trypan blue 입자는 세포막을 확산의 방법으로 통과하여 세포 내부로 유입되는데 생세포는 ATP에너지를 이용하여 세포 안에 소포를 만들어 밖으로 방출분비하는 작용을 세포외유출(exocytosis)라하며 trypan blue 입자를 다시 세포외부로 배제하게 되나, 에너지를 발생할 수 없는 사세포는 세포외유출을 할 수 없어 청색으로 염색된다. 세포를 혈청이 없는 배양액으로 희석하여 대략 200~2,000 cells/㎖ 되도록 한다. 1㎖의 현탁된 세포와 4㎖의 0.4% trypan blue 용액을 혼합하여 5분간 정치한 후 hemocytometer를 사용하여 염색되지 않은 생세포수와 염색된 사세포의 수를 측정하여 생존율을 계산한다. 생존율을 측정할 때 주의해야 할 것은 세포를 trypan blue에서 염색하는 시간을 일정하게 해야 한다. 염색시간이 지나치게 길면 본래 염색되지 않는 생세포까지 청색으로 염색되고, 지나치게 짧으면 본래 염색되어야 할 사세포가 염색되지 않는 결과가 나타난다. 또한 측정할 세포의 수가 너무 적거나 너무 많으면 측정 오차가 크게 된다. 따라서 세포를 대략 희석액 1㎖당 200~2,000개의 세포가 되게 한 후 측정해야 한다.

2) 방법

(1) 10cm 배양접시의 세포를 D-PBS(-)로 2회 세척한다.

(2) 트립신-EDTA 처리 후 10% FCS가 함유된 배양액을 10㎖ 넣고 50㎖ 원추시험관으로 옮긴 후 피펫을 이용하여 단일세포로 현탁액을 만들어 잘 부유 시킨다.

(3) 이중 20㎕를 eppendorf tube에 옮기고 tryphan blue 20㎕를 섞는다.

(4) Hemocytometer에 cover glass를 덮고 (3)의 혼합액에서 10㎕를 취하여 hemocytometer의 V-모양의 홈에 넣으면 모세관 현상에 의하여 고르게 퍼지게 된다.

(5) 현미경 하에서 세포계수기를 이용하여 세포개수를 측정한다. Hemocytometer를 현미경 하에서 관찰하면 그림 9-1과 같은 정사각형 칸들을 볼 수 있다. 그림과 같이 크게 아홉 개의 정사각형이 있으며 각각의 정사각형은 가로 세로가 1㎜인 정사각형이다. 실험자에 따라서 간편하게 가운데 정사각형에 분포하는 세포만을 측정하기도 하나 흔히 A, B, C, D 네 곳에서 세포 갯수를 세고 평균을 구한다. Tryphan blue 염색에 의하여 죽은 세포는 짙은 푸른색으로 염색이 되나 살아있는 세포는 염색이 되지 않으므로 살아있는 세포수만을 측정한다.

(6) 하나의 사각형의 부피는 0.1㎣ (1㎜×1㎜×0.1㎜), 즉 10^{-4} ㎖ 이므로 (2)의 세포 현탁액의 농도는 세포수×10^4/㎖가 된다. 예를 들어 A, B, C, D에 분포하는 cell 개수가 160개 이면 한 정사각형의 세포수는 40개이며 여기에 tryphan blue에 의한 희석배수 2를 곱하여 80×10^4/㎖, 즉 8×10^5/㎖가 된다.

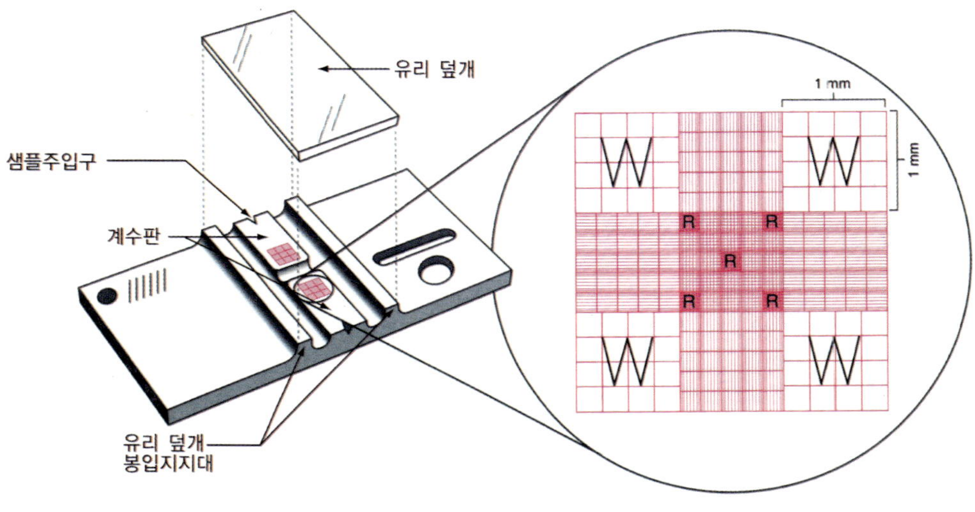

그림 9-1. 세포수 계수를 위한 hemocytometer

(7) 6 well plate에 필요한 세포수를 계산하고 (2)의 세포 현탁액에서 필요한 부피를 취하여 다른 15㎖ 원추형시험관에 넣는다. 6 well plate의 한 구멍에는 2㎖의 배양액을 사용하므로 필요량의 배양액을 더 첨가하여 섞은 후 구멍 마다 2㎖씩 분주한다.

(8) CO_2 배양기에서 배양한다.

X 염색체 분석 지침

1. 검사 과정의 일반적 지침

1) 용어

계수(count) : 중기상 세포내의 염색체 수를 세는 과정을 의미한다.

분석(analysis) : 분염된 중기상 세포의 현미경상, 컴퓨터 영상 혹은 현미경 사진으로 각 염색체를 검토하는 과정을 의미한다.

핵형분석(karyotype analysis) : 현미경 사진이나 컴퓨터 영상으로부터 상동 염색체를 나란히 배열하여 밴드를 비교하는 과정을 의미한다.

검토된 세포(scored cell) : 특정한 세포유전학적 특징을 갖는지 여부를 확인한 세포를 의미 한다.

비정상 클론(abnormal clone) : 동일한 삼염색체(trisomy)나 구조적 이상을 갖는 세포가 2개 이상, 혹은 동일한 단염색체(monosomy)가 3개 이상 발견된 경우를 의미한다.

모자익시즘(mosaicism) : 두 가지 이상의 염색체의 형태가 나타나게 되는 데 이러한 경우를 의미한다.

키메리즘(chimerism) : 동일인에서 두개 이상의 유전형(genotype)이 나타나는 경우를 의미한다.

성염색체(sex chromosome) : X와 Y염색체를 의미한다.

상염색체(autosome) : 성염색체를 제외한 1~22번 염색체를 의미한다.

상동염색체(homologous chromosome): 보통 염색체는 2배성이며 2조의 염색체를 가지고 있으므로 각 염색체는 쌍이 될 수 있다. 상동염색체는 핵분열을 할 때 반드시 인접하여 존재하는 것은 아니지만, 감수분열의 중기에는 접합하여 상접하며, 후기에는 분리하여 반대의 극으로 나누어진다. 때로는 상동염색체가 부등형을 이루는 경우가 있는데, X염색체나 Y염색체 등이 이에 속한다.

대립형질(allelomorphic character): 대립형질에는 우성과 열성이 있으며, 우성유전자는 알파벳의 대문자로, 열성은 소문자로 나타낸다.

유전형(genotype)과 표현형(phenotype): 유전학적으로 어떤 형질을 나타낼 때는 유전형(genotype)과 표현형(phenotype)으로 표시하는데, 유전형은 유전자의 구성을 나타내고, 표현형은 유전자가 발현하는 구조적, 생화학적 또는 생리적인 표현실체를 말한다. 그래서 세포유전학(cytogenetics)은 염색체의 현미경적 현상을 관찰하여 세포분열 과정에 각 개체의 인자형과 표현형의 관계를 규명하는 것이다.

게놈(genome): 게놈이란 유전자(gene)와 염색체(chromosome)의 합성어로 세포의 정상적인 기능이 가능하도록 모든 유전자를 갖고 있는 1세트의 염색체를 말한다(표 10-1). 생물의 모든 세포 속에는 핵이 있고 핵 속에는 일정한 수의 염색체가 있으며 염색체에는 부모로부터 물려받은 유전정보를 가진 DNA(핵산)가 있다. 인간의 DNA 속에 들어있는 유전정보는 30억 개의 염기쌍으로 구성돼 있으며 그 가운데 의미 있는 염기쌍 10만개를 유전자라고 한다. 나머지는 의미없는 정보로 간주하는 셈이다.

표 10-1. 유전자와 관련된 용어 정리

용 어	비 고
게놈(genome; 46개 set)	소설명
염색체(chromosome)	장
유전자(gene)	문장
유전암호(genetic code)	단어
염기(base)	문자

증후군(syndrome): 어느 한 가지 이유로 발생하는 일련의 증상과 신체적 특징들의 모음으로 증상의 정도는 다양하게 나타난다.

핵형: 한 개인 또는 한 종을 대표할 수 있는 것을 세포 한 개의 염색체를 그림이나 디

지털 영상 또는 사진으로 표현한 것이다.

Ideogram : 핵형을 도식적인 표현으로 나타낼 때 사용된다.

각인현상(imprinting) : 모든 인간들은 양쪽 부모에게서 각각 물려받은 한 쌍의 유전자를 가지고 있다. 각인현상은 부모에게서 물려받은 한 쌍의 유전자 중에서 하나의 유전자가 발현되지 않는 것을 의미한다. 그리고 각인된 유전자란 유전자복제(gene copy)의 활성이 모계 또는 부계로부터 유래하는지 여부에 따라 결정되는 유전자를 가리키는 용어이다. 인간으로부터 동정된 각인유전자는 약 40종으로 주로 7번, 11번, 15번, 19번 염색체에 존재하고 있다.

2) 비정상 약어

add : 기원이 확실치 않는 부가적 염색체가 존재하는 경우

arrow(→) : ~으로 부터로

– : 핵형을 표기할 때 염색체 수, 성염색체, 염색체이상을 구분할 때 사용한다.

del : 결실(deletion)

der : 파생 염색체(derivative chromosome), 염색체 전좌로 염색체 중 하나만 표기할 때

dic : 두개의 동원체 성(dicentric)

dup : 중복(duplication)

fra : 취약부위(Fragile site) Fragile-X 증후군에서 흔히 사용

h : 이질염색부위(heterochomatic region of chromosome)

i : 동완 염색체(isochromosome)

ins : 삽입(insertion)

inv : 역위(inversion)

ish : 형광동소보합법(fluorescent in situ hybridization; FISH)으로 확인된 핵형 표기시 사용

mar : 표지염색체(marker chromosome). 동정이 불가능한 염색체

mat : 모체유래(maternally derived)

mos : 모자익시즘(mosaicism)

– : 염색체 소실(loss of a chromosome)

p : 염색체 단완(short arm of a chromosome)

( ) : 구조적 염색체이상을 표기할 때 사용

pat : 부체유래(paternally derived)

+ : 염색체 획득(gain of a chromosome)

psu : 가성(Psuedo, precedes “dic” meaning psuedo dicentric)

Ph : Philadelphia chromosome

q : 염색체 장완(long arm of a chromosome)

rob : 로벌슨전좌(Robertsonian translocation)

;: 변형 염색체나 두 개 이상 염색체 절단점을 구분해 주는 경우에 사용

t : 전위(translocation)

ter : 말단(terminal end of arm) (예) 2번 염색체 장완 말단은 2qter-

tri : 삼체성(trisomy)

trp : 삼중복(triplication)

3) 기록

(1) 계수 또는 분석한 중기상 세포의 슬라이드 번호와 슬라이드상의 위치를 기록하여야 한다.

(2) 핵형을 기록하는 방법은 ISCN(An International System for Human Cytogenetic Nomenclature, 1995, 2005) 표기법을 따라야 한다.

(3) 모든 환자의 검사 기록은 기밀성을 유지할 수 있는 방법으로 관리되어야 한다.

(4) 검사 기록은 적절한 절차를 거쳐야만 공개될 수 있다.

(5) 검사의 결과는 1세대(20년) 동안 보관되어야 한다.

(6) G-, C-, R-분염 및 NOR-염색된 슬라이드 표본은 5년간 보관한다.

(7) 검사 후 남은 샘플은 1주일간 보관한다.

(8) 처리된 샘플(cell pellet 등)는 검사 종결까지 보관한다.

4) 결과 보고서 표준

최종 결과 보고서에는 다음과 같은 내용이 포함되어 있어야 한다.

(1) 증례의 식별을 위하여 환자의 이름, 샘플 접수일, 검사실의 일련 번호, 샘플의 종류, 검사를 의뢰한 의사의 이름 등을 기록한다.

(2) 계수, 분석된 세포의 수와 염색체 수의 분포를 기록한다.

(3) 세포 배양 조건과 분염법을 기록한다.

(4) 분석한 세포는 ISCN핵형으로 기록한다.
(5) 모자익시즘(mosaicism)의 문제를 해결하기 위하여 추가적으로 시행한 과정을 기록한다.
(6) 대조군에 대한 검사를 병행했던 경우에는 대조군의 결과를 기록한다.
(7) 결과의 해석: 환자나 환자의 가족에 대한 추가적인 유전학 검사의 권고, 결과의 임상적 중요성에 대한 의견, 필요한 경우에는 유전상담의 권고 등을 포함할 수 있으며, 결과 해석은 명료하게 기록하여야 한다.
(8) 검사의 한계나 알려져 있는 검사의 부정확성에 대해 언급하여야 한다.
(9) 검사 책임자만이 최종 결과 보고서에 서명할 수 있다.

5) 보고지침

(1) 동일한 구조 이상이나 과잉염색체(extrachromosome)가 2개 이상이고, 동일한 소실염색체(missing chromosome)를 가진 분열 세포가 3개 이상 발견될 때 비정상으로 보고한다. 정상 염색체는 한 개라도 있으면 정상 체세포군이 있는 것으로 판독한다.
(2) 염색체 분염법이 불가능하고 수적 이상이나 구조적인 염색체 결함으로 인한 표지염색체(marker chromosome)가 존재할 때, 이러한 염색체이상은 보통 악성세포군이 나타남을 의미한다.
(3) 미세한 구조적 이상과 수적 이상이 일정하지 않을 경우는 일단, 정상 핵형으로 보고하지만 이들의 빈도가 높다면 염색체 불안정성(chromosome instability)으로 보고한다. 어떤 경우는 재검에 의해서 비정상 세포군이 나타나는데 이러한 염색체 불안정은 가까운 장래에 악성질환이 발생할 것이라는 것을 의미할 수도 있다.
(4) 샘플의 진단보고 지침에 맞춰 보고한다.

2. 샘플별 보고지침

1) 산전진단 샘플

(1) 양수와 융모막융모, 수태산물

① 개요

- 최소한 2개 이상 용기를 사용하여 배양하며 각각은 별도의 배양기에서 시행되어야

한다.

- 추가 검사에 대비한 예비배양(back-up culture)을 유지하기 위한 계획이 있어야 한다.
- 태아의 염색체이상이나 다형 현상을 확인하기 위하여 부모의 검사가 필요한 경우에는 동일 검사실에서 검사를 하여야 한다.
- 검사의 실패는 400건의 연속 검사 중 8(2%)건을 초과해서는 안 된다.
- 검사 실패의 원인을 밝히기 위한 노력을 하여야 하며, 이를 기록 보관하여야 한다.
- 검사의 90% 이상은 샘플 접수로부터 21일 이내에 종결되어 보고되어야 한다.
- 산전 진단된 염색체이상은 유산 혹은 출산 후에 확인하여야 한다.
- 세포침전물(cell pellet)이 없거나 적은 경우는 즉시 검사 의뢰자에게 알리고, 재검사가 필요할 수도 있음을 주지시킨다.
- 세포 배양 상태가 부적절한 경우에는 샘플 접수로부터 14일 이내에 검사 의뢰자에게 알려서 재검사를 요청한다.
- 임상적으로 직접법을 사용하는 경우에도 배양법을 반드시 병행해야 한다.
- 최종 검사결과에는 배양법의 결과도 포함되어야 한다.
- 밴드의 해상도는 450밴드 수준을 유지하여야 한다.

② 분석

플라스크 법

계수: 2개 이상의 배양으로부터 최소한 20개의 중기상 세포를 계수한다.

분석: 2개 이상의 배양으로부터 5개 이상의 중기상 세포를 분석한다.

핵형 분석: 2개 이상의 중기상 세포를 핵형 분석한다. 2개 이상의 클론이 있는 경우는 각 클론 당 1개 이상의 세포를 핵형 분석한다.

모자익시즘: 모자익시즘이 발견된 경우는 30개 이상 중기상 세포를 분석하고, 분포를 분석한다.

In situ 법

계수: 2개 이상의 배양과 20개 이상의 세포 집락으로부터 20개 이상의 중기상 세포를 계수한다.

분석: 2개 이상의 배양과 5개 이상의 세포 집락으로부터 5개 이상의 중기상 세포를 분석한다.

핵형 분석: 2개 이상의 중기상 세포를 핵형 분석한다. 2개 이상의 클론이 있는 경우는 각 클론 당 1개 이상의 세포를 핵형 분석한다.

모자익시즘: 모자익시즘이 발견 된 경우는 30개 이상의 중기상 세포를 분석하고, 분포를 분석한다.

(2) 태아혈액

① 샘플처리

- 최소한 2개의 배양을 병행해야 한다.
- 검사의 90% 이상은 샘플 접수로부터 28일 이내에 종결되어 보고되어야 한다.
- 특수 염색법이 필요한 경우에는 검사기간이 연장될 수 있다.
- 검사 실패율은 연간 5%를 초과해서는 안 된다.
- 밴드의 해상도는 550밴드 수준을 유지하여야 한다.

② 분석

계수: 최소한 20개의 중기상 세포를 계수한다.

분석: 5개 이상의 중기상 세포를 분석한다.

핵형 분석: 2개 이상의 중기상 세포를 핵형 분석한다. 2개 이상의 클론이 있는 경우는 각 클론 당 1개 이상의 세포를 핵형 분석한다.

모자익시즘: 모자익시즘의 경우 30개 이상의 중기상 세포를 계수한다.

2) 선천성 염색체이상

(1) 말초혈액-일반적 검사

① 샘플처리

- 최소한 2개의 배양을 병행해야 한다.
- 검사의 90% 이상은 샘플 접수로부터 28일 이내에 종결되어 보고되어야 한다.
- 특수 염색법이 필요한 경우에는 검사기간이 연장될 수 있다.
- 검사 실패율은 연간 5%를 초과해서는 안 된다.
- 밴드의 해상도는 550밴드 수준을 유지하여야 한다.

② 분석

계수: 최소한 20개의 중기상 세포를 계수한다.

분석: 5개 이상의 중기상 세포를 분석한다.

핵형분석: 2개 이상의 중기상 세포를 핵형 분석한다. 2개 이상의 클론이 있는 경우는 각 클론 당 1개 이상의 세포를 핵형 분석한다.

모자익시즘: 모자익시즘의 경우 30개 이상의 중기상 세포를 계수한다.

(2) 말초혈액-취약 X 증후군

Fragile X 증후군의 진단은 분자유전학적 검사와 세포유전학적검사를 병행하는 것을 권고한다.

① 샘플처리

- fra(X)(q27.3)을 검토한 중기상 세포의 50% 이상은 항대사물질(5-fluorodeoxy-uridine, methotrexate 등)을 이용하여 염색체 취약부위의 표현을 유도한 배양에서 검토한다.
- folate와 thymidine이 적은 배양조건에만 의존하여서는 안된다.

② 분석

- fra(X)(q27.3)은 분염법으로 확인하여야 한다.
- 4% 이상의 중기상 세포가 취약 X염색체를 나타낼 때 양성으로 판정한다.
- 취약 X염색체가 발견되지 않은 경우에는 남자의 경우 최소 75개의 중기상 세포, 여자의 경우 최소 100개의 중기상 세포를 검토하여야 한다.
- 4% 이하의 세포가 취약 X염색체를 나타낼 때는 분자유전학적 검사를 의뢰하도록 권고한다.

3) 혈액 종양질환

(1) 골수/혈액

① 개요

- 혈액종양이 의심되는 경우의 최적의 샘플은 골수이다.
- 유사분열촉진제(mitogen)를 처리하지 않고 검사를 시행하여야 한다. 그러나 혈액종양

의 질병에 따라서는 유사분열촉진제로 처리하고 5일정도 배양한다.

- 검사의 90% 이상은 샘플 접수로부터 28일 이내에 종결되어 보고 되어야 한다.
- 특수 염색법이 필요한 경우에는 검사기간이 연장될 수 있다.
- 염색체 분석의 대상이 되는 중기상 세포는 염색체의 모양이 좋은 것에 국한하여서는 안 된다. 즉 분석의 대상이 되는 중기상 세포는 슬라이드 상에 존재하는 다양한 질(quality)의 중기상 세포를 골고루 포함하여야 한다.
- 검사 실패율은 연간 10%를 초과해서는 안 된다.
- 골수의 경우 직접법과 배양법을 모두 이용할 수 있지만, 샘플이 적을 경우에는 24시간 또는 48시간 배양법을 우선적으로 시행한다.
- 혈액의 경우는 유사분열촉진제를 사용하지 않는 24시간, 48시간 배양을 우선적으로 시행한다.

② 분석

- 계수는 이 경우에 의미가 없다.
- 분석 : 20개의 중기상 세포를 분석한다.
- 핵형분석 : 관찰된 각 클론마다 1개의 중기상 세포를 핵형 분석한다.

(2) 고형 조직(피부, 기관, 조직 등)

① 샘플처리

- 생검 조직이나 소량의 샘플은 배양액에 넣어서 운반한다.
- 2개 이상의 배양을 병행하며, 모자익시즘을 배제하기 위해 3개 이상의 배양용기에 배양한다.

② 분석

- 성염색체의 이상이 의심되는 경우에는 30개 이상의 중기상 세포를 계수하고, 성염색체의 구성을 검토하여야 한다.
- 살아있는 환자로부터 채취한 조직의 경우에는 검사 실패율이 5%를 넘어서는 안 된다.

XI 형광동소보합기법

전통적인 핵형분석은 염색체구조와 숫자적 이상 등을 관찰할 수 있지만 미세한 구조적 이상인 미세결손, 미세역위 등을 정확하게 밝히기에는 부족함이 있었다. 그러나 최근 개발된 형광동소결합법(fluorescence in situ hybridization; FISH)은 새로운 분자 세포유전학적 기법으로 특정 DNA배열을 표적 DNA와 보합결합(hybridization)을 시행한 후, 형광으로 그 특정 DNA배열에 관한 정보를 얻음으로써 DNA차원인 유전자적 차원까지를 포함한 염색체이상을 신속하게 진단할 수 있는 기법이다(그림 11-1). 이 기술은 세포 분열중기의 염색체는 물론 세포분열 간기 세포에서도 결과를 얻을 수 있는 장점이 있다(그림 11-2). 통상적인 세포유전학 방법에 비해 과정이 비교적 간단하고 색으로 구분되는 염색방법을 사용함으로써 한눈에 염색체에 다른 색이 섞여 있는 것을 볼 수 있어 이상을 확인할 수 있다. 그러나 FISH법의 단점으로 아직까지는 시간상, 경제적 문제 등으로 인해 검사를 위해서는 미리 미세결손(microdeletion), 미세역위(microinversion) 등의 부위를 미리 예측하고, 예측되어지는 부위에 표식자(probe)를 이용하여 유전자적인 염색체 문제점을 확인하는 차원에서 실시된다는 점이다. 그러므로 FISH법은 전통적인 염색체 핵형분석법과 함께 실시되어져야 한다.

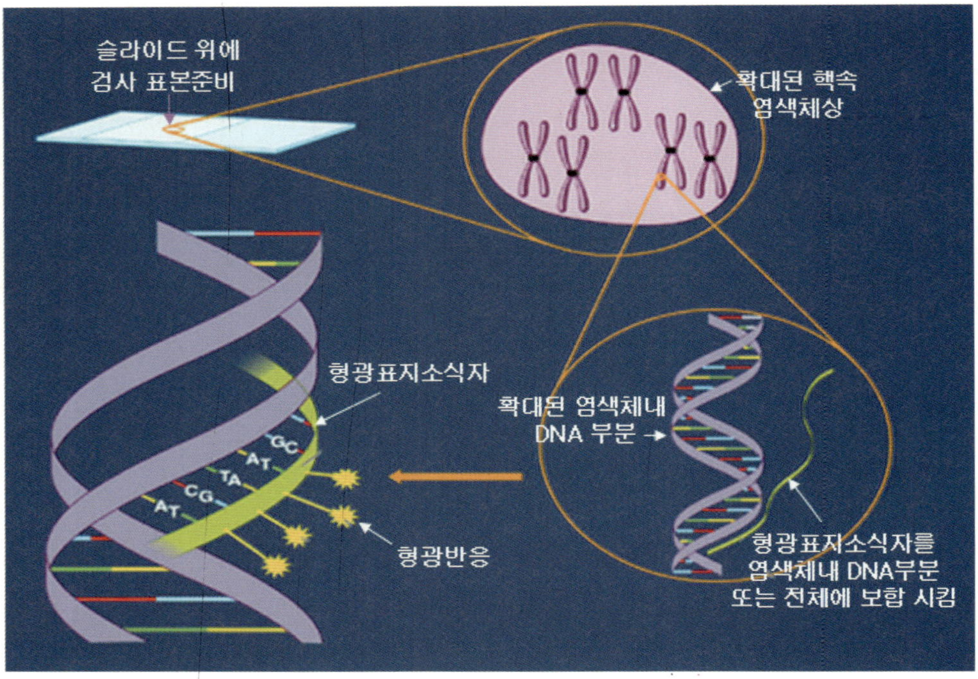

그림 11-1. 형광동소보합 기법. 형광물질 표지소식자를 이용하여 염색체 전체 또는 일부분에 보합결합시키는 기법으로 염색체이상 규명과 유전자위치 규명(mapping)에 이용한다.

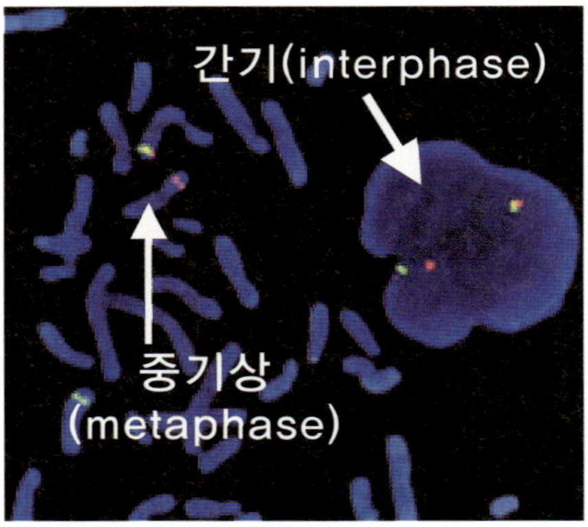

그림 11-2. 간기(interphase)와 중기(metaphase) 상에서의 FISH법 결과

1. 검사 과정

1) 표본준비

통상적으로 염색체 검사법과 동일한 방법으로 샘플을 배양하여 슬라이드를 만들어 이용하거나 분열이 하는 세포를 이용한다. 염색체 상의 위치를 확인하기 위하여 R-분염법 혹은 G-분염법 하여 시행할 수 있으며, 동결절편 조직 혹은 파라핀 포매 조직 이용하여 시행할 수 있다.

2) 표식자

(1) 표식자의 선택

FISH를 시행할 때 주의하여야 할 사항 중 목적에 맞는 올바른 표식자를 선택하는 것이 가장 중요하다. 최근 들어 다양한 표식자(probe)가 개발되었으며, 회사에서 여러 형태로 표지된 표식자를 공급하고 있다. 많이 쓰이는 표식자로는 동원체(centromeric) 표식자, 전체염색체채색(whole chromosome painting) 표식자, 고유염기서열(unique sequence) 표식자 및 말단부(telomeric) 표식자 등이 있다.

(2) 표식자의 종류

① 동원체표식자

동원체표식자(centromeric probe)는 염색체동원체(centromere) 혹은 동원체주변(pericentromere)에 존재하는 반복성(repetitive) DNA서열을 가지고 있어 이 부위에서는 강한 신호(signal)를 발생하는 데 짧은 보합결합(hybridization) 시간을 요한다. 중기 염색체와 간기 핵에서 이용할 수 있고, 염색체 수적 이상을 빠르게 진단하는 데 주로 이용되고 있으며, 모자익시즘(mosaicism) 혹은 성별 판정 시 유리한 표식자다. 그러나 염색체 구조적 이상을 진단하는 데는 효과적이지 못하다.

② 전체염색체 채색표식자

전체염색체 채색표식자(whole chromosome painting probe)는 단일염색체 내 특정 부위에 대한 각각의 서열들을 모은 많은 표식자의 집합체로 중기 염색체에서 염색체 수적 이상, marker염색체의 기원 및 전위를 분석하는 데 이용되고 있다. 그러나 동일 염색체

내의 구조적 이상과 미세결손 부위를 검색하기에는 적당치 못하다.

③ 고유 염기서열표식자

고유 염기서열표식자(unique sequence probe)는 염색체상에 고유한 위치를 가지고 있는 유전자에 해당하는 DNA 절편(segment)을 가지며 중기 염색체와 간기 핵에서 이용할 수 있다. 유전자 특이 혹은 유일한 DNA서열을 검색하는 데 이용할 수 있다. 특히 특정 염색체 내의 미세한중복(microduplication) 혹은 미세결손(microdeletion)을 검색하는 데 이용될 수 있다.

④ 말단부표식자

말단부표식자(telomeric probe)는 개발된 표식자 중 가장 최근에 개발되기 시작한 표식자로 태아의 핵형분석시 한쪽 부모에서 알려진 상호전위 보인자일 경우 이용할 수 있으며, 동질이형(dysmorphic feature), 원인불명의 정신박약을 가진 가계 혹은 반복 유산을 경험한 부부에서 숨겨진 전위를 검색하고자 할 때 이용할 수 있다. 만약에 말단부(telomeric) 표식자를 여러 색으로 표지 할 수 있다면 암 환자에서 선천성 혹은 후천성 이상을 선별할 수 있는 도구로 사용될 수도 있을 것이다.

3) 보체결합 및 수세

표식자(probe)를 표지 후 변성시킨 것과 염색체 슬라이드를 변성시켜 그 위에 결합시킨 후 습윤상자에서 24시간 보체결합반응 시킨다. 세척 과정은 표식자의 종류에 따라서 세척 온도 및 시간 등을 달리한다.

4) 검출 및 증폭

Digoxigenin 표지시는 형광이 결합된 anti digoxigenin antibody로, biotin 표지시는 형광이 결합된 avidin으로 검출하며 형광신호가 약할 경우는 2차 항체로 증폭하여 관찰한다. biotin 표지시의 증폭은 염소혈청(goat serum)을 첨가하고 biotinylate antiavidin을 반응 시킨 다음 fluorescence conjugated avidin 등으로 반응시켜 형광의 강도를 높여 관찰한다.

5) 대조염색 및 형광현미경관찰

표식자에 사용된 형광물질에 따라서 대조 염색은 DAPI 혹은 PI로 염색하여 형광현미경으로 검경한다. 이때 사용되는 형광물질에 따라 적당한 필터가 필요하고 삼색의 형광을 동시에 관찰할 수 있어야 한다.

2. FISH의 임상적 적응

지난 몇 년 동안 FISH는 유전자지도(gene mapping) 혹은 분자세포유전학분야에서 매우 인기 있는 기술로 발달하여 세포유전학 사이에 가교역할을 하였다. FISH는 염색체, 세포 분열 간기 혹은 중기의 세포 및 조직 절편에서 특정 DNA 혹은 RNA의 서열을 검색하는 기법으로, DNA, mRNA 및 단백질 수준에서 유전자 활동에 관한 현미경적 정보를 제공 받을 수 있었다. 분자세포유전학분야에서는 미세결손 증후군, 염색체불균형인 환자에서 파생염색체의 특징, 표현형과 연관된 유전자, 표지염색체의 기원 및 염색체 특정 부위의 손실 혹은 중복 등에 관한 정보를 얻을 수 있게 되어 유전 질환과 염색체의 관계를 좀 더 명확히 이해할 수 있게 되었다.

1) 임상세포유전학 적응증

(1) 유전질환 혹은 염색체이상질환

(2) 중기 염색체의 수적 혹은 구조적 이상

(3) 간기 염색체의 수적 혹은 구조적 이상

(4) 표지(marker) 염색체의 규명

(5) 미소결실 증후군의 규명 : contiguous gene 증후군

- Cri-du-Chat
- Miller-Dieker 증후군
- Smith-Magenis 증후군
- Steroid sulfatase deficiency
- Kallman 증후군
- Williams 증후군
- Wolf-Hirschhorn

- Prader-Willi/Angelman 증후군
- DiGeorge/Velo-Cardio-Facial/CATCH 22/Shprintzen 증후군

(6) 양수나 융모 염색체 모자익시즘 규명

2) 산전진단

(1) 양수세포의 직접 배양법에서의 활용(혈액이 포함된 샘플은 모체 감염을 피하기 위해 제외해야 함)

(2) 모체혈액내 태아세포 검출

(3) 착상 전 진단

3) 골수이식 후의 착생 여부

4) 암의 예후 및 치료 효과 판정

(1) 암유전자(oncogene) 및 억제유전자(repressor gene)의 변화 측정

(2) 미세 잔존 질환(minimal residual disease) 규명

(3) 종양 특이 염색체 전좌의 검출

(4) 은폐된 전좌 검출

XII 유전상담

1. 가계도의 기록방법

유전질환의 특성상 부부만을 대상으로 하지 않고 가계를 통해 유전될 수 있으므로 정확하고 자세한 가계도(그림 12-1)를 작성은 정확한 유전상담의 필수적인 사항이다. 보통 3대에 걸친 한 가족의 가계도를 기록하는 것이 유전상담에 도움이 될 수 있다.

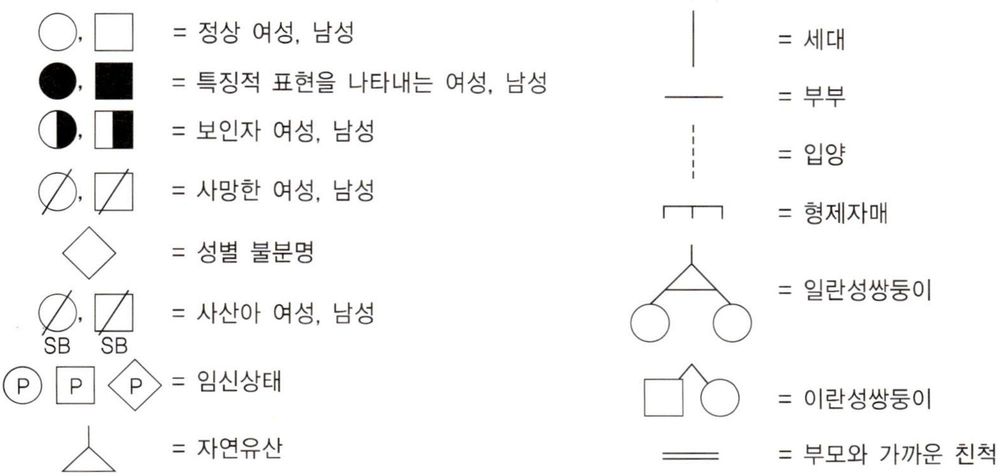

그림 12-1. 유전상담을 위한 가계도 기록에 사용되는 기호

2. 유전상담

유전상담은 가족 내에서 유전질환의 발생과 치료에 관한 사항과 또 다음 아이에서의 재발률에 관한 문제를 다루는 분야이다. 특히 유전상담이 필요한 부분은 결혼한 부부 중 일부에서는 임신시 유전질환을 아기에게 전달 할 수 있는 위험성을 안고 있는 경우이다. 이러한 부부가 임신에 관한 문제를 대처 할 수 있는 경우는 아기를 출산하는 것을 포기하고 살아가는 경우, 위험을 안고 아기를 낳고 기르는 경우, 임신은 하되 아기가 유전질환을 안고 있는지 산전진단을 시행하여 위험성을 제거하는 경우, 착상전유전질환을 시도하는 경우, 난자 또는 정자를 타인에게서 제공받으므로 써 유전자진환을 자식한테 물려주지 않은 경우 등을 택할 것이다. 이러한 결정을 내리는 기초가 될 수 있는 것이 유전상담의 목적으로 한다. 가장 중요한 사항은 필요한 정보를 제고하되 최종 결정은 본인이나 보호자가 내리도록 하며, 그 과정에서 유전상담자는 중립적인 태도를 취해야 한다는 점이다. 그리고 유전질환의 특성상 자손에게 물려주었다는 사실을 알게 되면 심한 죄책감과 슬픔에 사로잡히는 경우도 많으므로 상담시 조심해야 할 부분이다.

특히 산전유전상담(prenatal counseling)에서는 정신지체, 발육지현, 자손의 생성의 문제 등을 충분히 고려하여 유전상담에 임하여야 한다.

실 습

가계도 그리기

학년반: 학번: 성명:

- 학생 가정에 해당하는 3대 이상의 가계도를 작성해 보세요.
- 유전질환, 특정질환, 특정현상(비만, 대머리, 흰머리, 특수혈액형 등)을 대상으로 작성해 보세요.

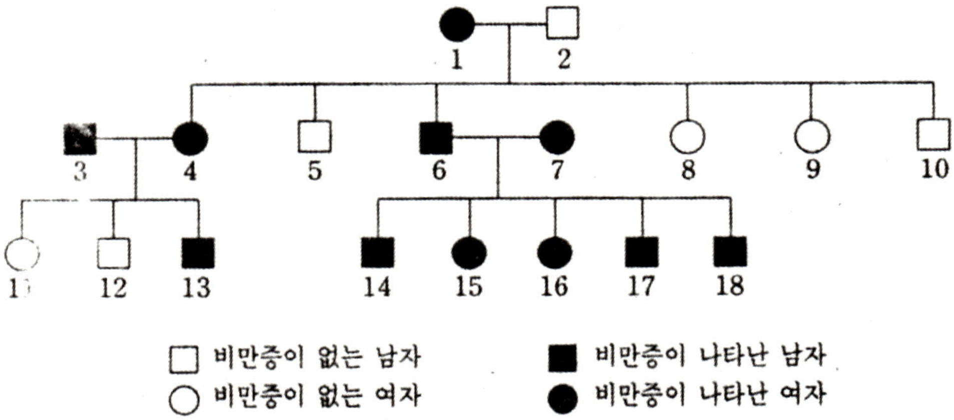

(가계도의 예)

설명:

실습일자: 월 일 | **지도교수 확인:**

XIII 정상변이 핵형분석에 관한 해석 증례

산전태아 양수(또는 융모)의 경우와 신생아를 비롯한 성인의 말초혈액을 통해 염색체 핵형을 분석한 후 해석(interpretation)을 기록할 때 정상변이(normal variant)의 경우에 차이를 보인다. 예를 들면 산전태아의 경우는 기원을 확인하기 위한 부모의 염색체 분석이 필요한 경우가 있지만 신생아나 성인의 경우는 현재의 표현형의 상태를 파악할 수 있으므로 표현형의 영향 등을 밝히기 위한 부모의 염색체 검사는 거의 필요지 않다. 그러므로 염색체검사의 핵형분석에 있어서는 일률적인 결과만으로 임상에 적용하기 보다는 다양한 염색체분석에 관해 해석이 필요로 하게 된다.

46,XY,[00]/46,XX[00]

양수(또는 융모)로부터 얻어진 분열세포를 GTG 분염법로 분석한 결과 본 환자는 분석 가능한 00개의 세포로부터 46,XY 핵형을 보이는 것이 00개이며, 00개의 분열세포에서는 46,XX를 나타나는 모자익시즘으로 관찰됩니다. 분석된 모든 염색체는 구조적으로나 숫적으로 정상이며, XY/XX의 핵형은 대개의 경우 산모의 세포의 성장으로 인한 가성모자익시즘일 가능성이 많지만, 태아의 키메리즘도 배제할 수 없으므로 양수나 제대혈를 이용한 재확인을 요합니다.

주석

모체세포의 오염은 검사건수 대비 0.3~0.5%에서 보고되고 있으며 이러한 경우 진성모자익시즘일 양성 검출률은 10%이하로 알려져 있음으로 산전진단시 확진을 위해서는 반드시 재검이 필요합니다.

46,XX(Y),inv(9)(p12q13)

양수(또는 융모)로부터 얻어진 분열세포를 GTG banding으로 분석한 결과 본 환자에서는 유전물질의 손실이 없으므로 표현형으로는 나타나지 않는 전상변이(normal variant)로 간주하는 46,XX(Y),inv(9) 완간역위 소견을 보입니다. 다만 기원과 돌연변이 유무를 확인하기 위한 부모의 검사가 필요하리라 사료됩니다.

주석

염색체 9번의 완간역위는 일반적 인구집단에서 1~1.5% 정도의 빈도로 발견되며, 정상변이로 보는 견해가 대부분이며, 비정상적인 표현형과 관련이 없는 것으로 알려져 있으나, 일부 보고에 의하면 불임과, 습관성유산에서 역위의 빈도가 높다고 합니다.

46,XX(Y),precentric inversion

양수(또는 융모)로부터 얻어진 분열세포를 GTG banding으로 분석한 결과 본 환자에서는 유전물질의 결손이 없으므로 표현형으로는 나타나지 않는 정상변이로 간주됩니다.

주석

염색체 완간역위는 정상변이로 보는 견해가 대부분이지만 역위의 발생에 따른 미세결손 등이 동반가능성이 있으므로 반드시 부모의 염색체 검사를 통한 새로운 형의 유무를 밝혀야 하며, 새로운 형일 경우 5~10% 정도에서 표형형이상이 발생가능성 있습니다. 부모에게서 동반된 경우는 부모가 정상인이라면 태아에서 비정상적인 표현형일 가능성은 미미합니다. 그러나 태아가 성장하여 자손을 가질 때 염색체 이상(정상변이를 포함)을 동반한 태아를 가질 확률은 정상인 보다 증가하는 것으로 알려져 있으며, 습관성 유산을 분석해보면, 상호전좌가 50%, 로벌슨전좌가 35%, 완간역위가 13%를 차지합니다. 그러므로 태아의 자손에서 습관성유산을 동반할 가능성이 증가될 수 있습니다.

46,XX(Y),inv(5)(p14q12)

양수(또는 융모)부터 얻어진 분열세포를 GTG banding으로 분석한 결과 본 환자에서는 유전물질의 결손이 없으므로 표현형으로는 나타나지 않는 정상변이로 간주하는 46,XX(Y),inv(5)의 완간역위 소견을 보입니다.

주석

염색체 5번의 완간역위는 정상변이로 보는 견해가 대부분이지만 역위발생에 따른 미세결손 등이 동반가능성이 있으므로 반드시 부모의 염색체 검사를 통한 새로운 형의 유무를 밝혀야 하며, 만일 새로운 형일 경우 5~10% 정도에서 비정상적인 표현형 발생가능성이 있으며, 특히 5번 염색체의 단완부에는 미세결손시 나타나는 묘성 증후군이 발생하는 부위이므로 반드시 FISH에 의한 정밀 검사가 필요합니다. 또한 부모에게서 동반된 경우는 부모가 정상인이라면 태아에서도 비정상적인 표현형일 가능성은 미미합니다. 그러나 태아가 성장하여 자손을 가질 때 염색체 이상(정상변이를 포함)을 동반한 태아를 가질 확률은 정상인 보다 증가하는 것으로 알려져 있으며, 습관성 유산을 분석해보면, 상호전좌가 50%, 로벌슨전좌가 35%, 완간역위가 13%를 차지합니다. 그러므로 태아의 자손에서 습관성유산을 동반할 가능성이 증가될 수 있습니다.

46,XX(Y), D와 G group ps+

양수(또는 융모)로 부터 얻어진 분열세포를 GTG banding으로 분석한 결과 본 환자에서는 유전물질의 결손이 없으므로 표현형으로는 나타나지 않는 정상변이로 간주하는 46,XX(Y), 15ps+ 소견을 보입니다.

주석

염색체 D군과 G 군의 경우에서 p 완 부수체부위의 길이 증가가 관찰되는 경우가 있습니다. 이는 정상변이로 간주하지만 새로운 형일 경우 5~10% 정도에서 비정상적인 표현형의 발생가능성이 있습니다. 부모에게서 동반된 경우는 부모가 정상인이라면 태아에서 비정상적 표현형일 가능성은 미미합니다. 그러나 태아가 성장하여 자손을 가질 때 염색체 이상(정상변이를 포함)을 동반한 태아를 가질 확률은 정상인 보다 약간 증가하는 것으로 알려져 있습니다. 그러므로 기원을 알기위한 부모의 염색체 검사가 필요합니다.

46,XX(Y),qh+

이질염색질 부위의 변화는 유전물질의 손실이 없으므로 표현형으로는 나타나지 않는 정상변이로 간주합니다.

주석

관잘된 염색체의 중심체에 가까운 이질염색체 부위가 정상보다 2배 정도 넓어져 있습니다. 이 부위는 이질염색질이 위치하는 장소이므로 대부분 정상적인 염색체의 변형으로 간주되고 있고, 질환과의 연관성은 아직까지는 논쟁의 여지가 있습니다. 다만, 태아의 경우는 기원을 알기위한 부모의 염색체 검사도 필요하리라 생각됩니다.

45,XX,der(D;21)(q10;q10)

양수(또는 융모)로부터 얻어진 분열세포를 GTG 분엽법으로 분석한 결과 본 환자에서는 유전물질의 손실이 없으므로 표현형으로는 나타나지 않는 정상변이로 간주하는 45,XX(Y),der(D:21) 로벌슨전좌 소견을 보입니다.

주석

der(D:21) 로벌슨전좌의 경우 대부분이 가족성유전이 원인입니다. 부모검사를 통한 기원유무를 검사하여야 하며, 재발위험성이 증가되며 특히 로벌슨전좌가 동반된 다운 증후군 발생 위험성이 증가됩니다. 특히 양수검사에서 로벌슨전좌를 가진 부모의 자녀에서 15%정도의 높은 빈도로 다운 증후군이 발생하는 것으로 보고되고 있으며 이외에도 습관성 유산을 분석해보면, 상호전좌가 50%, 로벌슨전좌가 35%, 완간역위가 13%를 차지합니다. 그러므로 태아의 자손에서 습관성유산을 동반할 가능성이 증가될 수 있습니다.

46,XX(Y),t(4;16)

양수(또는 융모)로부터 얻어진 분열세포를 GTG banding으로 분석한 결과 본 환자에서는 유전물질의 결실 없으므로 표현형으로는 나타나지 않는 정상변이로 간주하는 상호전좌 소견을 보입니다. 단 새로운 형의 미세결손 동반에 의한 경우 5~10%에서 표현형이상으로 나타낼 수 있다고 보고 있습니다.

주석

상호전좌의 경우 대부분이 가족성유전이 원입니다. 그러나 새로이 나타날 수 있으므로 부모검사를 통한 기원유무를 검사하여야 하며, 가족성유전인 경우 재발유험성은 증가되며 불균형전좌에 의한 부분적삼염색체가 동반되어 비정상적인 자손의 발생 위험성이 증가되며, 상호전좌가 50%, 로벌슨전좌가 35%, 완간역위가 13%를 차지합니다. 그러므로 태아의 자손에서 습관성유산을 동반할 가능성이 증가될 수 있습니다.

부 록

I. 비 정상염색체 분석자료

비정상 핵형분석 (7,147건)

sample	No
peripheral blood constitution	4,495
peripheral blood acquired	235
amniotic fluid(AF)	1,060
chorionic villi(CV)	198
fetal blood(FB)	141
products of conception(PC)	394
bone marrow(BM)	607
others	17

유산물(products of conception)

핵형 이상	빈도수	%
Turner syndrome	46	16.4
trisomy 16	40	14.3
trisomy 22	20	7.1
triploidy	20	7.1
Down syndrome	17	6.1
tetraploid	14	5.0
Edward syndrome	13	4.6
Patau syndrome	12	4.3
Edward syndrome	13	4.6
reciprocal translocation	10	3.6
trisomy 7	9	3.2
trisomy 2	8	2.9
trisomy 9	7	2.5
trisomy 14	7	2.5
trisomy 3	4	1.4
trisomy 6	4	1.4
trisomy 8	4	1.4
trisomy 15	4	1.4
others	41	14.6
total	280	100
normal variants	inversion9 5cases	

태아혈액(fetal cord blood)

핵형 이상	빈도수	%
Edward syndrome	33	23.4
Down syndrome	24	17.0
Turner syndrome	5	10.2
deletion	4	8.2
Patau syndrome	2	4.1
XXX	2	4.1
others	13	26.5
total	49	100
normal variants	inversion9 11case	others 4cases

융모막 융모(chorionic Villi)

핵형 이상	빈도수	%
reciprocal translocation	30	15.2
Down syndrome	25	12.6
Turner syndrome	17	8.6
trisomy 16	13	6.6
Patau syndrome	11	5.6
trisomy 22	9	6.7
triploidy	8	5.2
Edward syndrome	7	5.2
trisomy 15	7	5.2
robertsonian translocation	6	4.5
tetraploidy	5	3.0
others	28	20.9
total	134	100
normal variants	inv(9) 9case	others 2case

말초혈액(peripheral blood : constitutional)

핵형 이상	빈도수	%
Down syndrome	1,328	29.5
Klinefelter syndrome	755	16.8
Turner syndrome	632	14.1
reciprocal translocation	384	8.5
robertsonian translocation	126	2.8
deletion	55	1.1
XY female	123	2.7
Edward syndrome	75	1.7
marker chromosome	59	1.3
addition of autosome	18	1.2
XX male	64	1.4
Patau syndrome	19	0.4
XXX	32	0.7
XYY	17	0.4
Cri du chat syndrome	26	0.6
normal variants	inv(9) 492cases	others 78cases

양수(amniotic fluid)

핵형 이상	빈도수	%
Down syndrome	299	28.3
teciprocal translocation	110	10.4
Edward syndrome	92	8.7
robertsonian translocation	54	5.1
Turner syndrome	48	4.5
deletion	17	1.6
XXX(Fragile X)	20(23)	1.9(0.5)
Klinefelter syndrome	20	1.9
Patau syndrome	7	1.7
marker chromosome	15	1.4
Patau syndrome	12	1.1
normal variants	inv(9) 223 cases,	others 351cases

II. 염색체 Ideogram

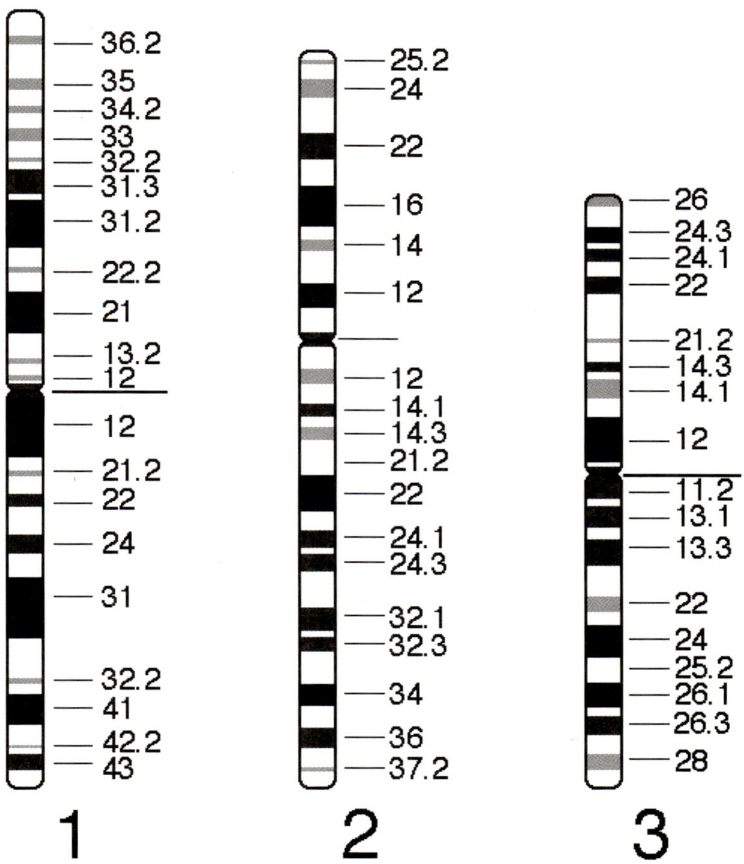

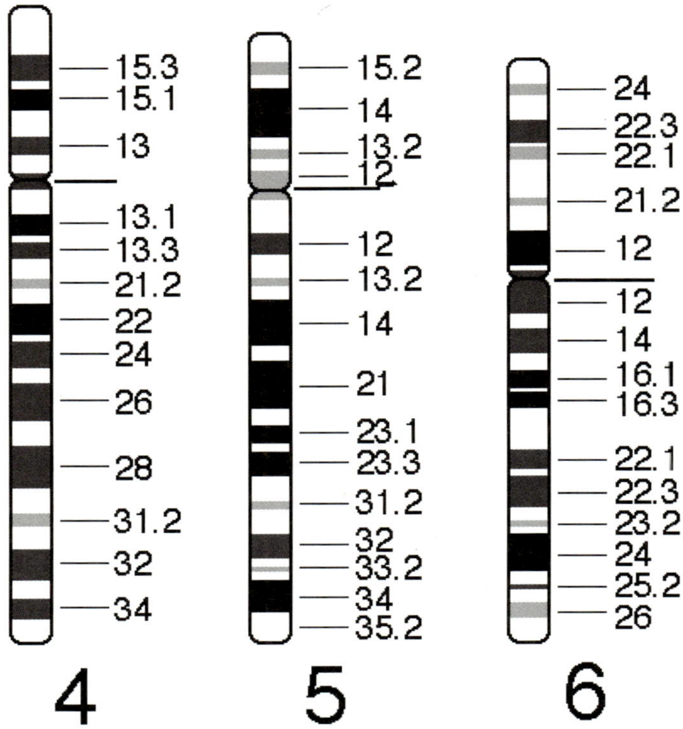
15.3
15.1
13
13.1
13.3
21.2
22
24
26
28
31.2
32
34
4
15.2
14
13.2
12
12
13.2
14
21
23.1
23.3
31.2
32
33.2
34
35.2
5
24
22.3
22.1
21.2
12
12
14
16.1
16.3
22.1
22.3
23.2
24
25.2
26
6

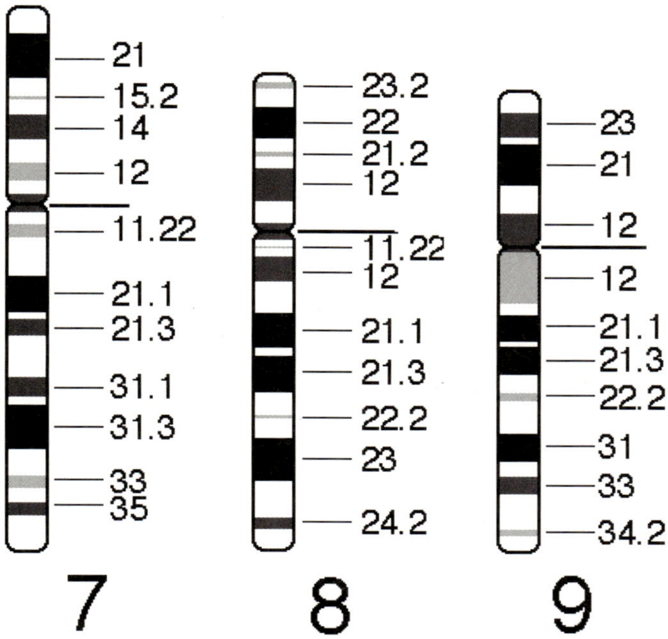
21
15.2
14
12
11.22
21.1
21.3
31.1
31.3
33
35
7
23.2
22
21.2
12
11.22
12
21.1
21.3
22.2
23
24.2
8
23
21
12
12
21.1
21.3
22.2
31
33
34.2
9

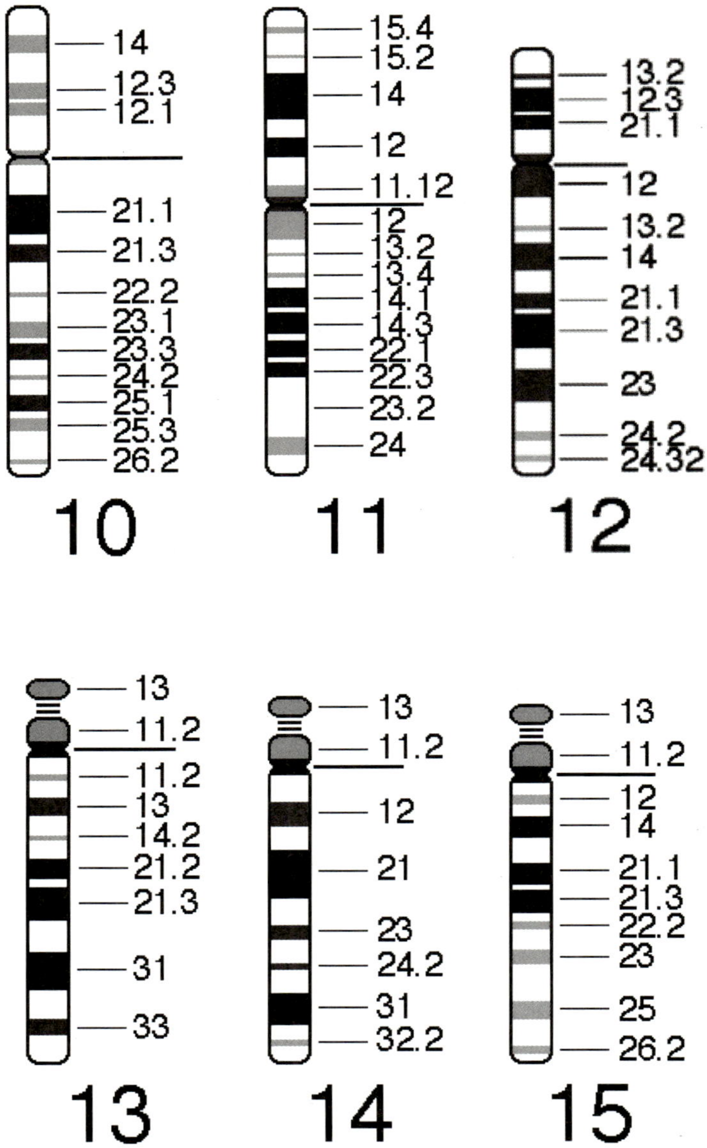
14
12.3
12.1
21.1
21.3
22.2
23.1
23.3
24.2
25.1
25.3
26.2
10
15.4
15.2
14
12
11.12
12
13.2
13.4
14.1
14.3
22.1
22.3
23.2
24
11
13.2
12.3
21.1
12
13.2
14
21.1
21.3
23
24.2
24.32
12
13
11.2
11.2
13
14.2
21.2
21.3
31
33
13
13
11.2
12
21
23
24.2
31
32.2
14
13
11.2
12
14
21.1
21.3
22.2
23
25
26.2
15

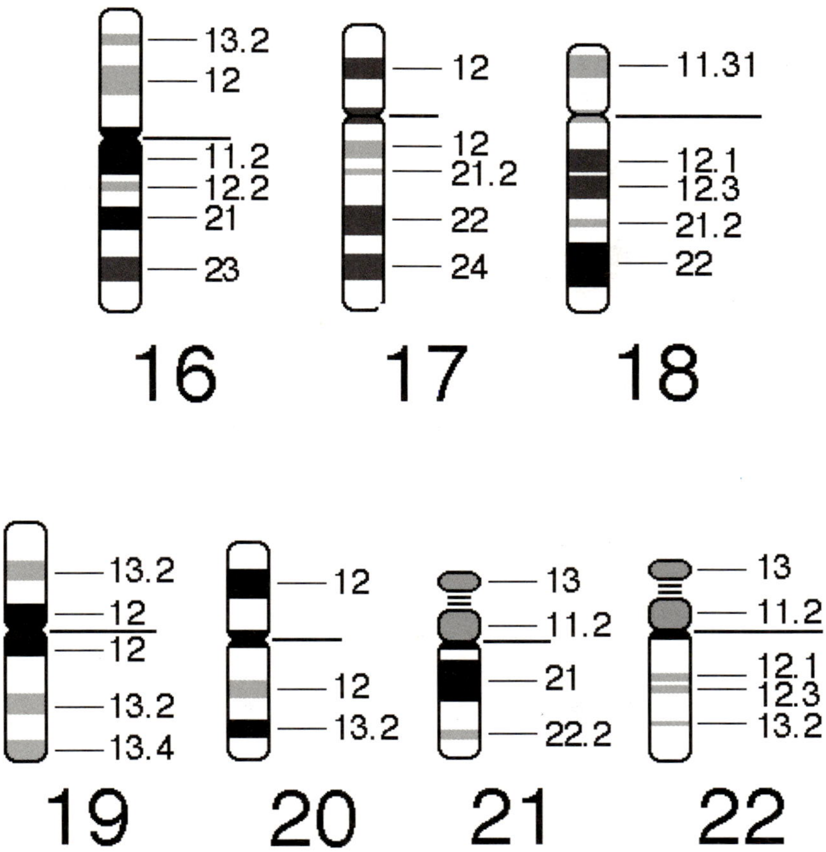
13.2
12
11.2
12.2
21
23
16
12
12
21.2
22
24
17
11.31
12.1
12.3
21.2
22
18
13.2
12
12
13.2
13.4
19
12
12
13.2
20
13
11.2
21
22.2
21
13
11.2
12.1
12.3
13.2
22

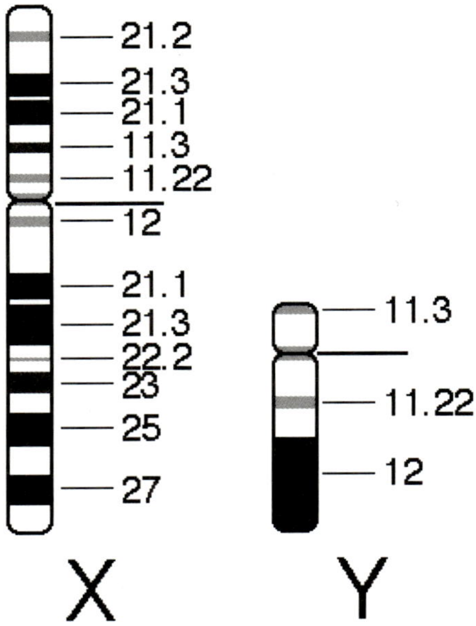
21.2
21.3
21.1
11.3
11.22
12
21.1
21.3
22.2
23
25
27
11.3
11.22
12
X
Y

III. 임상 세포 유전학 검사의 표준 및 지침

1. 서문

임상유전학 서비스(clinical genetic service)는 단순한 검사만으로 종결되는 문제가 아니고, 환자의 진단, 검사, 치료 방향, 예후 결정 및 가계 구성원에 대한 유전 상담 등 일련의 복합적인 의료 행위를 포함하게 되므로 임상유전학 전문 인력이 중심이 되어 기초 연구 인력 및 임상유전학 검사 기관과 하나의 팀으로 접근해야만 양질의 서비스를 제공할 수 있음은 자명한 사실이다. 또한 임상 세포 유전학 검사는 다른 임상 검사와 달리 그 검사 과정이 자동화되어 있지 못하며, 전 과정을 검사자가 직접 수기로 시행하여야 한다. 따라서 검사의 quality는 전적으로 검사자의 기술적, 경험적 quality와 비례하게 된다. 또한 임상 세포 유전학 검사에 대한 표준이나 지침이 마련되어 있지 않은 상태에서 주로 미국의 The American College of Medical Genetics에서 제정한 "Standards and Guidelines: Clinical Genetics Laboratories"를 기준으로 검사를 시행하고 있으면서, 각 검사 기관마다 상당한 variation과 modification이 가해져 있는 것으로 알려져 있다. 뿐만 아니라 세포유전학 검사 종사자의 교육 기관이 없어서, 체계적인 교육이 이루어지지 못함은 물론이고, 새로운 지식을 습득할 수 있는 기회도 전무하다고 할 수 있다.

대한의학유전학회의 임상세포유전학 분과 위원회에서는 우선 급한데로 국내의 실정에 적합한 임상 세포유전학 검사의 표준과 지침서를 개발하여 국내의 검사 기관에 배포하고, 이를 바탕으로 표준화 작업을 시작하는 것이 가장 중요한 일이라고 판단하여 표준 및 지침(안)을 작성하게 되었다. 이와 함께 세포유전학 검사 종사자의 최소한의 자격 요건을 설정하여야 할 필요성이 있으며, 이들에 대한 교육의 기회를 제공하는 방안도 검토되어야 할 것이다. 이러한 작업이 이루어지기 위해서는 임상 세포유전학 검사 기관의 등록 사업이 필요할 것이며, 최종적으로는 검사의 정도 관리에 대한 문제도 고려되어야 할 것이다.

이번에 발표되는 임상 세포유전학 검사의 표준 및 지침(안)은 대한의학유전학회 임상세포유전학 분과 위원회에서 작성하였으며, 각계의 의견을 수렴하여 확정 발표될 것이다. 향 후 분과 위원회에서는 표준 및 지침을 필요에 따라 수정, 보완해 나갈 것이다.

가. 개관

가 1 이 표준 및 지침은 임상 세포 유전학 검사의 정확성과 신뢰도를 높이기 위한 목적으로 현재 사용되는 검사 기법과 검사 과정에 대하여 기술한다. 이는 의학유전학자들에 의하여 집필되며, 다른 의학유전학자들이 이 표준 및 지침에 따르기를 권고한다.

가 2 이 표준 및 지침은 임상세포유전학 검사가 신뢰성을 유지하기 위한 최소한의 범주만을 규정한다.

가 3 임상 세포유전학 검사법에는 여러 형태의 변형된 검사법이 있을 수 있다. 모든 검사기관은 자신들의 검사 과정에 대한 정확성과 신뢰성에 대한 기록을 보유하여야 한다.

가 4 다른 검사 기관에서는 시행하지 않는 특수 검사에 대해서는 그 유효성에 대 한 적절 하고 충분한 자료를 확보하여야 한다.

가 5 모든 임상세포유전학 검사실은 대한의학유전학회의 기관회원으로 등록되어야 하며 학회에서 제정한 표준 및 지침을 준수하여야 한다.

가 6 이 표준 및 지침은 매년 검토되고, 수정 보완 될 것이다.

가 7 이 표준 및 지침은 대한의학유전학회가 집필하고 승인한다.

나. 인적사항

나 1 신속하고 정확한 검사가 이루어질 수 있는 충분한 검사 인력을 확보하여야 한다.

나 2 검사 책임자

나 2.1 의료기관의 세포유전검사실 책임자는 진단검사의학과 / 병리과 전문의 또는 이에 상응하는 자격을 갖춘 전문으로 한다. 구체적 자격은 한국유전자평가원에서 결정한다. 비의료기관인 세포유전학실 책임자는 유전학분야의 전공자로 박사학위 취득 후 해당 분야에서 4년 이상 실무에 종사한 경력이 있어야 한다.

나 2.2 검사책임자는 정기적으로(최소 주1회 이상) 검사실에 근무하여야 하며 다음과 같은 업무를 수행하여야 한다.

나 2.2.1 검사실에 부재중일 때에도 검사실과 연락이 가능한 상태를 유지하고 있어야 한다.

나 2.2.2 검사의 질적 향상을 위한 지속적인 노력을 유도하여야 한다.

나 2.2.3 검사실의 제반 규정을 잘 이행하도록 유도한다.

나 2.2.4 검사실 직원들의 적절한 교육, 경험 및 연수의 기회를 갖도록 유도한다.

나 2.2.5 환자의 개인적 정보에 대한 비밀을 유지할 수 있는 방안을 확보하여야 한다

나 2.2.6 검사실 관리자 및 검사실 직원들과 주기적인 의견 교환이 이루어져야 한다.

나 2.2.7 검체와 적응증에 따라 시행해야할 검사항목, 검사방법, 사용할 기구, 시약을 결정한다.

나 2.2.8 검사 결과를 확인하고 해석하여 정확하고, 신속하게 결과를 보고해야 한다.

나 2.3 검사 책임자는 부재중에 검사 책임의 의무를 대행할 사람을 위임하여야 한다.

나 2.4 검사 책임자는 3개의 검사실을 초과하여 직무를 수행할 수 없다.

나. 3 검사실 기술책임자 및 검사자

나. 3-1 세포유전검사실의 기술책임자는 검사실 책임자의 지도하에 최소 4년 이상 세포유전검사를 시행한 경험이 있어야 하며, 의료기관인 유전자검사기관에서의 검체검사는 의료법과 의료기사법에 의하여 임상병리사의 업무범위에 해당한다.

나. 3-2 세포유전검사자는 검사실 책임자의 지도하에 검사를 수행하고 최소 1년 이상 관련분야의 업무경험이 있어야 하며, 의료기관인 유전자검사기관에서의 검체검사는 의료법과 의료기사법에 의하여 임상병리사의 업무범위에 해당한다.

나 4.1 모든 검사실은 대한의학유전학회에서 인증받고 지속적 재교육을 받는 검사원 1인 이상을 상근 시켜야 한다.

다. 일반적 사항

다 1 자원과 설비

다 1.1 검사실의 공간과 기구, 설비등은 안전하고, 정확한검사에 충분한 정도를 유지하여야 한다.

다 1.2 검사실내의 모든 기구들은 검사책임자의 재량 하에 적절한 간격으로 검토되어야 하며 그 기록을 남겨야 한다.

다 1.3 최소 2대의 배양기를 구비하여야 한다. 각배양기는 별도의 전원이 공급되어야하며 별도의 CO_2 공급을 받아야 한다. 또한 온도 이상시 경고 기능을 갖추어야 한다.

다 1.4 배양기는 주기적으로 소독하여야 하며, 온도는 매일, CO_2는 매주 측정하여 그 결과를 기록하여야 한다.

다 2 검체 및 검체에 대한 정보

다 2.1 검체 용기에는 환자의 식별을 위한 정보와 검체채취일자가 명확하게 기록되어있어야 한다.

다 2.2 모든 인체조직 및 체액은 감염원이 될 수 있음을 숙지하고 검체의 운반과 취급에 임해야 한다.

다 2.3 검사 의뢰서에는 적절하고 정확한 검사와 검사 결과의 해석을 위하여 충분한 임상 정보가 기록되어야 한다.

다 2.4 검체접수 기록에는 검체 채취일, 검체가 검사실에 접수된 날짜, 검체의양 및 검체의 상태를 기록하여야 한다.

다 3 기록

다 3.1 모든 환자의 검사 기록은 검사 책임자가 열람할 수 있어야 한다.

다 3.2 모든 환자의 검사 기록은 기밀성을 유지할 수 있는 방법으로 관리되어야 한다.

다 3.3 검사 기록은 적절한 절차를 거쳐야만 공개될 수 있다.

다 3.4 검사의 결과는 1세대(20년) 동안 보관되어야 한다.

다 3.5 개별 검사물의 보관

다 3.5.1 G-, C-, R-분염 및 NOR-염색된 슬라이드 표본은 5년간 보관한다.

다 3.5.2 검사 후 남은 검체는 1주일간 보관한다.

다 3.5.3 처리된 검체(cell pellet 등)는 검사 종결시까지 보관한다.

다 4 정도 관리

다 4.1 모든 검사실은 정도관리와, 검사의 질적향상을 위한 문서화된 계획을 가지고 있어야 한다.

다 4.2 모든 검사실은 대한의학유전학회에서 시행하는 정도 관리 사업에 참여해야 한다.

다 4.3 검사책임자와 검사자들은 대한의학유전학회에서 시행하는 보수교육에 참여해야한다.

다 5 모든 검사실은 각 검사실에서 이용하는 검사 방법을 자세히 기록한 검사 편람을 작성하여 유지하여야 하며, 매년 검사 책임자의 지도하여 재검토하여 수정 보완하여야 한다.

라. 검사 지침

라 1 검사 과정의 일반적 지침

라 1.1 용어

계수(count) 는 중기상 세포내의 염색체 수를 세는 과정을 의미한다.

분석(analysis)은 분염된 중기상 세포의 현미경상, 컴퓨터 영상 혹은 현미경 사진으로 각 염색체를 검토하는 과정을 의미한다.

핵형분석(karyotype)은 현미경 사진이나 컴퓨터 영상으로부터 상동 염색체를 나란히 배열하여 각 염색대를 비교하는 과정을 의미한다.

검토된 세포(scored cell)는 특정한 세포유전학적 특징을 갖는지 여부를 확인한 세포를 의미한다.

비정상 클론(abnormal clone)은 동일한 trisomy나 구조적 이상을 갖는 세포가 2개 이상, 혹은 동일한 monosomy가 3개 이상 발견된 경우를 의미한다.

라 1.2 계수 또는 분석한 중기상 세포의 슬라이드 번호와 슬라이드상의 위치를 기록하여야 한다.

라 1.3 모든 검사실은 G-, R-, Q-, C-분염법과 NOR-염색법을 시행할 수 있어야 하며, 각 검체에 대하여 검사 책임자의 판단하에 적절한 방법으로 검사를 수행해야 한다.

라 1.4 핵형을 기록하는 방법은 ISCN(An International System for Human Cytogenetic Nomenclature, 1995, 2005) 표기법을 따라야 한다.

라 1.5 염색대의 해상도를 유지하기 위한 객관적이고 재현성 있는 방법을 이용하여야 하며, 그 방법은 검사 편람에 기술되어 있어야 한다. 증례와 검체에 따라 적절한 해상도를 결정하는 기준을 확보하고 있어야 한다. 일반적으로는 400염색대의 해상도가 요구된다.

라 1.6 각 검사실은 검사 과정의 지침을 가지고 있어야 하며, 이상이 발견되었을 때에는 이 지침에 따라 검사를 진행하여야 한다. 예를 들어 hypodiploidy, hyperdiploidy 혹은 구조적 이상이 발견되었다면 각각의 경우에 몇 개의 세포를 추가적으로 검토해야 하는가에 대한 지침을 가지고 있어야 한다. 이러한 각 검사실의 지침은 특정 염색체 이상의 임상적 의의에 대한 지식에 근거하여야 한다.

라 2 산전 진단

라 2.1 양수와 융모막 융모

라 2.1.1 일반적 표준

라 2.1.1.1 최소한 2개의 배양을 병행해야 하며, 각각의 배양은 별도의 배양기에서 시행되어야 한다.

라 2.1.1.2 추가 검사에 대비한 예비 배양(back-up culture)을 유지하기 위한 계획이 있어야 한다.

라 2.1.1.3 태아의 염색체 이상이나 다형 현상을 확인하기 위하여 부모의 검사가 필요한 경우에는 동일 검사실에서 검사를 하여야 한다.

라 2.1.1.4 검사의 실패는 400건의 연속 검사 중 8건을 초과해서는 안 된다 (2%).

라 2.1.1.5 검사 실패의 원인을 밝히기 위한 노력을 하여야하며, 이를 기록 보관하여야 한다.

라 2.1.1.6 검사의 90% 이상은 검체 접수로부터 21일 이내에 종결되어 보고되어야 한다.

라 2.1.1.7 이러한 기준을 만족하지 못하는 경우에는 문제가 해결될 때까지 검체를 다른 검사실로 의뢰하여야 한다.

라 2.1.1.8 산전 진단된 염색체 이상은 유산 혹은 출산 후에 확인하여야 한다.

라 2.1.2 양수-검체 처리의 표준

라 2.1.2.1 Cell pellet이 없거나 적은 경우는 즉시 검사 의뢰자에게 알리고, 재검사가 필요할 수도 있음을 주지시킨다.

라 2.1.2.2 세포 배양 상태가 부적절한 경우에는 검체 접수로부터 14일 이내에 검사 의뢰자에게 알려서 재검사를 요청한다.

라 2.1.3 양수-분석의 표준

라 2.1.3.1 프라스크 법

계수 : 2개 이상의 배양으로부터 최소한 20개의 중기상 세포를 계수 한다.

분석 : 2개 이상의 배양으로부터 5개 이상의 중기상 세포를 분석한다.

핵형분석 : 2개 이상의 중기상 세포를 핵형 분석한다. 2개 이상의 클론이 있는 경우는 각 클론 당 1개 이상의 세포를 핵형 분석한다.

라 2.1.3.2 In situ 법

계수 : 2개 이상의 배양과 20개 이상의 세포 집락으로부터 20개 이상의 중기상 세포를 계수 한다.

분석 : 2개 이상의 배양과 5개 이상의 세포 집락으로부터 5개 이상의 중기상 세포를 분석 한다.

핵형분석 : 2개 이상의 중기상 세포를 핵형 분석한다. 2개 이상의 클론이 있는 경우는 각 클론 당 1개 이상의 세포를 핵형 분석한다.

라 2.1.4 융모막 융모-검체 처리의 표준

라 2.1.4.1 임상적으로 직접법을 사용하는 경우에도 배양법을 반드시 병행해야 한다.

라 2.1.4.2　최종 검사 결과에는 배양법의 결과도 포함되어야 한다.

라 2.1.5　융모막 융모-분석의 표준

라 2.1.5.1　직접법 : 최종결과를 직접법에만 의존해서는 안 된다.

라 2.1.5.2　배양법, 프라스크법

계수 : 2개 이상의 배양으로부터 최소한 20개의 중기상 세포를 계수 한다.

분석 : 2개 이상의 배양으로부터 5개 이상의 중기상 세포를 분석한다.

핵형분석 : 2개 이상의 중기상 세포를 핵형 분석한다. 2개 이상의 클론이 있는 경우는 각 클론 당 1개 이상의 세포를 핵형 분석한다.

라 2.1.5.3　배양법, in situ 법

계수 : 2개 이상의 배양과 20개 이상의 세포 집락으로부터 20개 이상의 중기상 세포를 계수한다.

분석 : 2개 이상의 배양과 5개 이상의 세포 집락으로부터 5개 이상의 중기상 세포를 분석한다.

핵형분석 : 2개 이상의 중기상 세포를 핵형 분석한다. 2개 이상의 클론이 있는 경우는 각 클론 당 1개 이상의 세포를 핵형 분석한다.

라 2.1.5.4　직접법과 배양법의 병행

계수 : 2개 이상의 배양으로부터 최소한 20개의 중기상 세포를 계수하되 10개 이상의 세포는 배양법으로부터 계수 한다.

분석 : 2개 이상의 배양으로부터 5개 이상의 중기상 세포를 분석하되 2개 이상의 세포는 배양법으로부터 분석한다.

핵형분석 : 2개 이상의 중기상 세포를 핵형 분석한다. 2개 이상의 클론이 있는 경우는 각 클론 당 1개 이상의 세포를 핵형 분석한다.

라 2.2　태아 혈액

라 2.2.1　검체 처리의 표준

라 2.2.1.1　검체가 태아 기원임을 확인할 수 있어야 한다.

라 2.2.1.2 최소한 2개의 배양을 병행해야 한다.

라 2.2.1.3 최종보고는 검체 접수로부터 10일 이내에 한다.

라 2.2.2 분석의 표준

계수 : 2개 이상의 배양으로부터 최소한 20개의 중기상 세포를 계수 한다.

분석 : 2개 이상의 배양으로부터 5개 이상의 중기상 세포를 분석한다.

핵형분석 : 2개 이상의 중기상 세포를 핵형 분석한다. 2개 이상의 클론이 있는 경우는 각 클론 당 1개 이상의 세포를 핵형 분석한다.

라 3 선천성 염색체 이상

라 3.1 말초혈액-일반적 검사

라 3.1.1 검체 처리의 표준

라 3.1.1.1 최소한 2개의 배양을 병행해야 한다.

라 3.1.1.2 검사의 90% 이상은 검체 접수로부터 28일 이내에 종결되어 보고되어야 한다. 특수 염색법이 필요한 경우에는 검사기간이 연장될 수 있다.

라 3.1.1.3 검사 실패율은 연간 5%를 초과해서는 안 된다.

라 3.1.1.4 염색대의 해상도는 반수체 당 400염색대 수준을 유지하여야 한다.

라 3.1.2 분석의 표준

라 3.1.2.1 계수 : 최소한 20개의 중기상 세포를 계수한다.

분석 : 5개 이상의 중기상 세포를 분석한다.

핵형분석 : 2개 이상의 중기상 세포를 핵형 분석한다. 2개 이상의 클론이 있는 경우는 각 클론 당 1개 이상의 세포를 핵형 분석한다.

라 3.1.2.2 Mosaicism이 흔한 성염색체 이상이 의심되는 경우는 최소한 30개의 중기상 세포를 계수한다.

라 3.2 말초혈액-Fragile X 증후군

Fragile X 증후군의 진단은 분자유전학적 검사와 세포 유전학적 검사를 병행하는 것을 권고한다.

라 3.2.1 검체 처리의 표준

fra(X)(q27.3)을 검토한 중기상 세포의 50% 이상은 항대사물질(5-fluorodeoxy-uridine, methotrexate 등)을 이용하여 fragile site의 표현을 유도한 배양에서 검토하

여야 한다. Folate와 thymidine이 적은 배양 조건에만 의존하여서는 안 된다.

라 3.2.2 분석의 표준

라 3.2.2.1 fra(X)(q27.3)은 분염법으로 확인하여야 한다.

라 3.2.2.2 4% 이상의 중기상 세포가 fragile X염색체를 나타낼 때 양성으로 판정한다.

라 3.2.2.3 Fragile X염색체가 발견되지 않은 경우에는 남자의 경우 최소 75개의 중기상 세포, 여자의 경우 최소 100개의 중기상 세포를 검토하여야 한다.

라 3.2.2.4 4% 이하의 세포가 fragile X염색체를 나타낼 때는 분자유전학적 검사를 의뢰하도록 권고한다.

라 3.3 고형 조직 (피부, 기관, 수태 산물 등)

라 3.3.1 검체 처리의 표준

라 3.3.1.1 생검 조직이나 소량의 검체는 배양액에 넣어서 운반한다.

라 3.3.1.2 2개 이상의 배양을 병행하여야 하며, mosaicism을 배제하기 위하여 3개 이상의 배양을 권고한다.

라 3.3.2 분석의 표준 (양수의 분석의 표준[라2.1.3] 참조)

라 3.3.2.1 성염색체의 이상이 의심되는 경우에는 30개 이상의 중기상 세포를 계수하고, 성염색체의 구성을 검토하여야 한다.

라 3.3.2.2 살아있는 환자로부터 채취한 조직의 경우에는 검사 실패율이 5%를 넘어서는 안 된다.

라 4 혈액 종양

라 4.1 골수/혈액 -일반적 표준

라 4.1.1 혈액 종양이 의심되는 경우의 최적의 검체는 골수이다.

라 4.1.2 Mitogen을 처리하지 않고 검사를 시행하여야 한다.

라 4.1.3 검사의 90% 이상은 검체 접수로부터 28일 이내에 종결되어 보고되어야 한다. 특수 염색법이 필요한 경우에는 검사기간이 연장될 수 있다.

라 4.1.4 염색체 분석의 대상이 되는 중기상 세포는 염색체의 모양이 좋은 것에 국한하여서는 안 된다. 즉 분석의 대상이 되는 중기상 세포는 슬라이드 상에 존재하는 다양한 질(quality)의 중기상 세포를 골고루 포함하여야 한다.

라 4.1.5 검사 실패율은 연간 10%를 초과해서는 안 된다.

라 4.2 골수

라 4.2.1 검체 처리의 표준

직접법과 배양법을 모두 이용할 수 있지만, 검체가 적을 경우에는 24시간 배양법을 우선적으로 시행한다.

라 4.2.2 분석의 표준

계수는 이 경우에 의미가 없다

분석 : 20개의 중기상 세포를 분석한다. 핵형분석 : 관찰된 각 클론마다 1개의 중기상세포를 핵형 분석한다.

라 4.3 혈액

라 4.3.1 검체 처리의 표준

Mitogen 을 사용하지 않는 24시간, 48시간 배양을 우선적으로 시행한다.

라 4.3.2 분석의 표준 (라4.2.2 참조)

라 5 결과 보고의 표준

최종 결과 보고서에는 다음과 같은 내용이 포함되어 있어야 한다.

라 5.1 증례의 식별을 위하여 환자의 이름, 검체 접수일, 검사실의 일련 번호, 검체의 종류, 검사를 의뢰한 의사의 이름 등을 기록한다.

라 5.2 검사 결과로서는 다음과 같은 사항이 기록되어야 한다.

라 5.2.1 계수, 분석된 세포의 수와 염색체 수의 분포

라 5.2.2 세포 배양 조건과 분염법

라 5.2.3 분석한 세포의 ISCN 핵형

라 5.2.4 mosaicism의 문제를 해결하기 위하여 추가적으로 시행한 과정

라 5.2.5 이전에 시행했던 검사와의 관계

라 5.2.6 대조군에 대한 검사를 병행했던 경우에는 대조군의 결과

라 5.2.7 결과의 해석 : 환자나 환자의 가족에 대한 추가적인 유전학 검사의 권고, 결과의 임상적 중요성에 대한 의견, 필요한 경우에는 유전 상담의 권고 등을 포함할 수 있으며, 결과의 해석은 유전학 전문이 아닌 의사에게 보내는 것이므로 명료하게 하여야 한다.

라 5.2.8 검사의 한계나 알려져 있는 검사의 부정확성에 대한 언급

라 5.2.9 나 2.1에 규정되어 있는 검사 책임자만이 최종 결과 보고서에 서명할 수 있다.

IV. 세포 유전학 검사 서식

세포유전학적검사 의뢰서

등록번호 :_______________________
환자성명 :_______________________
나이.성별:___________ /_____ 임신주수:_______주
주소:______________________________________TEL_____________________
의뢰과:
담당의사 :________________ M.D.
의뢰날짜 : 200__년_____월_____일

1. 검체
   ◎ 종류 : □ 말초혈액(Peripheral blood)
   □ 제대천자(Cordocentesis)
   □ 양수(Amnionic Fluid)
   □ 융모막 융모(Chorionic Villi Sampling)
   □ 태아조직(Fetal Tissue)
   □ 기타
   ◎ 채취일자, 시간 : 월 일, 시

2. 임상소견 :

3. 검사소견 :

4. 의뢰목적 : □ 진단 □ 추적검사 □ 연구용

[검체채취, 처리, 운송 요령]
1) 혈액 3~5㎖, 지급된 heparin 플라스틱 튜브 받는 다음 바로 검사실로
   *야간일 경우는 실온이나 냉장보관(*냉동은 절대금지)
2) 양수: 채취(10~20㎖)된 주사기와 함께 바로 검사실로(보관시는 실온에보관)
3) 융모: 채취 1시간전 검사실에 알려 준비 후 검사실에서 바로 채취
4) 조직: 채취(5~10㎎: 5× 5× 5㎜)전 바로 검사실로
   *야간일 경우 생리식염수가 들어있는 용기에 담궈 실온에 둔다.
   (포르말린액이나 냉동은 절대금지)
5) 검체 운송시간이 가능한 단축되어야 검사 성공률도 높다.

문의처: OO병원 세포유전학검사실
☏ 000-000-0000

유 전 자 검 사 동 의 서 (제17조제2항관련)

검사대상자	성 명		생 년 월 일	
법정대리인	성 명		생 년 월 일	
상 담 자	성 명		생 년 월 일	
동의서작성일자	년 월 일			

1. 유전자검사(또는 연구)의 목적 :
2. 검사대상물의 처리 : □ 검사 후 즉시 폐기 □ 보존
3. 보존한다면 검사대상물의 보존기간 : □ 5년 □ 동의권자가 정한 기간 : (____년)
4. 본래 목적 외로 검사대상물을 이용하거나 타인에게 제공하는 것에 대한 동의 여부 :
   □ 동의하지 않음 □ 동의함
5. 검사대상물을 이용하거나 타인에게 제공하는 때에 개인정보 포함여부 :
   □ 개인정보 제외할 것 □ 개인정보 포함

※ 다음 각 항목에 대해서는 상담자로부터 설명을 들은 후 본인이 충분하게 이해를 하였다고 판단하는 때에 □란 안에 √ 표를 하십시오.

1) 유전자검사의 이익과 위험에 대하여 검사기관으로부터 충분한 설명을 들었습니다. ---- □
2) 보존기간이 경과한 검사대상물은 폐기물관리법 제12조의 규정에 의한 방법·절차에 따라 폐기됩니다. ---- □
3) 유전자검사기관이 폐업하거나 그밖에 부득이한 사정으로 검사대상물을 보존할 수 없는 경우에는 법에서 정한 절차에 따라 검사대상물을 이관합니다. ---- □
4) 동의권자가 상기 사항에 대하여 동의를 하였더라도 연구가 시작되기 이전에는 언제든지 동의를 철회할 수 있습니다. ---- □
5) 유전자검사기관·유전자연구기관은 동의권자의 개인정보 보호를 위하여 필요한 조치를 취하여야 할 의무가 있습니다. ---- □
6) 유전자검사의 결과는 10년간 보존되며 언제든지 본인의 검사결과에 대하여 열람을 청구할 수 있습니다. ---- □

위의 사항에 대한 동의는 자발적 의사에 의한 것임을 밝히는 바입니다.

서명 검사대상자 ______________

법정대리인 ______________

상 담 자 ______________

※ 구비서류

법정대리인의 경우 법정대리인임을 증명하는 서류

태아 염색체 검사에 관한 청약서
(융모막 융모 생검)

본인:_________ 남편___________은 출생전 진단을 위한 융모막융모생검에 대한 필요성, 내용, 예상되는 합병증과 후유증에 대하여 자세한 설명을 의사로부터 들었으며, 본 시술로써 불가항력적으로 야기될 수도 있는 합병증 또는 환자의 특이체질로 우발적 사고가 일어날 수도 있다는 것을 충분히 이해하였습니다. 만일 분쟁이 생겼을 때는 의료법 제54조의 2에 의한 의료심사조정위원회에 그 조정을 신청할 것이며, 시술에 협력할 것을 서약하고 다음사항을 성실, 정확히 고지하며 이에 따른 의학적 처리를 주치의 판단에 위임하여 줄 것을 청약합니다.

1) 융모막융모생검은 자연유산이 빈번한 시기에 이루어지는 검사이므로 검사가 잘 이루어 진다하더라도 유산이 일어날 수 있다는 것을 이해합니다. 또한 자궁경관, 질벽 또는 복벽을 통해 이루어지는 이 검사로 인해 모체나 태아에 다소의 위험이 따른다는 사실도 이해하며 필요한 모든 조치를 취함에도 불구하고 발생하는 합병증(예: 질출혈, 세균 감염)으로 말미암아 유산이 될 수 있으며, 극히 소수이기는 하나 팔, 다리가 짧은 기형이 발생할 수 있다는 사실도 이해합니다.
2) 염색체의 분석은 경우에 따라 성공하지 못할 수도 있으며, 결과가 불확실할 경우 재검사를 시행해야 하는 경우도 있음을 잘 이해합니다.
3) 염색체 분석결과가 정상일지라도 태아가 다른 원인에 의해서 이상을 수반하는 경우도 있다는 것을 이해합니다.
4) 쌍태아의 경우 그 정보가 두 태아 중 한태아의 것만 나타날 수 있다는 것을 이해합니다.
5) 태반이 부착되어 있는 위치가 융모막융모생검을 하기에 기술적으로 어려운 경우 융모막융모생검이 불가능한 경우도 있다는 것을 이해합니다.
6) 융모막융모생검이 불가능한 경우 임신 4~5개월 사이에 양수검사로 대치할 수 있다는 것도 이해합니다.
7) 반성유전질환을 의심하는 경우를 제외하고는 국가시책에 따라 태아의 성별을 알려 주지 않음을 잘 이해합니다.

성명 : 본인_______________(서명) 보호자_______________(서명)

주소 : ____ TEL____________

검사예정일 : 초음파검사 : 200 년 월 일

융모막융모생검 : 200 년 월 일

200 년 월 일

담당의사_________________(서명)

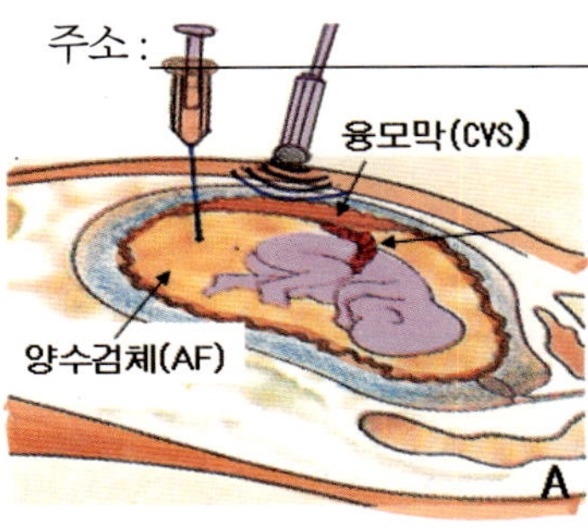

OO병원 산부인과

태아 염색체 검사에 관한 청약서
(제대천자)

본인:________남편__________은 출생전 진단을 위한 제대천자에 대한 필요성, 내용, 예상되는 합병증과 후유증에 대하여 자세한 설명을 의사로부터 들었으며, 본 시술로써 불가항력적으로 야기될 수도 있는 합병증 또는 환자의 특이체질로 우발적 사고가 일어날 수도 있다는 것을 충분히 이해하였습니다. 만일 분쟁이 생겼을 때는 의료법 제54조의 2에 의한 의료심사조정위원회에 그 조정을 신청할 것이며, 시술에 협력할 것을 서약하고 다음사항을 성실, 정확히 고지하며 이에 따른 의학적 처리를 주치의 판단에 위임하여 줄 것을 청약합니다.

1) 복벽을 통한 제대천자는 모체나 태아에 다소의 위험이 따를 수도 있으며, 이에 따른 합병증(예: 태아서맥, 세균감염, 출혈, 태아혈종)등으로 인하여 조산 또는 유산이 되거나 태아가 사망할 수도 있다는 사실을 잘 이해합니다. 경우에 따서는 응급제왕절개수술을 할 수도 있습니다.
2) 염색체의 분석은 경우에 따라 성공하지 못할 수도 있으며, 결과가 불확실할 경우 재검사를 시행해야 하는 경우도 있음을 잘 이해합니다.
3) 염색체 분석결과가 정상일지라도 태아가 다른 원인에 의해서 이상을 수반하는 경우도 있다는 것을 이해합니다.
4) 쌍태아의 경우 그 정보가 두 태아중 한 태아의 것만 나타날 수 있다는 것을 이해합니다.
5) 태반이 부착되어 있는 위치가 제대천자를 하기에 기술적으로 어려운 경우 제대천자가 불가능한 경우도 있다는 것을 이해합니다.
6) 제대천자가 불가능한 경우 양수검사로 대치할 수 있다는 것도 이해합니다.
7) 반성유전질환을 의심하는 경우를 제외하고는 국가시책에 따라 태아의 성별을 알려주지 않음을 잘 이해합니다.

성명: 본인_______________(서명)　　　　보호자_______________(서명)

주소:____TEL_____________

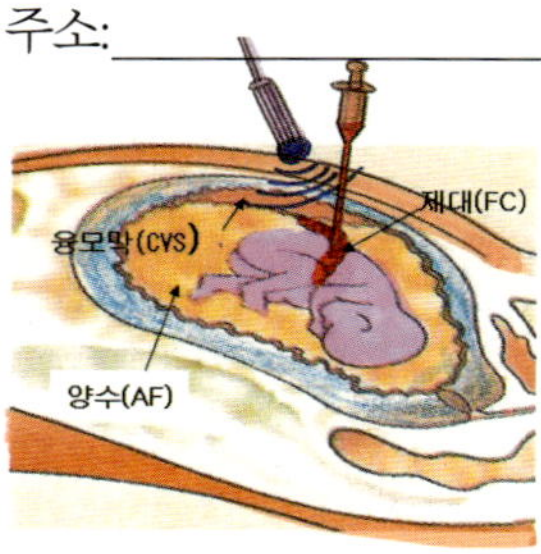

검사예정일: 초음파검사: 200 년 월 일

제대 천자: 200 년 월 일

200 년 월 일

담당의사_________________(서명)

OO병원 산부인과

태아 염색체 검사에 관한 청약서

(양수천자)

본인:_________ 남편___________ 은 출생 전 진단을 위한 제대천자에 대한 필요성, 내용, 예상되는 합병증과 후유증에 대하여 자세한 설명을 의사로부터 들었으며, 본 시술로써 불가항력적으로 야기될 수도 있는 합병증 또는 환자의 특이체질로 우발적 사고가 일어날 수도 있다는 것을 충분히 이해하였습니다. 만일 분쟁이 생겼을 때는 의료법 제54조의 2에 의한 의료심사조정위원회에 그 조정을 신청할 것이며, 시술에 협력할 것을 서약하고 다음사항을 성실, 정확히 고지하며 이에 따른 의학적 처리를 주치의 판단에 위임하여 줄 것을 청약합니다.

1) 복벽을 통한 양수천자는 모체나 태아에 다소의 위험이 따를 수도 있으며, 이에 따른 합병증(예:양수누출, 세균감염, 출혈)등으로 인하여 조산 또는 유산이 되거나 태아가 사망할 수 도 있다는 사실을 잘 이해합니다.
2) 염색체의 분석은 경우에 따라 성공하지 못할 수도 있으며, 결과가 불확실할 경우 재검사를 시행해야 하는 경우도 있음을 잘 이해합니다.
3) 염색체 분석결과가 정상일지라도 태아가 다른 원인에 의해서 이상을 수반하는 경우도 있다는 것을 이해합니다.
4) 쌍태아의 경우 그 정보가 두 태아중 한 태아의 것만 나타날 수 있다는 것을 이해합니다.
5) 태반 또는 태아의 위치가 양수 채취하는 부위에 있어서 기술적으로 어려운 경우 양수천자가 불가능한 경우도 있다는 것을 이해합니다.
6) 반성유전질환을 의심하는 경우를 제외하고는 국가시책에 따라 태아의 성별을 알려주지 않음을 잘 이해합니다.

성명: 본인_______________(서명) 보호자______________(서명)

주소:____ TEL______________

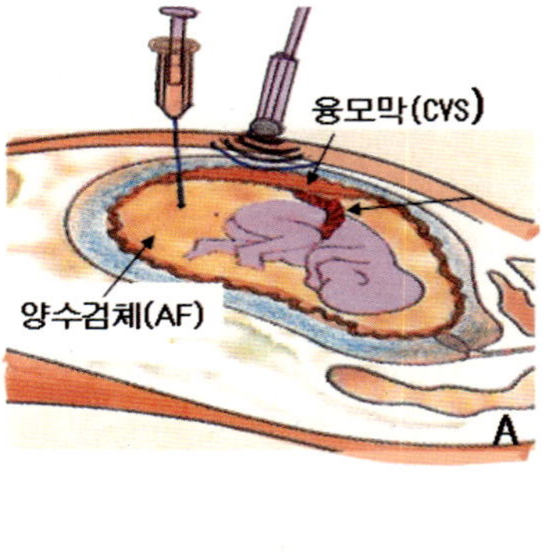

검사예정일: 초음파검사: 200 년 월 일

양수 천자: 200 년 월 일

200 년 월 일 담당의사______________(서명)

OO병원 산부인과

염색체핵형분석 보고서

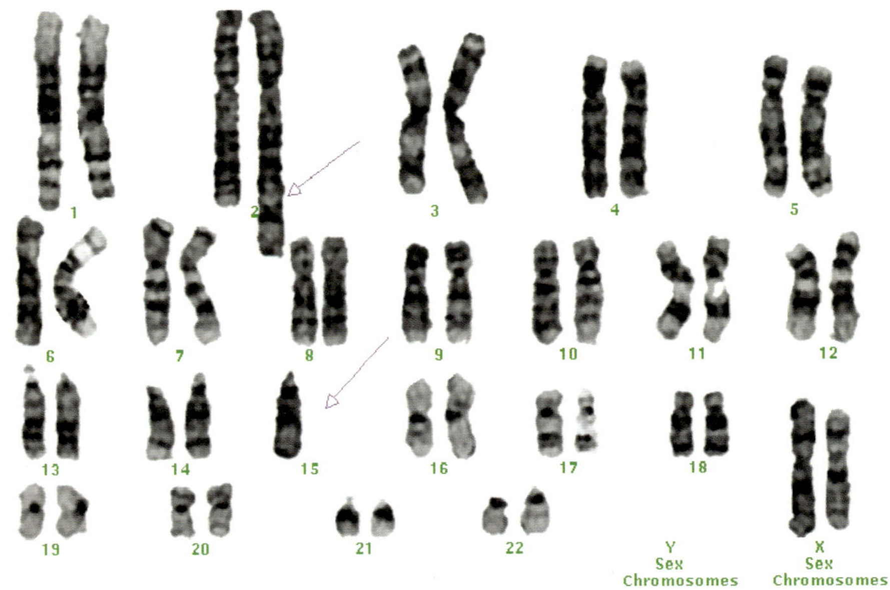

Name : (age)	강OOF(10w's)
Hospital No.	06-00000
Address: Tel:	
Specimen	CVS
Lab No.	2113
Room No.	
Culture day	2006년2월7일
Report day	2006년2월17일
Requested by	OOOMD
Reported by	OOOMD
Technologist	OOOMT

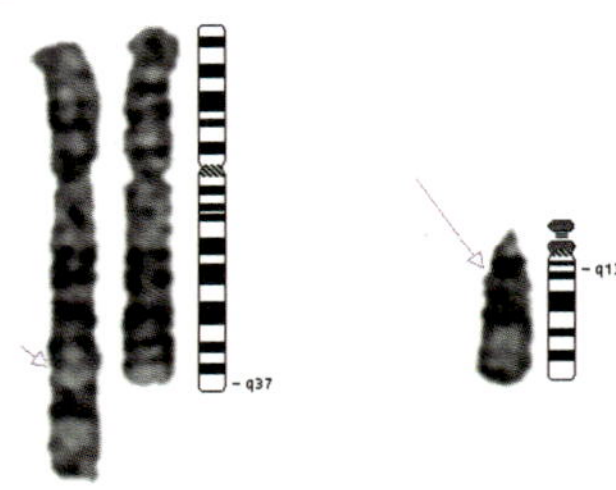

Analysis from GTG-banding(400-500 banding Resolution)
Total cell study: 20cells
Karyotype: 45,XX,der(2)t(2;15)(q37;q13)

Culture comments:
모든 분열세포에서 der(2)t(2;15)(q37;q13)이 나타납니다. 이러한 핵형의 경우는 15번 염색체 partial(q14-qter)이 2번 염색체로 전좌된 경우로 15번 염색체의 partial(pter-q13)이 monosomy가 되어 모계에서 기인된 경우는 Angelman syndrome 부계에서 기인된 경우는 Prader-willi syndrome이 발생할 것으로 사료됩니다.

세포유전학적진단: 현미경하에서는 미세한 염색체 결함이나 유전자수준에서의 이상을 발견하지 못하였을 가능성을 배제할 수 없다.

OO병원 세포유전학실

세포유전학검사 검경 판독 결과 기록

Sample No.:	Hospital No.:	
Name :	Specimen :	request date:
Karyotype :		reported date:

Slide I				Slide II			
No	reading stage	karyotype	c-no	No	reading stage	karyotype	c-no
1				1			
2				2			
3				3			
4				4			
5				5			
6				6			
7				7			
8				8			
9				9			
10				10			
11				11			
12				12			
13				13			
14				14			
15				15			
16				16			
17				17			
18				18			
19				19			
20				20			

Photo stage	
comments	

유전자검사기관 신고서

<table>
<tr><td colspan="4" rowspan="2">유 전 자 검 사 기 관</td><td>처리기간</td></tr>
<tr><td>7일</td></tr>
<tr><td rowspan="6">신 고 인</td><td colspan="2">기 관 명 칭</td><td></td><td>전화번호</td><td></td></tr>
<tr><td colspan="2">소 재 지</td><td colspan="3"></td></tr>
<tr><td colspan="2">검사 또는 연구항목</td><td colspan="3"></td></tr>
<tr><td rowspan="3">기관장</td><td>성 명</td><td colspan="3"></td></tr>
<tr><td>주 소</td><td colspan="3"></td></tr>
<tr><td>생년월일</td><td colspan="3"></td></tr>
</table>

생명윤리및안전에관한법률 제24조제1항 및 동법시행규칙 제14조제1항의 규정에 의하여 위와 같이 신고합니다.

년 월 일

신고인 (서명 또는 인)

보건복지부장관 귀하

※ 구비서류

1. 법인인 경우, 법인등기부등본 · 정관 · 사업계획서 각 1부(의료법인인 경우 법인등기부등본만 제출) 법인이 아닌 경우, 사업자등록증 사본(의료인인 경우 의사면허증 사본) 및 사업계획서 각 1부
2. 시설 · 인력 및 장비 현황을 기재한 서류
3. 기관생명윤리심의위원회구성 및 운영사항을 기재한서류 또는 기관위원회협약서

한 글 찾아보기

가

나

다

라

마

바

사

아

자

차

카

타

파

하

영문 찾아보기

A

B

C

D

E

F

G

H

I

K

L

M

N

O

P

Q, R

S

T

U

V, W, X, Z

세포 유전학

정가 20,000원

2006년 3월 15일 제1판 1쇄 발행
2008년 1월 5일 제1판 2쇄 발행

감 수 : 기 광 수

저 자 : 주 경 웅 · 김 윤 식

발 행 자 : 최 병 진

발 행 처 : 도서출판 고 려 의 학
(110-524) 서울시 종로구 명륜 4가 91
Tel. 765-0333 / 0337
Fax. 743-2288

ISBN 978-89-7043-492-6

등록번호 : 제 1-519호 1978. 6. 29.